Christian Köllner

# Transformation von Multiphysics-Modellen in einen FPGA-Entwurf für den echtzeitfähigen HiL-Test eingebetteter Systeme

# Transformation von Multiphysics-Modellen in einen FPGA-Entwurf für den echtzeitfähigen HiL-Test eingebetteter Systeme

von
Christian Köllner

**Karlsruher Institut für Technologie (KIT)**
**Fakultät für Elektrotechnik und Informationstechnik (ETIT)**

Zur Erlangung des akademischen Grades eines Doktor-Ingenieurs
von der Fakultät für Elektrotechnik und Informationstechnik des
Karlsruher Instituts für Technologie (KIT)

genehmigte Dissertation von Christian Köllner aus Rastatt

Tag der mündlichen Prüfung: 19. Juli 2013
Hauptreferent: Prof. Dr.-Ing. Klaus D. Müller-Glaser
Korreferent: Prof. Dr.-Ing. Martin Doppelbauer


**Impressum**

Karlsruher Institut für Technologie (KIT)
KIT Scientific Publishing
Straße am Forum 2
D-76131 Karlsruhe

KIT Scientific Publishing is a registered trademark of Karlsruhe
Institute of Technology. Reprint using the book cover is not allowed.

www.ksp.kit.edu





Print on Demand 2013

ISBN 978-3-7315-0120-6

# Kurzfassung

Computersimulationen gewinnen in industriellen Entwicklungsprozessen zunehmend an Bedeutung, da sie Kosten senken und zur Beherrschbarkeit komplexer Entwicklungsvorhaben beitragen. In der Luftfahrt- wie Fahrzeugindustrie sind Hardware-in-the-Loop-Emulationen ein seit Jahrzehnten etabliertes Verfahren, um die Entwicklung elektronischer Komponenten und Systeme abzusichern. Hierbei wird der Prüfling an der elektrischen Schnittstelle mit einem Emulator verbunden, der – meist in Echtzeit – das Umgebungsverhalten nachbildet. Zum Test von Steuergeräten elektrischer Antriebe ist es bereits gängige Praxis, die elektrische Schnittstelle des Antriebsmotors zu emulieren. Wegen der elektrischen Transienten sind die Echtzeitanforderungen hier besonders hoch, weshalb Field-Programmable Gate Arrays (FPGA) als performantere Alternative zu Prozessor-basierten Systemen eingesetzt werden. Allerdings ist der Entwicklungsaufwand zum Programmieren von FPGAs noch vergleichsweise hoch.

Mit der vorliegenden Arbeit wird eine durchgängige Werkzeugkette von der Modellbildung bis zur Entwurfsautomatisierung für FPGA-basierte Echtzeitsimulationen etabliert. Ausgehend von einer Untersuchung relevanter Modellierungssprachen und Werkzeuge wird Modelica als vielseitige, intuitive und objektorientierte Sprache zur Modellbildung ausgewählt. Die entwickelte Werkzeugkette nutzt einen modifizierten Modelica-Übersetzer, der Modelle zunächst in die eigens konzipierte algorithmische Zwischendarstellung eXtensible Intermediate Language (XIL) überführt. XIL wird von der FPGA-gerichteten Werkzeugkette weiterverarbeitet, die mit Hilfe von Methoden der High-Level-Synthese einen Entwurf auf Register-Transfer-Ebene in der Hardwarebeschreibungssprache VHDL erzeugt. Dabei können sowohl Entwürfe in Fließkomma-, als auch Festkomma-Arithmetik erzeugt werden. Hierzu wurde ein Verfahren zur automatisierten Bestimmung der Typparameter Wortbreite und Binärpunktposition von Festkomma-Arithmetiken mit nicht-uniformen Wortbreiten implementiert, das sich nach den Genauigkeitsanforderungen des Anwenders richtet.

Die Werkzeugkette wurde an Hand von Testmodellen von Gleichstrommotoren mit Trägheiten, Dämpfungen, Reibstellen und Lastkurven, Synchron- und Asynchronmaschinen für FPGA-Bausteine der Familien Xilinx Virtex-5 und Virtex-6 evaluiert. Für die betrachteten Maschinentypen wurden anforderungsgerechte Festkomma-Parametrierungen bestimmt, die zu wettbewerbsfähigen Hardwareentwürfen in Bezug auf Performanz und Ressourcen-Bedarf führten. Über einfach explorierbare Syntheseparameter können wichtige Entwurfsziele wie Taktfrequenz, Performanz und Ressourcen-Bedarf qualitativ gesteuert werden. Mit der Werkzeugkette lassen sich sowohl Finite State Machines als auch horizontal mikrobefehlskodierte Architekturen (HMA) implementieren. Mit HMA wurde eine durchschnittliche Steigerung der Taktrate um 20 % erzielt, wobei in keinem Fall eine signifikante Verschlechterung eintrat.

# Danksagung

Diese Dissertation entstand während meiner Zeit als wissenschaftlicher Mitarbeiter am FZI Forschungszentrum Informatik. Für die Möglichkeit der Promotion bedanke ich mich bei meinem Doktorvater Prof. Dr.-Ing. Klaus D. Müller-Glaser, der mir große Freiräume zum Entfalten meiner Forschungsinteressen ließ und mir in aufschlussreichen Diskussionen wertvolle Ratschläge gab. Prof. Dr.-Ing. Martin Doppelbauer danke ich für die Übernahme des Korreferats.

Meinen ehemaligen Kollegen am FZI und innerhalb der Arbeitsgruppe danke ich für die vielen Fachgespräche und Ratschläge, dies gilt insbesondere für Nico Adler, Dr.-Ing. Francisco „Pancho" Mendoza, Till Fischer, Dr.-Ing. Georg Dummer und Dr.-Ing. Martin Hillenbrand. Ebenso möchte ich den von mir betreuten Studierenden danken, die zu dieser Arbeit beigetragen haben. Bei Prof. Dr.-Ing. Phlipp Graf bedanke ich mich für die Planung, Akquise und administrative Betreuung von Projekt SimCelerate und beim Bundesministerium für Bildung und Forschung (BMBF) für die damit verbundene Förderung. Insbesondere bedanke ich mich bei allen Projektpartnern, die das Projekt möglich machten, dazu beitrugen und mich fachlich umfangreich unterstützt haben: Dr. Andreas Uhlig, Torsten Blochwitz und Christian Noll (ITI GmbH), sowie Horst Hammerer und Thomas Hodrius (SET Powersystems GmbH). Für das Korrekturlesen geht mein Dank an meine Eltern, Mira von Herder, Dr. Marcus Baum und Dr.-Ing. Benjamin Lutz.

Ein ganz besonderer Dank gilt Izabela, die mich auch dann verständnisvoll unterstützt hat, wenn gemeinsame Stunden dem Projekt Promotion zum Opfer gefallen sind.

Stutensee, den 10.11.2013

# Inhaltsverzeichnis

# Abkürzungsverzeichnis

| | | | | |
|---|---|---|---|---|
| **AA** | Affine Arithmetik | | **DES** | Discrete Event System |
| **ABS** | Anti-Blockier-System | | **DFG** | Data Flow Graph / Datenflussgraph |
| **ACO** | Ant Colony Optimization | | **DRAM** | Dynamic Random Access Memory |
| **A/D** | Analog/Digital | | **DP-RAM** | Dual-Ported Dynamic Random Access Memory |
| **ALAP** | As Late As Possible | | **DSP** | Digital Signal Processing / digitaler Signalprozessor |
| **ALU** | Arithmetic Logic Unit | | | |
| **AMS** | Analog and Mixed Signal | | **DuT** | Device under Test |
| **ASAP** | As Soon As Possible | | **E/A** | Ein-/Ausgabe |
| **ASIC** | Application-Specific Integrated Circuit | | **EMK** | Elektromotorische Kraft |
| **AST** | Abstract Syntax Tree | | **ESP** | Elektronisches Stabilitätsprogramm |
| **AWP** | Anfangswertproblem | | **ESTA** | Event-scheduling/Time-advance |
| **BFT** | Butterfly Fat-Tree | | **FDS** | Force Directed Scheduling |
| **BLDC** | Brushless Direct Current | | **FDLS** | Force Directed List Scheduling |
| **BSP** | Bulk-Synchronous Parallel | | **FEA** | Finite Elemente Analyse |
| **CAN** | Controller Area Network | | **FF** | Flip-Flop |
| **CAS** | Computer-Algebra-System | | **FIFO** | First In, First Out |
| **CDFG** | Control/Data Flow Graph | | **FMI** | Functional Mockup Interface |
| **CFG** | Control Flow Graph | | **FPAA** | Field-Programmable Analog Array |
| **CG** | Conjugate Gradients | | **FPGA** | Field-Programmable Gate Array |
| **CIL** | Common Intermediate Language | | **FSIM** | Fehlersimulation |
| **CLB** | Configurable Logic Block | | **FSM** | Finite State Machine |
| **CLI** | Common Language Infrastructure | | **FU** | Functional Unit |
| **CORDIC** | COordinate Rotation DIgital Computer | | **GALS** | Globally Asynchronous, Locally Synchronous |
| **CPU** | Central Processing Unit | | **GPU** | Graphics Processing Unit |
| **CUDA** | Compute Unified Device Architecture | | **GPGPU** | General-Purpose Computing on Graphics Processing Units |
| **DAE** | Differential-Algebraic Equation | | **HDL** | Hardware Description Language |
| **D/A** | Digital/Analog | | **HiL** | Hardware in the Loop |
| **DDR** | Double Data Rate | | **HLS** | High-Level Synthese |

| | |
|---|---|
| **HMA** | Horizontal Mikrobefehlskodierte Architektur |
| **IA** | Intervallarithmetik |
| **IGBT** | Insulated-Gate Bipolar Transistor |
| **ILP** | Integer Linear Programing |
| **IOB** | Input-Output Block |
| **IP** | Intellectual Property |
| **LAN** | Local Area Network |
| **LIN** | Local Interconnect Network |
| **LP** | Linear Programming |
| **LUT** | Look-Up Table |
| **LVCMOS** | Low Voltage Complementary Metal Oxide Semiconductor |
| **LVTTL** | Low Voltage Transistor-Transistor Logic |
| **MAC** | Multiply-Accumulate |
| **MiL** | Model in the Loop |
| **MGT** | Multi Gigabit Transceiver |
| **MOST** | Media Oriented Systems Transport |
| **MPI** | Message Passing Interface |
| **NISC** | No Instruction Set Computer |
| **ODE** | Ordinary Differential Equation |
| **OpenCL** | Open Computing Language |
| **OSI** | Open Systems Interconnection |
| **PMSM** | Permanentmagnet-erregte Synchronmaschine |
| **PSM** | Programmable Switch Matrix |
| **PWM** | Pulsweitenmodulation |
| **QSS** | Quantized State System |
| **RAM** | Random Access Memory |
| **PC** | Personal Computer |
| **PCI** | Peripheral Component Interconnect |
| **PLL** | Phase-Locked Loop |
| **RK** | Runge-Kutta |
| **RMS** | Root Mean Square |
| **ROM** | Read-Only Memory |
| **RT** | Register-Transfer |
| **SA** | Simulated Annealing |
| **SG** | Steuergerät |
| **SiL** | Software in the Loop |
| **SK** | Signalkonditionierung |
| **SLDL** | System-Level Design Language |
| **SMP** | Symmetric Multiprocessing |
| **SPI** | Serial Peripheral Interface |
| **SPICE** | Simulation Program with Integrated Circuit Emphasis |
| **SPMD** | Single Program, Multiple Data |
| **SRAM** | Static Random Access Memory |
| **SSA** | Static Single Assignment |
| **SuT** | System under Test |
| **SysDOM** | System Document Object Model |
| **TLM** | Transaction-Level Modeling |
| **VHDL** | Very High Speed Integrated Circuits Hardware Description Language |
| **VLIW** | Very Long Instruction Word |
| **VLSI** | Very Large Scale Silicon Integration |
| **XIL** | eXtensible Intermediate Language |
| **XIL-S** | eXtensible Intermediate Language auf Kellermaschine |
| **XIL-3** | eXtensible Intermediate Language als Drei-Adress-Code |

# Formelzeichen

| | | |
|---|---|---|
| $B$ | T | Magnetische Flussdichte |
| $f$ | Hz | Frequenz |
| $G$ | $\Omega^{-1}$ | Konduktanz |
| $k$ | – | Übersetzungsverhältnis |
| $k_{EMF}$ | $\mathrm{V\,s\,rad^{-1}}$ | Maschinenkonstante |
| $I$ | A | Stromstärke |
| $I$ | – | Flussvariable |
| $J$ | $\mathrm{kg\,m^2}$ | Massenträgheitsmoment |
| $l$ | m | Pleuelstangenlänge |
| $L$ | H | Induktivität |
| $m$ | kg | Masse |
| $M$ | Nm | Moment |
| $n$ | $\mathrm{s^{-1}}$ | Drehzahl |
| $p$ | – | Polpaarzahl |
| $P$ | – | Exponent |
| $\dot{Q}$ | W | Wärmestrom |
| $r$ | m | Kurbelradius |
| $r_1$ | $\mathrm{N\,m\,s\,rad^{-1}}$ | Lineare rotatorische Dämpfungskonstante |
| $r_2$ | $\mathrm{N\,m\,s^2\,rad^{-2}}$ | Quadratische rotatorische Dämpfungskonstante |
| $R$ | $\Omega$ | Ohm'scher Widerstand |
| $s$ | m | Kolbenweg |
| $t$ | s | Zeit |
| $T$ | K | Temperatur |
| $U$ | V | Spannung |
| $v$ | $\mathrm{m\,s^{-1}}$ | Geschwindigkeit |
| $x$ | m | Längenkoordinate |
| $x$ | – | normierte Größe |
| $\alpha$ | $\mathrm{\Omega\,K^{-1}}$ | Ohm'scher Temperaturkoeffizient |
| $\vartheta$ | rad | Winkel |
| $\lambda_P$ | – | Pleuelstangenverhältnis |
| $\varphi$ | rad | Winkel |
| $\Phi$ | Wb | Magnetischer Fluss |
| $\Psi$ | Wb | Flussverkettung |
| $\omega$ | $\mathrm{rad\,s^{-1}}$ | Winkelgeschwindigkcit |

# 1 Einleitung und Motivation

Weitreichende technische und gesellschaftliche Veränderungen prägten den Automobilbau innerhalb der letzten Jahrzehnte. Die rasante Entwicklung der Digitaltechnik führte und führt zur Integration immer komplexerer informationsverarbeitender Systeme ins Fahrzeug. Mit der Energiewende erleben Hybrid- und Elektrofahrzeuge einen Aufschwung. Zwar ist die Erreichbarkeit der gesetzten Marke von einer Million Elektrofahrzeugen bis 2020 [Bun09] umstritten, doch ist vor allem bei Hybridfahrzeugen ein stetiger Zuwachs an Neuzulassungen zu verzeichnen [Gna11]. 10 % der beim 83. Genfer Autosalon vorgestellten Modelle stoßen weniger als 100 g $CO_2$ pro Kilometer aus, darunter 29 Hybrid- und 19 Elektrofahrzeuge[1]. Dies zeigt, dass sich elektrifizierte Antriebe allmählich etablieren. Durch hybride Technologien wird die Komplexität von Fahrzeugen zusätzlich gesteigert, so dass effektive Entwurfsmethodiken, Werkzeuge und Verifikationstechniken gefragt sind.

## 1.1 Entwicklung von Steuergeräten im Automobil

Abbildung 1.1 zeigt exemplarisch den Antriebsstrang des Audi Q5 hybrid quattro (Voll-Hybrid-Fahrzeug). Dieser wird als mechatronisches System durch Steuergeräte ergänzt, die Regelungs-, Sicherheits- und Komfortfunktionen erfüllen. Beispiele bilden Motorsteuergeräte für Verbrennungs- sowie Elektromotor, Batterie-Management, Getriebesteuergerät, Anti-Blockier-System (ABS) und Elektronisches Stabilitätsprogramm (ESP). Sie operieren meist nicht isoliert, sondern sind über ein Bussystem, z.B. Controller Area Network (CAN) oder FlexRay untereinander gekoppelt. Bedenkt man, dass in aktuellen Fahrzeugmodellen ca. $10^8$ Zeilen Programmcode enthalten sind [WWW/Don11], wird deutlich, dass zum Entwurf derartig komplexer Systeme strukturierte und wohldefinierte Entwurfsprozesse erforderlich sind.

Vorgehensmodelle organisieren und standardisieren einen Entwurfsprozess. In der Automobilindustrie hat sich das V-Modell (siehe Abbildung 1.2) zur Spezifikation, Entwicklung und Integration von Elektrik-/Elektroniksystemen etabliert [Jae12]. Es sieht eine top-down Spezifikationsphase vor, der eine Implementierungsphase und eine bottom-up Integrationsphase folgen. In der Spezifikationsphase wird, basierend auf einer Anforderungsanalyse, eine Gesamtarchitektur des Systems entworfen. In einem weiteren Schritt werden Feinarchitekturen der identifizierten Hard- und Softwarekomponenten ausspezifiziert. Nach der Implementierungsphase wird das System in der Integrationsphase stückweise zusammengesetzt. Während dieser Phase muss sichergestellt werden,

---

1   Quelle: `www.salon-auto.ch/` (16.3.2013)

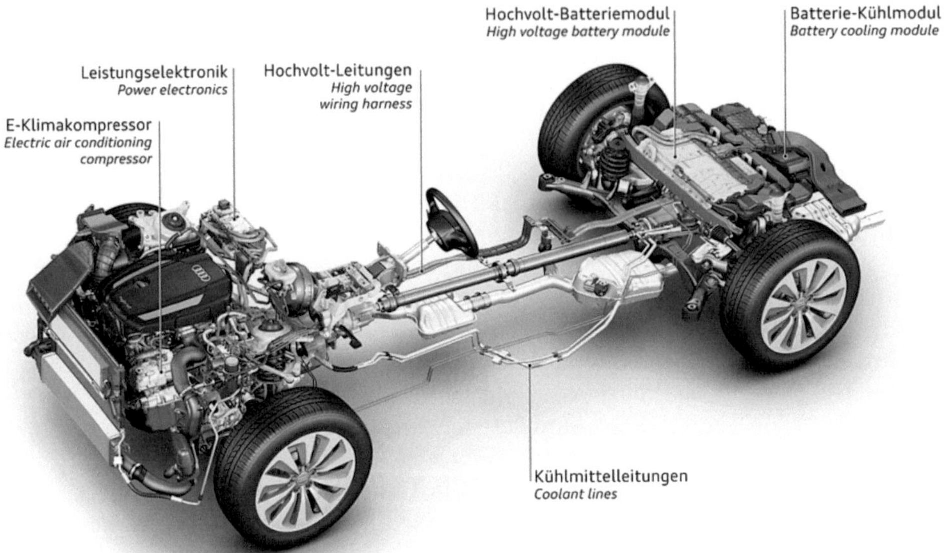


**Abbildung 1.1:** Antriebsstrang des Audi Q5 hybrid quattro [WWW/Foc10]

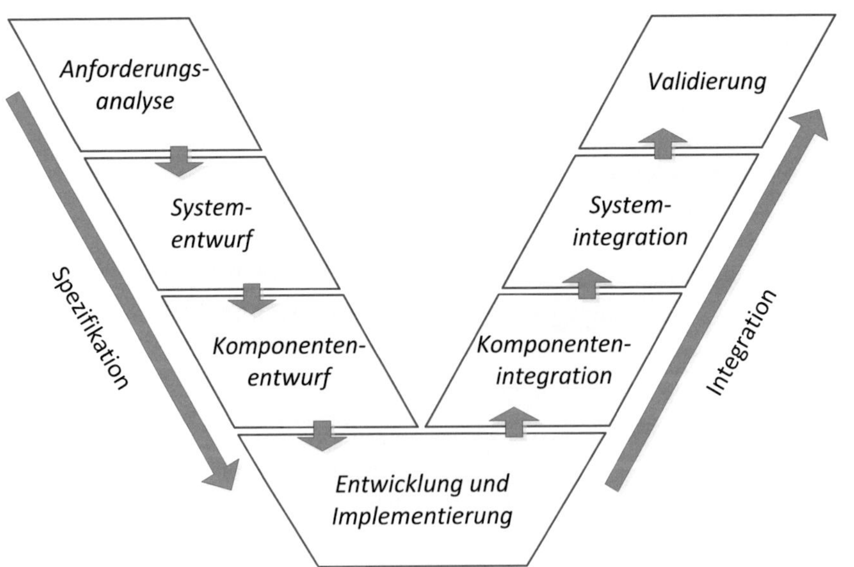


**Abbildung 1.2:** Das V-Modell für E/E-Systeme nach [Jae12]

dass das System den Anforderungen entspricht. Maßnahmen, die der Zusicherung dieses Ziels dienen, werden je nach Fokus in die Kategorien Verifikation, Validierung und Assessment unterteilt.

- **Verifikation** stellt sicher, dass das System die zu Beginn der Entwurfsphase geltenden Anforderungen erfüllt [Std/ISO10]. Verifikation legt den Fokus auf Korrektheit und findet vornehmlich während der Phasen Komponentenintegration und Systemintegration statt.

- **Validierung** stellt sicher, dass das System den ursprünglichen Anforderungen aus der Anforderungsanalyse gerecht wird und legt den Fokus auf Vollständigkeit, Benutzbarkeit und Akzeptanz durch Kunden, Auftraggeber oder Stakeholder [Std/ISO10]. Eine endgültige und umfassende Validierung ist als letzte Phase des V-Modells vorgesehen. Da eine etwaige Mängelbehebung zu diesem Zeitpunkt jedoch die höchsten Kosten verursacht, validiert man sinnvoller Weise entwurfsbegleitend.

- **Assessment** bezeichnet das Bewerten eines (Hardware- oder Software-) Moduls, Pakets oder Produkts durch Anwenden dokumentierter Richtlinien, um über dessen Abnahme zu entscheiden [Std/ISO10]. Teilweise wird unter Assessment auch ein Meta-Instrument verstanden, das der Verbesserung von Hardware- bzw. Softwarequalität durch Bewertung und Optimierung der Entwurfsprozesse dient (vgl. Automotive SPICE® [WWW/VDA07]).

Die Motivation dieser Arbeit ist im Bereich der Verifikation angesiedelt. Im automotiven Umfeld haben sich überwiegend sogenannte „X-in-the-loop" Methodiken etabliert. Sie stehen für eine Sammlung artverwandter Ansätze, die je nach Entwicklungsfortschritt angewendet werden.

- **Hardware in the Loop (HiL)** setzt voraus, dass das zu entwickelnde System (der Prüfling) zumindest als Prototyp physisch vorhanden ist. Das System wird an der elektrischen und ggf. mechanischen Schnittstelle mit einer Umgebungsemulation verkoppelt. Ein Testoperator implementiert Testfälle und speist diese in die Umgebungsemulation ein. Jede Testfallausführung wird protokolliert und gemäß der Testmission beurteilt. Oft herrschen harte Echtzeitanforderungen an die Umgebungsemulation. HiL-Tests werden sowohl in der Phase Komponentenintegration (Komponententest), als auch in der Phase Systemintegration (Systemintegrationstest) durchgeführt. Während der Komponentenintegration wird der Prüfling durch ein einzelnes Steuergerät, das Device under Test (DuT) verkörpert, während zur Systemintegration ein Steuergeräteverbund, System under Test (SuT), getestet wird.

- **Software in the Loop (SiL)** setzt lediglich eine Software-Implementierung des zu entwickelnden Systems voraus und kann somit früher als HiL angewendet werden. Statt auf der Zielplattform wird die Software auf einem Simulationsrechner ausgeführt und softwaretechnisch an eine Umgebungssimulation gekoppelt. Im Gegensatz zum Unit Test wird Software als Ganzes verifiziert. SiL eignet sich im Rahmen von Entwicklungsphase und Komponentenintegration zur Verifikation von Steuergeräte-Software.

- **Model in the Loop (MiL)** ist eine Abwandlung von SiL und wird im Rahmen modellbasierter Software- und Hardwareentwicklung eingesetzt. Im Gegensatz zu SiL ist keine für die Zielplattform übersetzbare Implementierung nötig. Stattdessen wird ein Modell des Systems mit einer Umgebungssimulation gekoppelt. MiL wird zur frühen Verifikation von Hard- und Softwarespezifikationen eingesetzt.

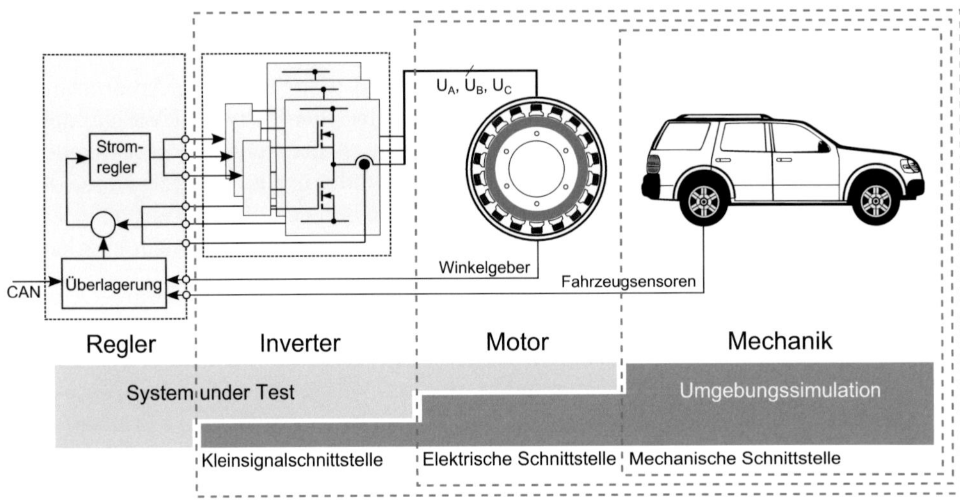


**Abbildung 1.3:** Einordnung von HiL Testverfahren für elektrifizierte Antriebsstränge

HiL-Methoden zum Test elektrifizierter Antriebsstränge unterscheiden sich nach Art und Umfang des DuT/SuT bzw. der Umgebungssimulation. Abbildung 1.3 nach [Wag07] zeigt die gängigen Schneideebenen. Diese werden in Abschnitt 3.1.1 ausführlich erläutert. Im Rahmen dieser Arbeit liegt ein besonderes Augenmerk auf den Test an der leistungselektrischen Schnittstelle. Bei diesem Ansatz bildet ein Emulator das Verhalten eines Elektromotors nach, der je nach Fahrzeugmodell eine Gleichstrom- oder Drehstrommaschine sein kann. Um elektrische Transienten darstellen zu können, sind Reaktionszeiten im Sub-Mikrosekundenbereich notwendig. Dies kann nur durch eine Gesamtheit aus jeweils schneller Signalerfassung, Kommunikation, Signalverarbeitung und Ausgabe gewährleistet werden. In der Praxis werden daher Field-Programmable Gate Arrays (FPGAs) eingesetzt, da sie eine hochperformante Ankopplung von Mess- und Stellgliedern, z.B. Analog/Digital (A/D)- und Digital/Analog (D/A)-Wandlern, zulassen. Entwurf und Implementierung FPGA-basierter Simulationen ist ein aufwändiger Prozess und geschieht oft manuell in einer Hardwarebeschreibungssprache, da geeignete Werkzeuge zur Entwurfsautomatisierung fehlen.

Im Jahr 1997 wurde mit Modelica eine freie objektorientierte Sprache zur Beschreibung physikalischer Modelle ins Leben gerufen. Seitdem wird Modelica weiterentwickelt und findet wachsende Verbreitung in Forschung, Lehre und Industrie. Insbesondere elektrische Maschinen und Antriebsstränge lassen sich mit Modelica intuitiv modellieren. Es existieren mehrere akademische und kommerzielle Simulationsumgebungen, die eine grafische wie textgebundene Modellbildung ermöglichen. Von wachsendem Interesse ist der Einsatz von Modelica zum Rapid Prototyping von Reglern und Prozesstrecken, wie sie für HiL-Emulationen und SiL-Simulationen benötigt werden. Modelica Übersetzer transformieren ein Modell üblicher Weise in C Code, der eine ausführbare Simulation repräsentiert. Es ist bereits heute gängige Praxis, den erzeugten Code auf Echtzeitplattformen auszuführen. Es liegt nahe, Modelica auch zur Modellbildung für Emulatoren elektrischer Maschinen einzusetzen. Allerdings kann mit derzeitig verfügbaren Werkzeugketten noch kein durchgängiger Entwurfsfluss vom Modell bis zum FPGA als Zielbaustein etabliert werden. Genau diese Lücke soll durch diese Arbeit geschlossen werden.

## 1.2 Ziele der Arbeit

Elektrifizierte Antriebsstränge werden effektiv durch hybride (d.h. gemischt diskrete und kontinuierliche) differentiell-algebraische Gleichungssysteme (DAE) beschrieben. Übergeordnetes Ziel der Arbeit ist es, eine Werkzeugkette zur Transformation solcher Systeme in einen synthetisierbaren FPGA-Entwurf zu etablieren. Dies wird vor dem Hintergrund der Emulation elektrischer Maschinen zum echtzeitfähigen Steuergerätetest betrachtet. Hybride Konstrukte kommen beispielsweise unter Betrachtung von Haft- und Gleitreibung ins Spiel. Algebraische Zwangsbedingungen, die eine Modellierung mit DAE erforderlich machen, treten in der Mehrkörpermachnik auf, beispielsweise bei der Simulation von Radaufhängungen in der Fahrdynamiksimulation. Sie sollen unter Voraussicht künftiger Anforderungen mit berücksichtigt werden. Die Zielsetzung dieser Arbeit wird nun in den folgenden Abschnitten verfeinert.

### Werkzeuglandschaft

Rund um modellbasierte Entwicklung, Rapid Prototyping und Entwurfsautomation sind zahlreiche Werkzeugumgebungen angegliedert. Zunächst soll geklärt werden, welche Werkzeuge sich überhaupt zur funktionalen Modellierung elektrifizierter Antriebsstränge eignen. Aus einer Analyse der Prinzipien der numerischen Simulation sollen Anforderungen an einen Prozess zur Entwurfsautomation abgeleitet werden, auf deren Basis untersucht werden soll, ob oder inwiefern sich existierende Werkzeuge zur Entwurfsautomation für FPGAs eignen. An Hand dieser Untersuchung sollen die Lücken in existierenden Werkzeugen identifiziert werden.

Es wird sich zeigen, dass rein zur Modellbildung neben Modelica auch andere Sprachen geeignet wären, beispielsweise SimScape (MathWorks), VHDL-AMS und MAST (Synopsys). Eine ausführliche Diskussion erfolgt in Abschnitt 3.2 und Kapitel 4. Die Betrachtung wird im Rahmen dieser Arbeit zwar auf Modelica eingeschränkt, doch ließe sich der entwickelte Ansatz konzeptuell auf jede andere DAE-Beschreibungssprache übertragen.

### Implikationen durch Echtzeitanforderung und Zielplattform

Da Echtzeitbetrieb angestrebt wird, stellt sich die Frage, unter welchen Voraussetzungen numerische Simulationen überhaupt echtzeitfähig sind. Da im Echtzeitbetrieb

Reaktionszeiten im Sub-Mikrosekundenbereich angestrebt werden, ist absehbar, dass pro Simulationsschritt nur wenige Taktschritte zur Verfügung stehen werden. Arithmetische Berechnungen müssen möglichst effizient ausgeführt werden. FPGAs bieten in dieser Hinsicht einen großen Entwurfsraum. Arithmetische Operatoren können für Festkomma- wie Fließkommaarithmetik konfiguriert werden, Wortbreiten sind variabel, und Hardware-Implementierungen eines Operators können für Chipfläche oder Rechenzeit optimiert werden. Es stellt sich die Frage, wie man diesen Freiraum in einen automatisierten Entwurfsprozess einbeziehen kann, so dass anforderungsgerechte Entwürfe synthetisiert werden.

### Schnittstelle zum Simulationswerkzeug

Es ist absehbar, dass eine Werkzeugkette zur Transformation physikalischer Modelle in einen FPGA-Entwurf nicht von Grund auf neu entworfen werden muss. Stattdessen kann der Übersetzer eines existierenden Simulationswerkzeugs weiterverwendet und erweitert werden. Zu entscheiden ist, auf welcher Abstraktionsebene eine FPGA-gerichtete Werkzeugkette geeignet an den Übersetzer anzukoppeln ist. Koppelt man zu früh, riskiert man redundante Implementierungen. Koppelt man zu spät, riskiert man eine schlechte Ergebnisqualität: Ist das Erzeugnis bereits „zu nahe" an Software, gehen möglicherweise wertvolle Informationen verloren, die zum Ableiten einer effizienten Hardware-Implementierung genutzt werden könnten.

### Prototypische Realisierung

Als Proof-of-Concept soll eine Werkzeugkette etabliert werden, die in der Lage ist, physikalische Modelle in einen synthetisierbaren FPGA-Entwurf zu transformieren. Um deren Umsetzung und Evaluation nicht allzu komplex werden zu lassen, wird die Betrachtung auf elektrische Maschinen in Kombination mit Trägheiten, Reibstellen und Dämpfungen eingeschränkt. Die Evaluation soll an Hand geeigneter Benchmark-Modelle vorgenommen werden.

## 1.3 Gliederung

Kapitel 2 vermittelt die Grundlagen, die im Rahmen dieser Arbeit relevant sind. Dies beinhaltet einen Überblick über gewöhnliche und Algebro-Differentialgleichungssysteme (Abschnitt 2.1), numerische Integration (Abschnitt 2.2), die rechnergestützte Simulation physikalischer Systeme (Abschnitt 2.3), die Beschreibungssprache Modelica (Abschnitt 2.4), elektrische Maschinen (Abschnitt 2.5), FPGA-Technologie, Hardware-Entwurf und High-Level-Synthese (Abschnitt 2.6), die Hardware-in-the-Loop-Technologie (Abschnitt 2.7), sowie einige Grundlagen des Übersetzerbaus (Abschnitt 2.8).

Kapitel 3 beleuchtet den Stand der Technik zum HiL-Test elektrifizierter Antriebsstränge im Fahrzeug (Abschnitt 3.1), Sprachen und Werkzeuge im Umfeld physikalischer Simulationen (Abschnitt 3.2), Ansätze zur Simulationsbeschleunigung (Abschnitt 3.3), sowie Technologien und Werkzeuge im Umfeld der High-Level-Synthese (Abschnitt 3.4).

                                                          

Kapitel 4 erörtert die Frage, welche Unterstützung und welchen Grad an Entwurfsautomatisierung existierende Modellierungs- und Rapid Prototyping-Werkzeuge in Bezug auf das verfolgte Vorhaben bieten können. Ausgehend von einer Merkmalsanalyse typischer Modelle in Abschnitt 4.1.1 werden in Abschnitt 4.2 Modelica-basierte Werkzeuge, Matlab/Simulink und SimScape, sowie High-Level-Synthesewerkzeuge betrachtet.

Kapitel 5 stellt den Entwurfsfluss dar, der in Projekt SimCelerate konzipiert wurde. Er basiert auf der Grundidee, einen existierenden Modelica Compiler mit einem noch zu implementierenden High-Level Synthese (HLS) Werkzeug zu koppeln. Zu diesem Zweck wurde die Zwischendarstellung eXtensible Intermediate Language (XIL) konzipiert, die vom Modelica Übersetzer an das HLS-Werkzeug übergeben wird. Eine auf FPGAs als Zieltechnologie abgestimmte Modellierungsstrategie soll performante und platzsparende Hardware-Implementierungen erzielen.

Kapitel 6 erläutert die Umsetzung des HLS-Werkzeugs. Zunächst wird in den Abschnitten 6.1 – 6.3 ausführlich das im Rahmen dieser Arbeit implementierte System#-Framework erläutert. Es basiert auf der Microsoft .NET Technologie und realisiert einen modularen HLS-Entwurfsfluss, der wahlweise aus einer C#- oder XIL-Spezifikation einen synthetisierbaren Hardware-Entwurf in VHDL erzeugt. Modellierungsparadigmen, Eingabetransformationen und die Aspekte Scheduling, Ressourcen-Allokation/Binding, Interconnect-Allokation und Kontrollpfad-Synthese werden erläutert. Abschnitt 6.4 geht auf die Domänen-spezifischen Bausteine des Synthese-Frameworks ein. In Abschnitt 6.5 wird ein hybrid simulativ/analytisches Verfahren zur halbautomatischen Bestimmung von Wortbreiten für Festkommaarithmetik vorgestellt. Abschnitt 6.6 erläutert das Werkzeug „SimCelerator", das als grafisches Front End zur Demonstration des Entwurfsflusses geschaffen wurde.

In Kapitel 7 wird eine Evaluation der entwickelten Konzepte und Implementierungen durchgeführt. Mit einer Auswahl von Benchmark-Modellen wurden Entwürfe in verschiedenen Varianten synthetisiert und verglichen. Ein besonderes Augenmerk fällt dabei auf die Parametrierung von Festkomma-Arithmetik und den Vergleich mit Fließkomma-Arithmetik in Bezug auf Genauigkeit, Chipfläche und Performanz. Darüber hinaus werden verschiedene Freiheitsgrade zur Feinabstimmung des Syntheseprozesses untersucht, darunter die optimale Latenzkonfiguration arithmetischer Operatoren und Kontrollpfadarchitekturen in Form klassischer *Finite State Machines*, sowie horizontal mikrobefehlskodierte Architekturen.

Kapitel 8 fasst die wesentlichen Aspekte dieser Arbeit zusammen, und Kapitel 9 gibt einen Ausblick auf mögliche künftige Erweiterungen des Ansatzes.

# 2 Grundlagen

## 2.1 Algebro-Differentialgleichungssysteme

Unter einem Differentialgleichungssystem versteht man ein Gleichungssystem, das eine unbekannte Funktion $f$ in einer oder mehreren Variablen beschreibt. Hierzu werden insbesondere Ableitungen von $f$ verwendet. Je nach Eigenschaften unterscheidet man verschiedene Typen von Differentialgleichungssystemen. In einem gewöhnlichen Differentialgleichungssystem (kurz ODE-System von engl. *Ordinary Differential Equation*) kommen nur Ableitungen nach einer einzigen, unabhängigen Variablen vor. Man unterscheidet zwischen der expliziten und der impliziten Darstellungsform. In der expliziten Form ist ein gewöhnliches Differentialgleichungssystem wie folgt definiert:

$$\frac{\mathrm{d}}{\mathrm{d}t}x = f(t, x) \tag{2.1}$$

$t$ wird als unabhängige Variable bezeichnet. $x$ ist im Allgemeinen eine vektorwertige Funktion von $t$. Da $t$ die einzige Variable ist, nach der Ableitungen von $x$ gebildet werden, wird im Folgenden eine kompaktere Schreibweise für den Ableitungsoperator $\frac{\mathrm{d}}{\mathrm{d}t}$ eingeführt:

$$\frac{\mathrm{d}}{\mathrm{d}t}x = \dot{x}$$

$$\frac{\mathrm{d}^2}{\mathrm{d}t^2}x = \ddot{x}$$

$$\frac{\mathrm{d}^3}{\mathrm{d}t^3}x = \dddot{x}$$

$$\vdots$$

$$\frac{\mathrm{d}^n}{\mathrm{d}t^n}x = x^{(n)}$$

Meist ist der Lösungsraum für $x$ durch eine Startbedingung eingeschränkt. In diesem Fall spricht man von einem Anfangswertproblem (AWP):

$$\dot{x} = f(t, x) \tag{2.2}$$

$$x(0) = x_0 \tag{2.3}$$

In der impliziten Darstellungsform ist ein ODE-System formal identisch zu einem Algebro-Differentialgleichungssystem (auch: differenziell-algebraisches System, oder DAE-System von engl. *Differential-Algebraic Equation*). Es wird durch eine Gleichung der Form

$$F(t, x, \dot{x}) = 0$$

beschrieben. Beim DAE-System ist, im Gegensatz zum impliziten ODE-System, die partielle Ableitung $\frac{\partial F}{\partial \dot{x}}$ im gesamten Lösungsraum singulär. Informell kann diese Eigenschaft als Existenz zusätzlicher, rein algebraischer Nebenbedingungen verstanden werden. DAE-Systeme treten in zahlreichen Ingenieurs- und naturwissenschaftlichen Disziplinen auf, insbesondere in der Mehrkörpermechanik. Letztere spielt eine wichtige Rolle zur Modellbildung von Antriebsstrang- und Fahrdynamiksimulationen, beispielsweise Verbrennungsmotoren (Kolben/Pleuelstange/Kurbelwelle) und Radaufhängungen.

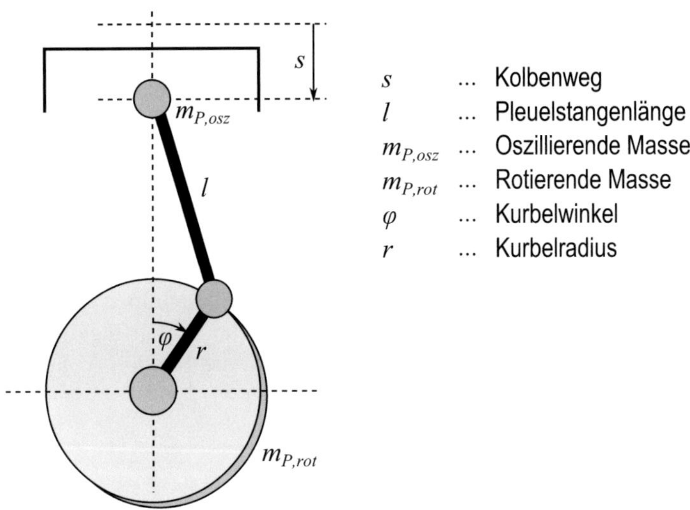


**Abbildung 2.1:** Skizziertes Kurbelgetriebe, Quelle: [Sch06]

Die Natur von DAE-Systemen soll am Beispiel eines Kurbelgetriebes veranschaulicht werden, das aus [Sch06] entnommen wurde. Abbildung 2.1 zeigt die konstruktiven Daten. Definiert man das Pleuelstangenverhältnis

$$\lambda_P = \frac{r}{l} \tag{2.4}$$

und den normierten Kolbenweg

$$x = \frac{s}{r}, \tag{2.5}$$

lässt sich die Systemdynamik unter Vernachlässigung von Gas- und Lastmoment durch folgendes DAE-System darstellen:

$$\dot{\varphi} = \omega \tag{2.6}$$

$$\dot{\omega} = J^{-1}M \tag{2.7}$$

$$M = -\omega^2 \dot{J} \tag{2.8}$$

$$J = r^2(m_{rot} + m_{osz}\dot{x}^2) \tag{2.9}$$

$$x = 1 + \lambda_P{}^{-1} - \cos\varphi - \lambda_P^{-1}\sqrt{1 - \lambda_P{}^2 \sin^2\varphi} \tag{2.10}$$

Dabei bezeichnet $M$ das Massenmoment, das wegen des veränderlichen Trägheitsmoments $J$ eine Änderung der Winkelgeschwindigkeit $\omega$ bewirkt. Für eine Herleitung der Formeln wird auf [Sch06] verwiesen. Hier soll lediglich die Besonderheit eines DAE-Systems aufgezeigt werden. Diese wird an Gleichung 2.10 deutlich: Sie definiert den Zusammenhang zwischen Kurbelwinkel $\varphi$ und normiertem Kolbenweg $x$ als algebraische Zwangsbedingung. Sie enthält keine abgeleitete Variable, so dass die partielle Ableitung des Systems nach den abgeleiteten Zustandsgrößen $\dot{\varphi}$, $\dot{\omega}$, $\dot{M}$, $\dot{J}$ und $\dot{x}$ zwangsläufig singulär wird. Durch das einmalige Differenzieren von Gleichung 2.10 erhält man ein ODE-System. Dies führt auf die Definition des Differentiationsindex', der im vorliegenden Beispiel 1 beträgt.

### Der Differentiationsindex

Der Differentiationsindex nach Gear [Gea88] ist die minimale Anzahl $k$ von Differentiationen

$$F(t, x, \dot{x}) = 0 \ ,$$

$$\frac{\partial F}{\partial x}(t, x, \dot{x}) = 0 \ ,$$

$$\vdots$$

$$\frac{\partial^k F}{\partial x^k}(t, x, \dot{x}) = 0 \ ,$$

die notwendig sind, um durch algebraische Umformungen dieser Gleichungen ein ODE-System

$$\dot{x} = f(t, x)$$

zu extrahieren [Hai10]. Handelt es sich bereits um ein ODE-System, so ist der Differentiationsindex $k = 0$.

**Der Störungsindex**

Der Störungsindex nach Hairer et al. [Hai89] liefert ein Maß für die Sensitivität der Lösung gegenüber Störungen, wie sie z.B. beim Lösen nichtlinearer Gleichungssysteme durch ein numerisches Verfahren auftreten können. Die numerische Behandlung von DAE-Systemen mit Störungsindex $k > 1$ stellt besondere Anforderungen an das verwendete Lösungsverfahren, da kleine Ungenauigkeiten prinzipiell beliebig große Abweichungen der Lösung bewirken können [Wei07]. Geeignete Verfahren werden in Abschnitt 2.3.3 vorgestellt.

## 2.2 Numerische Integration

In den meisten Fällen lassen sich Differentialgleichungssysteme nicht analytisch lösen. Stattdessen wird die Lösung mit Hilfe eines numerischen Verfahrens angenähert. Ein Ansatz hierzu besteht in der numerischen Integration, worunter man die Approximation eines Integrals durch eine Berechnungsvorschrift versteht. Genauer bezeichnet numerische Integration nicht ein einziges Verfahren, sondern eine ganze Klasse von Verfahren. Je nach Problemstellung, Genauigkeitsanforderungen und verfügbarer Rechenkapazität muss ein geeignetes Verfahren gewählt werden. Da die Herleitung und Diskussion entsprechender Methoden ausführlich in der Literatur behandelt wird, soll an dieser Stelle nur ein kurzer Überblick über gängige Ansätze gegeben werden.

### 2.2.1 Das Euler-Cauchy-Verfahren

Das Euler-Cauchy-Verfahren (auch Vorwärts-Euler, explizites Eulerverfahren oder Eulersches Polygonzugverfahren) ist das einfachste bekannte Verfahren zur numerischen Approximation von Gleichung 2.1. Es wird durch folgende Iterationsvorschrift definiert:

$$x(t + h) = x(t) + hf(t, x(t))$$

$h$ bezeichnet die Schrittweite des Verfahrens. Vorteilhaft am Euler-Cauchy-Verfahren ist der geringe Rechenaufwand mit einer Funktionsauswertung, einer (ggf. Skalar-Vektor-) Multiplikation und einer (ggf. vektorwertigen) Addition. Darüber hinaus müssen keine Gleichungen gelöst werden, weshalb das Euler-Cauchy-Verfahren für Echtzeitsimulationen bevorzugt wird. Nachteilig wirken sich folgende Eigenschaften aus:

- Mit einer Konvergenzordnung von 1 liefert das Euler-Cauchy-Verfahren eine ungenaue Approximation. Um eine hinreichend genaue Lösung zu erhalten, muss die Schrittweite des Verfahrens klein gewählt werden. Dies kann einerseits dazu führen, dass der Rechenaufwand den eines aufwändigeren Verfahrens mit größerer Schrittweite sogar übersteigt. Andererseits können die kleinen Schrittweiten unter Computerarithmetik Rundungsfehler verursachen, die sich bei großer Schrittzahl akkumulieren. Dies muss bei der Wahl der Schrittweite bzw. der Auslegung der arithmetischen Genauigkeit beachtet werden.

- Das eingeschränkte Stabilitätsgebiet des Verfahrens kann dazu führen, dass die Annäherung von der korrekten Lösung divergiert. In manchen Fällen kann die Divergenz nicht durch Herabsetzen der Schrittweite vermieden werden, so dass das Verfahren grundsätzlich scheitert.

## 2.2.2 Runge-Kutta-Verfahren

Die Familie der Runge-Kutta (RK)-Verfahren gehört zu den Einschrittverfahren. Dabei wird zur Berechnung des Funktionswerts im neuen Zeitschritt ausschließlich der Funktionswert des letzten Zeitschritts herangezogen. Auch das Euler-Cauchy-Verfahren wird als Spezialfall eines RK-Verfahrens aufgefasst. Sei ein AWP gegeben durch:

$$\dot{x} = f(x, t)$$
$$x(0) = x_0$$

Dann wird die Familie der expliziten RK-Verfahren durch folgende Iterationsvorschrift definiert:

$$x_{k+1} = x_k + \sum_{i=1}^{v} w_i k_i \tag{2.11}$$

$$k_i = hf\left(t_k + c_i h, \ x_k + \sum_{j=1}^{i-1} a_{ij} k_j\right) \quad i = 1, 2, ..., v \tag{2.12}$$

Die Koeffizienten $c_i$, $a_{ij}$ und $w_i$ können übersichtlich im Butcher-Schema dargestellt werden:

$$
\begin{array}{c|ccccc|c}
0 & & & & & & w_1 \\
c_2 & a_{21} & & & & & w_2 \\
c_3 & a_{31} & a_{32} & & & & w_3 \quad = c\,|A|\,w \\
\vdots & \vdots & \vdots & \ddots & & & \vdots \\
c_v & a_{v1} & a_{v2} & \cdots & a_{vv-1} & & w_v
\end{array}
$$

Genauigkeit und Stabilität eines RK-Verfahrens steigen mit dessen Ordnung, wobei eine höhere Ordnung stets eine größere Zahl $v$ von Funktionsauswertungen und somit einen höheren Rechenaufwand nach sich zieht. Das klassische Runge-Kutta-Verfahren vierter Ordnung wird durch folgendes Butcher-Schema definiert:

$$
\begin{array}{c|cccc}
0 & & & & \frac{1}{6} \\
\frac{1}{2} & \frac{1}{2} & & & \frac{1}{3} \\
\frac{1}{2} & 0 & \frac{1}{2} & & \frac{1}{3} \\
1 & 0 & 0 & 1 & \frac{1}{6}
\end{array}
$$

Erweitert man den Summationsbereich aus Gleichung (2.12) von $i-1$ auf $v$, lässt sich die Klasse der impliziten RK-Verfahren darstellen. Die Matrix $A$ des Butcher-Schemas hat dann keine untere Dreiecksform mehr. Insbesondere hängen die Koeffizienten $k_i$ dann gegenseitig voneinander ab, so dass keine rekursive Auswertung eines Integrationsschritts mehr möglich ist. Stattdessen muss für jeden Integrationsschritt ein im Allgemeinen nicht-lineares Gleichungssystem gelöst werden. Hierdurch wird der Rechenaufwand substantiell erhöht. Vorteilhaft ist, dass implizite RK-Verfahren bei gleicher Anzahl von Funktionsauswertungen eine im Vergleich zum expliziten Verfahren höhere Ordnung und somit bessere Stabilitäts- und Genauigkeitseigenschaften besitzen.

### 2.2.3 Weitere Ansätze

Obgleich die Klasse der RK-Verfahren in Simulationswerkzeugen eine wichtige Rolle spielt, existiert noch eine ganze Reihe weiterer Ansätze. Hierzu zählen unter anderem die Mehrschrittverfahren, Extrapolationsverfahren und Prädiktor-Korrektor-Methoden. Letztere kombinieren explizite und implizite Verfahren zu Gunsten des Rechenaufwands, weshalb sie auch als semiimplizite Verfahren bezeichnet werden. Für eine ausführliche Darstellung sei an weiterführende Literatur verwiesen [Mat92].

## 2.3 Rechnergestützte Simulation physikalischer Systeme

Je nach Fachdisziplin werden mit dem Begriff „System" höchst unterschiedliche Auffassungen und Beschreibungsmodelle assoziiert. Im Bereich der Ingenieursdisziplinen ist die Norm DIN IEC 60050-351 [Std/IEC06] anwendbar. Definitionsgemäß ist ein System eine Menge miteinander verknüpfter Elemente, welche in einem definierten Kontext als Gesamtheit, jedoch losgelöst von deren Umgebung betrachtet werden. Dabei ist ein System von folgenden Merkmalen gekennzeichnet:

- Ein System wird grundsätzlich zum Erfüllen eines bestimmten Zwecks definiert.

- Elemente eines Systems können natürliche oder künstliche materielle Objekte, aber auch rein gedankliche Konzepte oder deren Implikationen sein.

- Jedes System wird durch eine Systemgrenze von dessen Umgebung oder weiteren Systemen abgegrenzt.

Im Rahmen dieser Arbeit wird die Betrachtung auf physikalische Systeme eingeschränkt. Dabei handelt es sich um solche Systeme, die sich mit Gesetzen der Physik erklären und beschreiben lassen. Die abstrakte Repräsentation eines physikalischen Systems in einer formalen Domäne wird als Modell bezeichnet. Die Wahl einer geeigneten Domäne hängt maßgeblich von den charakteristischen Merkmalen des zu modellierenden Systems ab und dem Zweck, der damit verfolgt wird. Üblicher Weise werden strukturelle, logische oder mathematische Beziehungen zwischen den Zuständen des Systems oder den Eigenschaften seiner Komponenten spezifiziert [Ban10].

Simulationsmodelle können hinsichtlich ihrer Eigenschaften in statisch oder dynamisch, deterministisch oder stochastisch, sowie diskret oder kontinuierlich unterschieden werden [Ban10]. Während ein statisches Modell ein System lediglich zu einem bestimmten Zeitpunkt betrachtet, beschreibt ein dynamisches Modell das Verhalten eines Systems über die Zeit. Zustandsraummodelle, wie in Abbildung 2.2 gezeigt, sind hierfür ein verbreitetes Beschreibungsmittel: Neben den zeitlich varianten Ein- und Ausgangsgrößen des Systems werden zusätzlich interne Größen erfasst. Diese internen Größen speichern die vollständige Information, die notwendig ist, um das Verhalten des Systems unter einem bestimmten Stimulus vorherzusagen. Das Erzeugen einer künstlichen Systemhistorie [Ban10], die den im Modell definierten Systemeigenschaften genügt, wird als Simulation bezeichnet. Diese Definition wird in VDI Richtlinie 3633 konkretisiert:

> „Simulation ist das Nachbilden eines Systems mit seinen dynamischen Prozessen in einem experimentierbaren Modell, um zu Erkenntnissen zu gelangen, die auf die Wirklichkeit übertragbar sind. Insbesondere werden die Prozesse über die Zeit entwickelt. Im weiteren Sinne wird unter Simulation das Vorbereiten, Durchführen und Auswerten gezielter Experimente mit einem Simulationsmodell verstanden." [Std/VDI10]

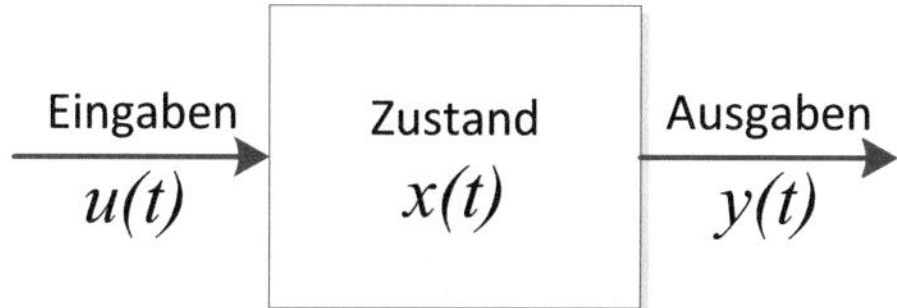


**Abbildung 2.2:** Das Zustandsraummodell

Mit der technologischen Entwicklung gewann auch Simulation an Bedeutung. Bereits im Jahr 1836 entwarf der französische Physiker Gaspard-Gustave Coriolis einen Simulator zur mechanischen Integration von Differentialgleichungen erster Ordnung [Cor36]. Abbildung 2.3 zeigt den ersten praxistauglichen Simulator für Differentialgleichungen höherer Ordnung, der in den Jahren 1928–1931 von Harold Locke Hazen und Vannevar Bush entwickelt wurde [Wil85]. Es handelte sich dabei um einen elektromechanischen Analogrechner, der auch mit „Integraph" [Bus27] oder „Differential Analyser" [Rob05] bezeichnet wird. Obwohl der Begriff Simulation heute oft mit Computersimulation gleichgesetzt wird, kamen diese programmierbaren Simulatoren ohne Computertechnologie aus. Schließlich wurde der erste funktionierende Computer der Welt – Zuses Z3 – erst im Jahr 1941 vorgestellt [Zus90].

Im Jahr 1963 entwickelte IBM die System/360 Produktlinie. Die entwickelten Computer verfügten im Gegensatz zu ihren Vorgängern auch über eine neue Befehlssatzarchitektur, so dass bisherige Software nicht mehr direkt lauffähig war. Um seinen Kunden dennoch den Betrieb der alten Software zu ermöglichen, setzte IBM auf Microcode-basierte Hardware, die das Verhalten der alten imitieren konnte. Eine Alternative wäre gewesen, den Befehlssatz der alten Rechner in Software zu simulieren, doch mit dem

**Abbildung 2.3:** Vannevar Bush am Differential Analyser [WWW/Unb30]

Microcode-basierten Ansatz kam man auf wesentlich höhere Ausführungsgeschwindigkeiten. IBM bezeichnete die neue Technologie fortan als „Emulation", um den konzeptuellen Unterschied zu bisherigen Software-basierten Simulationsverfahren deutlich zu machen [Han96]. Seither wurde der Begriff in vielen Anwendungen adaptiert. Drucker emulieren beispielsweise den Befehlssatz anderer Modelle. Auch Software wird teilweise als Emulator bezeichnet: MESS[1] (Multiple Emulator Super System) ist eine Software, die das Verhalten älterer Computer, Spielekonsolen und Taschenrechnern imitiert, so dass Anwendungen für diese Plattformen auf einem PC ausgeführt werden können. Was unterscheidet nun eine Emulation von einer Simulation? Im Sinne dieser Ausarbeitung wird die Abgrenzung beider Begriffe wie folgt vorgenommen:

- Bei der *Emulation* wird zumindest ein Teil der Systemgrenze des nachgebildeten Systems so realitätsgetreu nachempfunden, dass der Emulator gegenüber einer materiellen (z.B. Hardware) oder informationellen (z.B. Software) Komponente, die normalerweise mit dem realen System interagieren würde, als Ersatz verwendet werden kann.

- Bei der *Simulation* hingegen wird die Systemgrenze in abstrahierter Form dargestellt. Ein simuliertes System interagiert nicht direkt mit einer realen Umgebung, sondern mit einem informationellen Abbild, das selbst wiederum eine Simulation sein kann.

Vorteilhaft an dieser Definition ist, dass an Hand der Systemgrenze eine eindeutige Trennung zwischen Simulation und Emulation etabliert wird. Im Rahmen dieser Ausarbeitung ist dies hinreichend, um eine präzise Verwendung beider Begriffe zu gewährleisten. Im Vergleich zum allgemeinen Sprachgebrauch können aber Abweichungen auftreten: Ein

---

1  http://www.mess.org/

professioneller Flugsimulator beispielswiese bildet das Cockpit eines Flugzeugs und die Sicht aus dem Cockpit so detailgetreu nach, dass dem Benutzer ein realistisches Flugerlebnis vermittelt wird. Auf Grund der realitätsgetreuen Nachempfindung der Systemgrenze Flugzeug/Pilot handelt es sich im Sinn der obigen Definition um einen Flugemulator, obwohl diese Bezeichnung nicht üblich ist.

Je nach Zweck und benötigtem Abstraktionsgrad bedient man sich in der Modellierung physikalischer Systeme unterschiedlicher Formalismen und Abstraktionsgrade. Die nachfolgenden Abschnitte geben einen Überblick.

## 2.3.1 Diskrete Ereignissysteme

Liegen in einem Zustandsraummodell diskrete Zustandsgrößen vor, so ändern sich diese zu diskreten Zeitpunkten. Änderungen werden durch Ereignisse verursacht, welche in Folge äußerer Einflüsse oder durch die Änderung kontinuierlicher Zustände auftreten. Auftretens-Zeitpunkte und Abfolge von Ereignissen sind in der Regel nicht vorhersehbar. Diese Klasse von Systemen wird als *diskrete Ereignissysteme* oder *ereignisgetriebene Systeme* (kurz: DES von engl. *Discrete Event System*) bezeichnet. In der Modellierung von DES kommen je nach Abstraktionsgrad *zeitfreie, deterministische* und *probabilistische* Beschreibungsmodelle zum Einsatz [Cas99].

- Zeitfreie Modelle ignorieren die Auftretens-Zeitpunkte von Ereignissen. Es wird lediglich die Reihenfolge berücksichtigt, in welcher Ereignisse auftreten.

- Deterministische Modelle assoziieren jedes Ereignis mit einem Zeitstempel, der den Zeitpunkt von dessen Auftreten markiert.

- Stochastische Modelle berücksichtigen zusätzlich die Unsicherheit über Ereigniszeitpunkte oder über den zeitlichen Abstand zweier aufeinander folgender Ereignisse.

Deterministische Modelle spielen eine wichtige Rolle in der Simulation digitaler Systeme. Daher soll diese Klasse von Modellen genauer betrachtet werden. Für ausführliche Erläuterungen zu den anderen beiden Klassen sei auf die Literatur verwiesen [Spa95, Cas99, Law00, Ban10].

### Event-scheduling/Time-advance

Der Event-scheduling/Time-advance (ESTA) Algorithmus [Ban10] ist ein Verfahren zur Simulation deterministischer Modelle. Konzeptuell wird ein System durch eine Menge von Prozessen und eine Menge von Ereignissen definiert. Jeder Prozess $P$ wird grundsätzlich in Reaktion auf ein bestimmtes Ereignis ausgeführt und hat eine angenommene Ausführungsdauer von 0. $P$ ist mit einer Sensitivitätsliste assoziiert, welche die Ereignismenge definiert, die eine Ausführung von $P$ veranlasst. $P$ kann als Resultat seiner Ausführung weitere, in der Zukunft liegende, Ereignisse emittieren.

Zentrales Element des ESTA-Algorithmus ist eine Ereignisliste, welche die emittierten Ereignisse über den Verlauf der Simulation erfasst und in chronologisch sortierter

Form bereithält. Aus algorithmischer Sicht entspricht dies einer Prioritätswarteschlange. Abbildung 2.4 zeigt das Ablaufdiagramm von ESTA. Zur Initialisierung wird in der Regel ein spezielles Initialisierungsereignis mit dem Zeitpunkt $t = 0$ assoziiert und in die Liste eingefügt. Somit ist gewährleistet, dass zu Simulationsbeginn aktive Prozesse existieren. Die Simulation kann fortgeführt werden, solange sich Ereignisse in der Liste befinden. In jedem Simulationsschritt wird das Ereignis $e$ zum nächstliegenden Zeitpunkt $t$ entnommen und die Simulationszeit auf $t$ inkrementiert. Alle Prozesse, die $e$ in ihrer Sensitivitätsliste enthalten, werden ausgeführt. Dabei werden im Allgemeinen weitere Ereignisse emittiert und in die Ereignisliste einsortiert, so dass weitere Iterationen durchlaufen werden, bis die Ereignisliste leer ist.

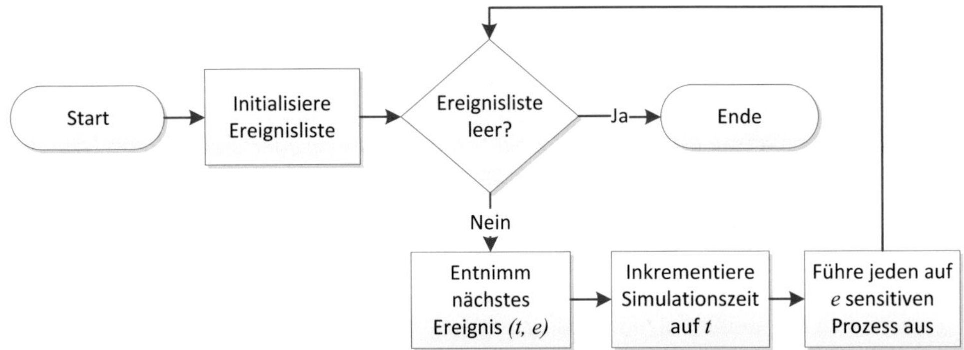


**Abbildung 2.4:** Ablaufdiagramm des ESTA-Algorithmus

## Ereignis- und Prozessorientierung

Um ein System in Software simulieren zu können, muss das Modell des Systems in einer geeigneten maschineninterpretierbaren Sprache spezifiziert werden. Insbesondere die Menge der Prozesse muss dem Simulator gegenüber definiert werden. Hier haben sich die zwei Paradigmen Ereignisorientierung und Prozessorientierung etabliert [Ban10]. In der ereignisorientierten Sichtweise werden Prozesse mit Prozeduren oder Methoden identifiziert, die in ihrer Rolle als Ereignisbehandlungsroutinen vom Simulator aufgerufen werden. Ereignisorientierte Simulatoren sind sehr einfach zu implementieren, verkomplizieren aber die Modellbildung bei sequentiellen Abläufen im System. Mehr Flexibilität bietet der prozessorientierte Ansatz. Prozesse werden durch Threads modelliert, die durch Aufruf einer Wartefunktion des Simulators explizit die Kontrolle abgeben, bis eine übergebene Ereignisbedingung wahr ist. Die Kontrollwechsel zwischen den Threads gleichen einem kooperativen Scheduling-Verfahren [Tan09], wobei der Simulator die Rolle des Koordinators und Schedulers übernimmt. ESTA eignet sich auch für prozessorientierte Modelle: Statt eines direkten Funktionsaufrufs an den Prozess wird zu dessen Ausführung eine Betriebssystemfunktion zum Deblockieren des wartenden Threads genutzt. Die reale Ausführungszeit eines Threads, vom Deblockieren bis zur nächsten Warteoperation, lässt dabei keine Simulationszeit verstreichen – diese wird erst dann inkrementiert, wenn *alle* Threads die Kontrolle abgegeben haben und auf zukünftige Ereignisse warten.

## 2.3.2 Zeitgetriebene Systeme

Gemeinsam mit diskreten Ereignissystemen verfügen zeitgetriebene Systeme über diskrete Zustände. Diese ändern sich jedoch nur zu vorab bekannten Zeitpunkten, die durch einen externen Taktgeber definiert werden [Cas99]. Zeitgetriebene Systeme können daher als Spezialisierung ereignisgetriebener Systeme aufgefasst werden.

Da im Fall eines zeitgetriebenen Systems die Zeitpunkte möglicher Ereignisse vorab bekannt sind, kann zur Simulation ein gegenüber ESTA vereinfachtes Schema angewandt werden. Eine Ereignisliste ist nicht mehr nötig: Es muss lediglich pro Zeitschritt überprüft werden, welche Prozesse auszuführen sind. Abbildung 2.5 zeigt das mit *Activity-Scanning* [Ban10] bezeichnete Verfahren. Im Gegensatz zu ESTA werden bei Activity Scanning Ereignisse *in situ* erkannt, also immer erst zum Zeitpunkt ihres Auftretens. Deshalb werden Ereignisse mit binären Zustandsvariablen identifiziert, welche die Werte *aktiv* oder *nicht aktiv* annehmen. Der Algorithmus besteht aus zwei ineinander geschachtelten Schleifen. In der inneren, auch mit Ereignisiteration bezeichneten Schleife, werden alle Prozesse ausgeführt, die mindestens ein aktives Ereignis in ihrer Sensitivitätsliste führen. Ein Prozess kann weitere Ereignisse aktivieren und damit eine neue Iteration verursachen, jedoch immer nur für den aktuellen Zeitschritt. Sind alle Ereignisse inaktiv, wird in der äußeren Schleife die Simulationszeit auf den nächsten Zeitschritt inkrementiert. Ereignisbedingungen werden erneut überprüft, wobei eingetretene Ereignisse aktiviert werden.

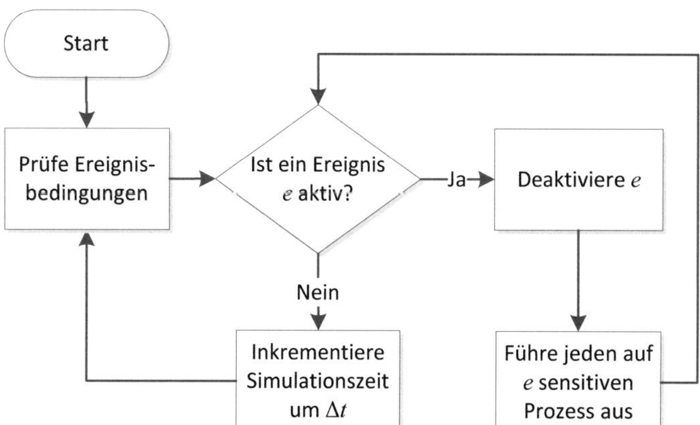


**Abbildung 2.5:** Ablaufdiagramm: Activity-Scanning

### 2.3.3 Zeitkontinuierliche Systeme

Zeitkontinuierliche Modelle verändern ihren Zustand kontinuierlich über die Zeit. Sie werden durch ein Differentialgleichungssystem charakterisiert. Je nach Darstellungsform und Eigenschaften des Systems (vgl. Abschnitt 2.1) fallen die Simulationsverfahren unterschiedlich komplex und rechenintensiv aus.

#### Simulation gewöhnlicher Differentialgleichungssysteme

Im einfachsten Fall lässt sich ein System im Zustandsraummodell als AWP aus expliziten gewöhnlichen Differentialgleichungen formulieren. In diesem Fall kann direkt ein Verfahren zur numerischen Integration (wie in Abschnitt 2.2 beschrieben) angewandt werden. Zur Berechnung der Diskretisierungsvorschrift muss die rechte Seite von Gleichung (2.1) lediglich ausgewertet werden. Es ist keinerlei Information über die Struktur von $f$ notwendig. Diesen Umstand macht man sich softwaretechnisch zu Nutze, um Modell und Integrationsverfahren gegenseitig zu kapseln. In der Tat basieren zahlreiche universelle Simulationsbibliotheken wie ODEPACK [Hin83], SBML ODE Solver Library [Mac06] und SUNDIALS/CVODE [Hin05] auf diesem Prinzip: $f$ wird als Subroutine implementiert und der Bibliothek gegenüber registriert. Die Bibliothek implementiert ihrerseits das Integrationsverfahren. Ist das Gleichungssystem hingegen implizit formuliert, ist dieser Ansatz nicht mehr anwendbar. In diesem Fall greift man auf dieselben Strategien zurück, die auch bei der Simulation von DAE-Systemen zur Anwendung kommen.

#### Simulation von DAE-Systemen

Um die softwaretechnische Trennung zwischen Modell und Integrationsverfahren weiterhin aufrechtzuerhalten, kann eine Subroutine als Schnittstelle gewählt werden, welche die Residuumsfunktion $F$ aus Gleichung (2.4) implementiert. Auch in diesem Fall ist der Simulationsbibliothek keine Information über die Struktur von $F$ bekannt. Der Folgezustand des Systems wird durch Einsetzen der Diskretisierungsformel und Anwendung eines Verfahrens zur Nullstellensuche über $F$ bestimmt. Explizite Integrationsverfahren sind für DAE-Systeme nicht mehr ohne Weiteres geeignet [Elm95, Gea06]. Stattdessen werden implizite Verfahren eingesetzt, beispielsweise Backward Difference Formulae (BDF) [Gea71] oder Radau-Verfahren [Asc98]. DASSL [Pet83] und SUNDIALS/IDA [Hin05] sind Beispiele für Simulationsbibliotheken, die DAE-Systeme nach diesem Prinzip unter Verwendung der BDF lösen.

Eine weitere Strategie besteht darin, Information über die Struktur von $F$ auszunutzen, um $F$ durch symbolische Manipulationen in ein einfacheres Problem zu überführen. Ist es beispielsweise möglich, $F$ in die Hessenberg-Form

$$\dot{x} = f(t, x, z)$$
$$0 = g(t, x)$$

zu zerlegen und ist $Dg(t, x)f_z(t, x, z)$ in einer Umgebung der Lösung invertierbar, so handelt es sich um ein Index-2 DAE-System [Wei07]. In diesem Fall kann es mit spezialisierten RK-Verfahren [Asc98] oder allgemeinen linearen Verfahren [Wei07] behandelt werden.

Der Ansatz "Inline Integration" [Elm95] beruht im Wesentlichen darauf, die Diskretisierungsformel symbolisch in $F$ zu substituieren und das entstehende Gleichungssystem mit symbolischen Manipulationen in mehrere kleinere, sukzessiv lösbare explizite und implizite Blöcke zu zerlegen. Hierzu werden die Verfahren Block Lower Triangular (BLT) Transformation und Tearing eingesetzt. Die BLT Transformation ist ein graphentheoretischer Algorithmus, welcher auf nichtlineare Gleichungssysteme angewandt wird und dort algebraische Schleifen mit minimaler Dimension findet. Im Ergebnis entsteht eine Sequenz von kleineren Gleichungsblöcken, die sukzessiv gelöst werden können. Die Folge von kleineren Gleichungsblöcken ist mindestens genauso schnell, meist jedoch wesentlich schneller lösbar als das ursprüngliche Problem. Tearing ist eine weitere Technik, um die Dimension großer nichtlinearer Gleichungssysteme zu reduzieren: Das Gleichungssystem wird durch eine Teilmenge der Unbekannten, die sogenannten Tearing-Variablen, in einen explizit und einen implizit berechenbaren Teil aufgebrochen. Im Gegensatz zur BLT Transformation bleiben aber beide Teile algebraisch voneinander abhängig. Die Newton-Iterationen müssen dann nur noch über die Tearing-Variablen erfolgen.

Die numerische Behandlung von DAE-Systemen stellt weitere Herausforderungen an das Simulationsprogramm. Einerseits sollten Differentiationsindex und Störungsindex des Systems jeweils den Wert 1 (je nach Integrationsmethode ggf. auch 2) nicht übersteigen [Asc98]. Dieses Problem steht in engem Zusammenhang mit der Anforderung, zum Simulationsbeginn konsistente Startwerte für alle Zustände und algebraischen Variablen zu finden. Es ist nicht hinreichend, eine Variablenbelegung zu finden, welche vordergründig Gleichung (2.4) erfüllt: Differenzieren von $F$ kann weitere, sogenannte versteckte Nebenbedingungen aufdecken, die ebenfalls berücksichtigt werden müssen. Der Algorithmus von Pantelides [Pan88b] ist ein systematisches Verfahren, das den Index eines DAE-Systems reduziert und damit auch die Suche konsistenter Startwerte vereinfacht. Reduziert man ein DAE-System bis auf Index 0, so handelt es sich de facto um ein ODE-System, das wiederum mit einfacheren Integrationsverfahren gelöst werden könnte. Die algebraischen Bedingungen des ursprünglichen DAE-Systems liegen dann nur noch als implizite Bedingungen vor, die unter Diskretisierung im Allgemeinen nicht beibehalten werden. Mit anderen Worten driftet das Simulationsergebnis von der korrekten Lösung ab. Zur Abhilfe kann man das ursprüngliche DAE-System beibehalten und sämtliche Gleichungen, die beim Differenzieren entstehen, hinzufügen. Es entsteht ein konsistentes, augmentiertes, überbestimmtes System. Wegen der Überbestimmtheit kann das System von gängigen Bibliotheken wie DASSL nicht mehr ohne Weiteres gelöst werden [Fab01]. Eine Alternative ist die *Dummy Derivatives* Methode [Mat93]. Hierbei werden abgeleitete Variablen durch neue Symbole ersetzt, die nicht diskretisiert werden, so dass das resultierende Gleichungssystem nicht überbestimmt ist.

### 2.3.4 Hybride Systeme

In vielen Anwendungen kommt es zu einer Durchmischung der Paradigmen von diskreten
Ereignissystemen und zeitkontinuierlichen Systemen. Dies ist einerseits der Fall, wenn
Modelle aus verschiedenen Domänen kombiniert werden, beispielsweise ein diskreter
Regelungsalgorithmus mit einer kontinuierlichen Prozessstrecke. Andererseits können
auch einzelne Bausteine zu Modellen mit gemischt kontinuierlich/diskreten Zuständen
führen, die im Folgenden als hybride Systeme bezeichnet werden. Dies ist beispielsweise
bei der Modellierung von Schaltgetrieben (Beispiel entnommen aus [WWW/Lyg08]) der
Fall. Abbildung 2.6 zeigt das Modell eines Fahrzeugs mit einem 3-Gang Schaltgetriebe.
Die Eingaben $u$ und *gang* geben die Stellung des Gaspedals sowieso dem gewählten Gang
vor. $x$ bezeichnet die Längsposition des Fahrzeugs (Querdynamik wird vernachlässigt)
sowie $v$ dessen Geschwindigkeit. $\alpha_i$ ist eine gang-abhängige Funktion, welche die maximal
erreichbare Beschleunigung in Abhängigkeit der Fahrzeuggeschwindigkeit berechnet.
Offensichtlich ist die Gangwahl eine diskrete Variable, so dass eine hybride Modellierung
notwendig wird.

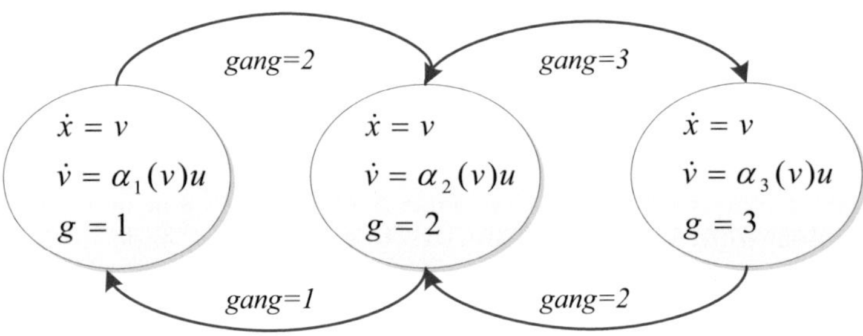


**Abbildung 2.6:** Modell eines Fahrzeugs mit 3-Gang Schaltgetriebe

Ein weniger offensichtliches hybrides System ergibt sich bei der Modellierung eines
hüpfenden Balls: Ein Ball wird in einiger Höhe losgelassen und springt beim Aufprall auf
den Boden wieder in die Höhe. Dabei verliert er bei jedem Bodenkontakt ein wenig seiner
ursprünglichen Geschwindigkeit, was durch einen Dämpfungsfaktor $c$ ausgedrückt wird.
Die Variablen des Systems sind die vertikale Position $x$ und die vertikale Geschwindigkeit
$v$ des Balls. Der Boden befinde sich an Position 0, so dass positive Positionen den
Bereich über dem Boden abdecken. Das Ereignis "Ball prallt auf den Boden" wird somit
durch die Bedingung $x \leq 0 \wedge v < 0$ wiedergegeben.

Abbildung 2.7 zeigt das zugehörige Modell, wobei $g$ die Erdbeschleunigung bezeichnet.
Es verfügt über keinerlei diskrete Zustände. Bezeichnend ist das Ereignis, das im Moment
des Aufpralls ausgelöst wird und die Zuweisung $v := -cv$ aktiviert. Dieses Ereignis muss
vom Simulationsprogramm erkannt und zum richtigen Zeitpunkt behandelt werden.
In diesem Sinn sind mit hybriden Systemen auch zeitkontinuierliche Systeme mit
Unstetigkeiten in mindestens einem Zustand gemeint.

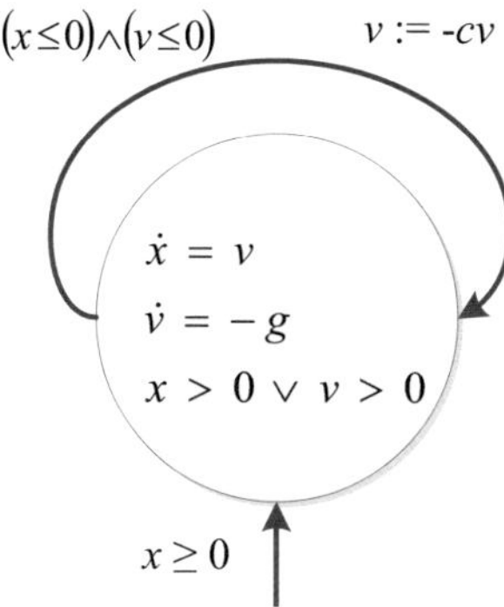


**Abbildung 2.7:** Modell eines hüpfenden Balls

Zur Behandlung von Ereignissen sind besondere Maßnahmen im Simulationsprogramm notwendig, da die numerische Integration nicht über Ereigniszeitpunkte hinweg geschehen sollte. Ein Standardansatz liegt darin, jeweils nach einem Integrationsschritt sämtliche Ereignisbedingungen zu prüfen und gegebenenfalls schrittweise die Integrationsschrittweite zu adaptieren, bis das Ende des gewählten Integrationsschritts möglichst genau mit dem Ereigniszeitpunkt übereinstimmt [Cel93].

## 2.4 Modelica

Modelica® ist eine im Sinn der Modelica License[1] freie Modellierungssprache mit Fokus auf physikalische Systeme. Die Sprache entstand mit der Zielsetzung, die proprietären Sprachstandards der zahlreichen, oft domänen-spezifischen Simulationswerkzeuge in einem universellen, offenen und domänen-übergreifenden Standard zu vereinen [Elm97]. Modelica ist geprägt von Einflüssen aus mehreren älteren Simulationssprachen [San11], wobei die wichtigsten Ideen auf die Sprache Dymola [Elm78] zurückgehen. Heute wird der Sprachstandard von der Modelica Association[2] (MA) gepflegt und weiterentwickelt, einer gemeinnützigen Nicht-Regierungs-Organisation, die das Warenzeichen auf die Bezeichnung "Modelica" hält.

### 2.4.1 Merkmale

Modelica ist eine gemischt deklarativ/imperative, gleichungs-basierte, objekt-orientierte, akausale, domänen-übergreifende Modellierungssprache. Diese fundamentalen Konzepte sollen genauer erläutert werden.

---

1  https://modelica.org/licenses/ModelicaLicense2 (abgerufen 26.9.2012)
2  https://modelica.org/association (abgerufen 26.9.2012)

### Objekt-Orientierung

Objekt-Orientierung (OO) ist ein Paradigma aus der Softwareentwicklung. Kernidee der OO ist das Prinzip der Kapselung: Das zu entwerfende (Software-)System wird zunächst in handhabbare Bausteine – die Klassen – zergliedert. Eine Klasse verfügt einerseits über eine öffentliche Schnittstelle, die vorgibt, wie eine Instanz dieser Klasse programmatisch zu verwenden ist. Andererseits verfügt die Klasse über ein Verhalten, dessen Details vor dem Benutzer der Klasse versteckt werden. Kapselung hilft also, Komplexität zu beherrschen und fördert gleichzeitig die kollaborative Entwicklung.

Dieselben Grundgedanken überträgt Modelica auf den Entwurf komplexer physikalischer Systeme: Auch diese sollen sich hierarchisch in kleinere Subsysteme zerlegen lassen, deren Entwurf gegebenenfalls von getrennten Entwicklern vorgenommen wird. Es spielt keine Rolle, wie ein Subsystem genau funktioniert, solange dessen Systemgrenze und Zweck bekannt sind. Im Software-Entwurf besteht die öffentliche Schnittstelle einer Klasse aus Methoden, die vom Benutzer einer Instanz der Klasse aufgerufen werden. Beim Entwurf physikalischer Systeme wäre eine derartige Schnittstelle nicht sinnvoll anwendbar. Stattdessen spielen hier die physikalischen Größen eine Rolle, die das (Sub-)System betreten bzw. verlassen. Diese werden in der Modelica-Klassendefinition durch sogenannte Konnektoren (Schlüsselwort `connector`) deklariert. In manchen Fällen ist es nicht sinnvoll, eine physikalische Größe an der Systemgrenze mit einer Datenflussrichtung zu versehen. Man denke an einen Ohm'schen Widerstand: Es ist physikalisch nicht sinnvoll, einen der beiden Anschlüsse als "Eingang" und den anderen als "Ausgang" aufzufassen. In diesem Fall kann ein Konnektor auch ohne Datenflussrichtung deklariert werden. Dieses Merkmal wird mit Akausalität bezeichnet und im folgenden Unterabschnitt genauer erläutert.

### Gleichungs-Orientierung und Akausalität

Kernaspekt von Modelica ist die Spezifikation hybrider DAE-Systeme. PDE-Systeme werden bis einschließlich Sprachversion 3.3 nicht unterstützt [WWW/Mod12]. Zur Spezifikation von Ableitungen definiert Modelica den `der`-Operator, der auf beliebige algebraische Ausdrücke angewandt werden darf und die Ableitung des jeweiligen Ausdrucks nach der Zeit symbolisiert.

Im Gegensatz zu einem Algorithmus muss ein Gleichungssystem symbolisch vorverarbeitet werden. Während ein Algorithmus mit einer Folge von Anweisungen auch die exakte Reihenfolge ihrer Ausführung definiert, ist die Reihenfolge, in der Gleichungen niedergeschrieben stehen, bedeutungslos. Alle Gleichungen müssen gleichzeitig erfüllt sein. Darüber hinaus darf eine einzelne Gleichung nicht als Zuweisung verstanden werden. Eine Zuweisung impliziert stets einen Datentransfer von der rechten Seite des Gleichheitszeichens zur linken Seite und somit eine Kausalität. Dies ist bei einer Gleichung nicht notwendig der Fall. Der Modelica Sprachstandard [WWW/Mod12] nimmt das Simulationswerkzeug in die Pflicht, Gleichungen gegebenenfalls symbolisch umzustellen oder gar implizit zu lösen. Diese Agnostik von Kausalität wird mit Akausalität bezeichnet.

### Domänen-übergreifende Systeme

Modelica schafft einen universellen Sprachstandard, um physikalische Systeme aus mehreren Domänen zu entwerfen und zu koppeln. So umfasst alleine die Modelica Standardbibliothek[1] Elemente aus den Bereichen Regelungstechnik, Elektrik/Elektronik, Fluidik/Hydraulik/Pneumatik, Magnetismus, Mathematik, Mechanik, Thermik und Zustandsautomaten. Um den typsicheren Aufbau von Modellen verschiedener Domänen zu gewährleisten, sind Konnektoren als Schnittstelle einer Klasse zur Außenwelt in Modelica typisiert. Konnektor-Klassen für verschiedene Domänen definieren dabei die für ihre Domäne relevanten physikalischen Größen. Modelica unterscheidet Potenzial- von Flussgrößen. Werden $n \geq 2$ Konnektor-Instanzen im Modell verbunden, gelten im Modell implizit weitere Gleichungen:

- Potenzial-Variablen $V_j$ $(j = 1 \ldots n)$ haben den gleichen Wert (Potenzialgleichheit):

$$V_1 = V_2$$
$$V_2 = V_3$$
$$\vdots$$
$$V_{n-1} = V_n$$

- Fluss-Variablen $I_j$ addieren sich zu 0 (Kirchhoff'sche Knotenregel):

$$\sum_j I_j = 0$$

Wohlbekannt ist dieses Konzept bei elektrischen Schaltkreisen. Es lässt sich aber auch auf andere Domänen übertragen, wie Tabelle 2.1 zeigt.

| **Domäne** | **Potenzialvariable** | **Flussvariable** |
|---|---|---|
| Elektrik/Elektronik | elektrisches Potenzial | Strom |
| Mechanik, translatorisch | Position (skalar) | Schnittkraft (skalar) |
| Mechanik, rotatorisch | Winkel | Schnittmoment (skalar) |
| Mechanik, 3-dimensional | Positionsvektor, Transformationsmatrix | Schnittkraft (Vektor) Schnittmoment (Vektor) |
| Wärmeübertragung | Temperatur | Wärmestrom |
| Hydraulik (inkompressibel) | Druck | Volumenstrom |
| Pneumatik (kompressibel) | Druck | Massenstrom |
| Signalflüsse | typisierter Signalvektor | |

**Tabelle 2.1:** Potenzial- und Flussvariablen in unterschiedlichen Domänen [Ott04]

---

1  https://www.modelica.org/libraries/Modelica (26.9.2012)

## Mischung von deklarativen und imperativen Beschreibungsformen

Obwohl das Hauptaugenmerk von Modelica sicherlich auf der deklarativen (Gleichungs-basierten) Beschreibungsform liegt, können vom Anwender auch Algorithmen spezifiziert werden, was Modelica zu einer allgemeingültigen Programmiersprache macht. Ein Algorithmus kann in einem Modell auf verschiedene Arten spezifiziert werden, die den Zeitpunkt seiner Ausführung beeinflussen [WWW/Mod12].

**Funktionen**   Eine Funktion ist in Modelica eine spezialisierte Klasse, die eine algorithmische Rechenvorschrift enthält. Die Funktion kann wiederum in einem Gleichungsabschnitt des Modells referenziert werden, so dass sie vom Simulationswerkzeug beim Lösen der Gleichung aufgerufen wird. Eine Funktion hat mit Modelica-Sprachmitteln keine Möglichkeit, durch Zugriff auf statische oder globale Variablen einen Zustand einzuführen. Dies gewährleistet, dass es sich um eine Funktion im mathematischen Sinn handelt: Für dieselben Eingabewerte werden stets dieselben Ausgabewerte berechnet. Die Zusicherung erlaubt es dem Simulationswerkzeug, algebraische Umformungen und Optimierungen vorzunehmen, beispielsweise die Elimination gemeinsamer Unterausdrücke. Eine Ausnahme stellen externe Funktionen dar, die beispielsweise zum Datenaustausch mit einem E/A-System benötigt werden. Solche Funktionen verfügen sehr wohl über einen versteckten Zustand und müssen daher mit dem Modelica Schlüsselwort `impure` markiert werden. Sie dürfen vom Simulationswerkzeug nicht in Optimierungen einbezogen werden.

**Initialisierungs-Code**   Ein Algorithmus, der genau einmal zum Simulationsbeginn ausgeführt werden soll, wird im Modell in einen mit `initial algorithm` gekennzeichneten Bereich eingefügt.

**Permanent ausgewerteter Code**   Programmcode, der in einem mit dem Schlüsselwort `algorithm` gekennzeichneten Bereich eingefügt wird, wird vom Simulationswerkzeug wie ein atomares, vektorwertiges Gleichungssystem über den gelesenen und beschriebenen Variablen behandelt. Der Algorithmus wird mit jedem Integrationsschritt ausgeführt. Programmcode kann mit Hilfe des `when`-Schlüsselworts eine Ereignis-Bedingung spezifizieren, so dass dieser nur beim Auftreten eines Ereignisses ausgeführt wird.

## Erweiterungen für hybride Systeme

Die Konzepte von Modelica für hybride Systeme können grob in Sprachmittel zur Modellierung von Unstetigkeiten und "echte" zeit-diskrete Erweiterungen unterteilt werden. Im ersten Fall sind zusätzlich Beschreibungsmittel für stückweise glatte Terme von instantan gültigen Gleichungen/Algorithmen zu unterscheiden. Die Gleichung

$$y = \begin{cases} u, & \text{falls } u \leq 1 \text{ ,} \\ 2u - 1, & \text{sonst} \end{cases}$$

lässt sich beispielsweise durch

```
y = if u <= 1 then u else 2 * u - 1;
```

oder auch durch

```
if u <= 1 then {
  y = u;
} else {
  y = 2 * u - 1;
} end if;
```

ausdrücken. In jedem Fall muss vom Simulationswerkzeug ein Zustandsereignis für den Ausdruck `u <= 1` erzeugt werden, so dass von der numerischen Integration nicht über die Stelle $u = 1$ "hinwegintegriert" wird (vgl. Unterabschnitt 2.3.4).

Während stückweise definierte Gleichungen immer während eines (ggf. implizit definierten) Zeitintervalls gültig sind, gelten instantane Gleichungen immer nur für einzelne Zeitpunkte, die durch ein Ereignis definiert werden. Die jeweilige Ereignisbedingung wird mit dem Schlüsselwort `when` spezifiziert. Ein Beispiel ist der hüpfende Ball aus Unterabschnitt 2.3.4, der beim Aufprall auf den Boden instantan seine Flugrichtung ändert. Dieser lässt sich in Modelica durch folgende Gleichungen darstellen:

```
der(x) = v;
der(v) = if flying then -g else 0;
flying = not(x<=0 and v<=0);
when x < 0 then
  reinit(v, -c*pre(v));
end when;
```

Das `reinit`-Schlüsselwort bewirkt, dass der Zustandsvariablen `v` der neue Wert $-c*$ `pre(v)` zugewiesen wird. `pre` ist ein Modelica-Operator, der den Wert einer Variablen infinitesimal vor Eintritt des Ereignisses liefert. Wichtig ist es, sich den semantischen Unterschied der Schlüsselworte `if` und `when` klarzumachen: Während eine Gleichung nach `if x < 0 then` ... in sämtlichen Zeitintervallen gültig wäre, in denen `x` negativ ist, gilt die Gleichung nach `when x < 0 then` ... nur für die einzelnen Zeitpunkte, zu denen `x` das Vorzeichen auf negativ ändert. Solange `x` negativ bleibt oder wenn `x` wieder positiv wird, wird die Gleichung nicht ausgewertet.

Alternativ kann das `when`-Schlüsselwort auch innerhalb eines Algorithmen-Abschnitts verwendet werden. In diesem Fall spezifiziert es Programmcode, der beim Eintreffen der Ereignisbedingung ausgeführt wird. Ansonsten bleibt die Semantik des Schlüsselworts unverändert. Der Rest dieses Unterabschnitts befasst sich mit Modelicas Konzepten für zeit-diskrete Systeme im eigentlichen Sinn. Die Sprachmittel umfassen die Definition diskreter Variablen, die Definition von Taktgebern sowie endliche Automaten.

Variablen mit den Datentypen `Integer`, `Boolean`, Enumerationstypen sowie davon abgeleitete Datentypen sind in Modelica automatisch diskret, während Variablen mit dem Datentyp `Real` (und abgeleiteten Typen) standardmäßig als kontinuierliche Größen interpretiert werden. Mit den Schlüsselwörtern `discrete` und `nondiscrete` kann die vordefinierte Semantik modifiziert werden.

Periodisch auftretende Ereignisse werden in Modelica mit dem `sample`-Operator spezifiziert. Dieser generiert eine Ereignisfolge mit definierbarer Periodendauer und Startzeit. Die Ereignisbehandlung (in Form von Gleichungen oder eines Algorithmus') wird wie üblich in eine `when`-Klausel eingebettet. Wird dabei von einer kontinuierlichen Variablen gelesen, gilt automatisch die *sample*-Semantik. Wird im kontinuierlichen Teil des Modells eine diskrete Variable gelesen, gilt automatisch die *hold*-Semantik. Im Fall, dass in einer `when`-Klausel von einer Variablen gelesen wird, die in einer anderen `when`-Klausel geschrieben wird, muss die Variable zunächst in die kontinuierliche Domäne und danach in die neue diskrete Domäne transformiert werden. Es gilt *hold/sample*-Semantik. Diese Eigenschaften stießen auf Kritik, da sie sowohl im Modell als auch im Simulationsalgorithmus zu Restriktionen führen und die Verifikation eines Modells hinsichtlich von Sampling-Fehlern unmöglich machen [WWW/Mod12]. Mit Sprachversion 3.3 wurden daher völlig neue Paradigmen zur Modellierung zeit-diskreter Regelungsaufgaben erarbeitet [Elm12b]. Grundidee ist es, diskrete Variablen einem eindeutig definierten Taktgeber zuzuordnen, der mit dem Schlüsselwort `Clock` konstruiert wird. Mit `Clock` lassen sich sowohl äquidistante als auch nicht äquidistante Ereignisfolgen definieren. Insbesondere ist es möglich, Zustandsereignisse als Taktgeber zu definieren. Mit Hilfe der Schlüsselwörter `superSample` und `subSample` werden abhängige Taktgeber erzeugt, die in Bezug zum Originaltaktgeber perfekt synchron, jedoch mit einer schnelleren bzw. langsameren Rate laufen. Zur Konversion kontinuierlicher Größen in die getaktete Domäne bzw. aus der Domäne wurden die Operatoren `sample` und `hold` definiert.

Seit Sprachversion 3.3 verfügt Modelica außerdem über ein sprach-integriertes Konzept zur Modellierung endlicher Automaten [Elm12a]. Generell kann jeder Modelica `Block` ohne kontinuierliche Gleichungen und ohne algorithmisches Verhalten zum Zustand eines Automaten erklärt werden. Ein Block kann selbst Automaten enthalten, so dass auch die Beschreibung von hierarchischen Automaten möglich ist. Zustandsübergänge sowie die Bedingungen, an die diese geknüpft sind, werden mit dem Schlüsselwort `transition` spezifiziert. Ein weiteres Schlüsselwort `initialState` legt den Startzustand eines Automaten fest.

## 2.4.2 Übersetzung und Simulation

Die Semantik von Modelica wird in Anhang C der Sprachspezifikation [WWW/Mod12] festgelegt. Es wird deutlich, dass jedes Modell über ein äquivalentes hybrides DAE-System definiert wird. Die Aufgabe des Simulationswerkzeugs besteht darin, das Modell zunächst in eine kanonische hybride DAE-Form zu transformieren und zu lösen. Auch zu den hierzu notwendigen Verfahren sind in der Spezifikation einige Richtlinien zu finden.

### Flattening

Die Kompositionshierachie eines Modells spielt für dessen Simulation keine Rolle. Der erste Schritt eines Modelica Übersetzers besteht deshalb darin, sämtliche Gleichungen (Algorithmenblöcke werden in diesem Schritt wie vektorwertige Gleichungen behandelt) des Modells zu extrahieren und in eine flache Darstellung zu bringen (engl. *flattening*). Diese

Darstellung definiert ein hybrides DAE-System in impliziter Form. Die Symbole, über denen das DAE-System definiert ist, bilden einen Vektor $v = (\dot{x}, x, y, t, m, \mathrm{pre}(m), p)$, der sich wie folgt zusammensetzt:

- $x$ beinhaltet die kontinuierlichen Zustände des Modells. Es sind diejenigen Variablen, die im Modell in differenzierter Form verwendet werden. Entsprechend definiert $\dot{x}$ die Ableitungssymbole dieser Variablen.

- $y$ beinhaltet die algebraischen Variablen des Modells, also diejenigen Variablen, die im Modell nicht differenziert werden.

- $t$ ist die unabhängige Variable des Systems. Sie steht für die Simulationszeit.

- $m$ beinhaltet die diskreten Modellvariablen. Entsprechend ist $\mathrm{pre}(m)$ ein Symbolvektor, der die Variablenwerte infinitesimal vor Eintritt eines Ereignisses repräsentiert.

- $p$ repräsentiert alle Größen, die mit dem Schlüsselwort `parameter` oder `constant` deklariert wurden und somit keinerlei zeitliche Abhängigkeit aufweisen.

Das hybride DAE-System setzt sich aus drei Funktionen $f_c$, $f_m$, $f_x$ zusammen:

$$c = f_c(\mathrm{relation}(v)) \tag{2.13}$$

$$m = f_m(v, c) \tag{2.14}$$

$$0 = f_x(v, c) \tag{2.15}$$

$f_c$ wird durch die `if`- und `when`-Klauseln im Modell induziert: Die Funktion berechnet den Wahrheitswert jeder Bedingung aus den im Modell spezifizierten Relationen (z.B. $a > b$, $c \leq 0$). Funktion $f_m$ berechnet eine Belegung der diskreten Modellvariablen, und $f_x$ definiert den kontinuierlichen Teil des DAE-Systems.

## Simulation

Der Simulationsvorgang folgt nun diesem Ablauf:

1. Löse Gleichung (2.15) mit einem Verfahren zur numerischen Integration. Die Wahrheitswerte $c$ aller `if`- und `when`-Klauseln sowie alle diskreten Variablen werden während des Vorgangs konstant gehalten, so dass $f_c$ eine stetige Funktion über stetigen Variablen ist.

2. Berechne $c$ aus Gleichung (2.13) neu. Wenn sich der Wert geändert hat, ist ein Ereignis aufgetreten. In diesem Fall muss das Ereignis durch Anpassen der Integrationsschrittweite und erneutes Integrieren zeitlich lokalisiert werden.

3. Ist ein Ereignis aufgetreten, so definieren Gleichungen (2.13), (2.14) und (2.15) zusammen mit der Forderung $m = \mathrm{pre}(m)$ ein algebraisches Gleichungssystem über kontinuierlichen und diskreten Variablen. Dieses ist für $\dot{x}$, $y$ und $m$ zu lösen.

4. Nachdem das Ereignis verarbeitet wurde, wird die Simulation an Punkt 1 fortgesetzt.

### Symbolische Vorverarbeitung

Die Autoren der Sprachspezifikation [WWW/Mod12] räumen ein, dass die direkte numerische Behandlung von Gleichung (2.15) kaum praktikabel ist: Dies wäre nicht nur ineffizient, sondern auch numerisch instabil. Stattdessen sollte das System vor Simulationsbeginn symbolisch vorverarbeitet werden. Die Autoren raten an, ein Verfahren zur Indexreduktion, wie den Algorithmus von Pantelides [Pan88b] einzusetzen. In vielen Fällen ist es möglich, das DAE-System in eine explizite ODE-Darstellung zu bringen, so dass ein einfacheres Integrationsverfahren eingesetzt werden kann. Dies zahlt sich vor allem bei Echtzeitsimulationen aus. Außerdem ist es ratsam, die Spärlichkeitseigenschaften von Gleichung (2.15) auszunutzen. Hier bieten sich die Verfahren BLT Transformation und Tearing [Elm95] an (vgl. Unterabschnitt 2.3.3).

## 2.5 Elektrische Motoren

Elektrische Motoren wandeln elektrische in kinetische Energie. Die Wandlung wird bei den betrachteten magnetischen Motoren durch das Lorentz'sche Kraftgesetz beschrieben: Fließt durch einen elektrischen Leiter senkrecht zu den Feldlinien eines ihn umgebenden Magnetfelds ein Strom, wirkt eine Kraft, deren Richtung zusammen mit der Richtung des Magnetfelds und der Flussrichtung des Stroms ein Dreibein im Raum aufspannt. Diese Kraft verursacht, je nach Aufbau des Motors, eine translatorische (Linearmotor) oder rotatorische Bewegung. In dieser Arbeit werden ausschließlich rotierende Maschinen betrachtet. Diese bestehen grob aus einem Stator (dem unbeweglichen Teil des Motors) und einem Rotor (dem rotierenden Teil). Die technologische Entwicklung brachte verschiedene Typen von Motoren hervor, die sich in ihren Funktionsprinzipien unterscheiden. Diese lassen sich grob in Synchronmaschinen, Asynchronmaschinen, Kommutatormaschinen (Gleichstrommotoren) sowie Reluktanzmaschinen einteilen. Fast alle üblichen Motoren lassen sich auf diese Basistypen zurückführen [Bol12]. Alle vier Typen eignen sich sowohl zur Stromerzeugung (Generatorbetrieb) als auch zur Bewegungserzeugung (Motorbetrieb), wobei hier einzig auf den Motorbetrieb eingegangen wird.

### 2.5.1 Kommutatormaschinen

Kommutatormaschinen werden mit Gleichstrom betrieben. Abbildung 2.8 zeigt den prinzipiellen Aufbau eines fremderregten mechanisch kommutierten Gleichstrommotors: Eine auf dem Rotor befindliche stromdurchflossene Wicklung wird im umgebenden Erregerfeld ($\phi_f$) einer Krafteinwirkung ausgesetzt, welche eine Rotationsbewegung verursacht ($\dot{\vartheta} \neq 0$). Um den Drehsinn aufrecht zu erhalten, muss der Stromfluss $i_2$ in der Rotorwicklung nach jeder Halbdrehung umgepolt werden. Dies wird durch einen mechanischen Kommutator erreicht: Die Kontakte der Rotorwicklung (auch: Kommutatorlamellen) sind als leitende Halbringe ausgeführt, die von zwei fest mit dem Stator verbundenen Kontaktstiften (i.d.R. Kohlebürsten) versorgt werden. Der Ankerstrom $I_A$ kann somit von einer Gleichspannungsquelle bereitgestellt werden. Das

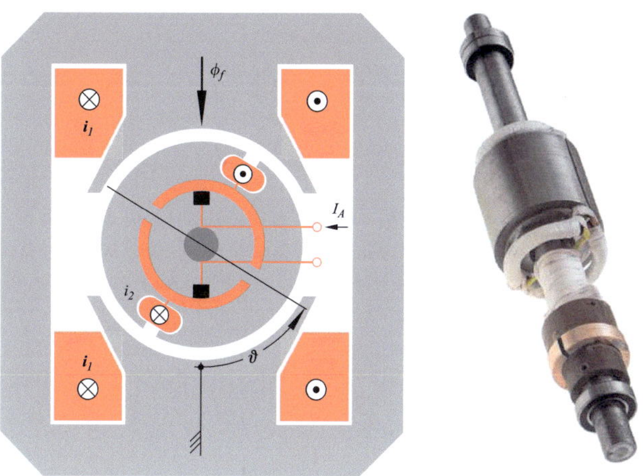


**Abbildung 2.8:** Schnittbild und Rotor eines mechanisch kommutierten Gleichstrommotors. Quelle: [Bol12], S. 79

größte Drehmoment wirkt jeweils an den Rotorpositionen $\vartheta = 90°$ bzw. $\vartheta = -90°$. Für $\vartheta = 0°$ und $\vartheta = 180°$ wirkt überhaupt keine Kraft mehr auf den Anker, was zu unerwünschten Drehmomentschwankungen führt. Praxis-übliche Motoren verfügen daher über mehrere, räumlich versetzte Rotorwicklungen und entsprechend mehrere Kommutatorlamellenpaare. Das auf den Anker wirkende Gesamtdrehmoment wird dadurch gleichmäßiger.

Die Erregerspule kann mit der Rotorspule parallel (Nebenschlussmaschine) oder in Serie (Reihenschlussmaschine) geschaltet werden. Oftmals wird die Erregerspule auch durch einen Permanentmagneten ersetzt. Dann spricht man von einer permanentmagneterregten Gleichstrommaschine. Eine weitere Variante bilden elektronisch kommutierte Maschinen: Bei diesen wird der Stromfluss $i_2$ in der Rotorwicklung konstant gehalten, während der Strom in der Erregerwicklung von einer Leistungselektronik kommutiert wird. Aus technischer Sicht handelt es jedoch nicht mehr um Gleichstrommotoren, sondern um Synchronmaschinen, die in Unterabschnitt 2.5.3 behandelt werden. Ersetzt man die Rotorwicklung durch einen Permanentmagneten, wird diese Variante als bürstenloser Gleichstrommotor bezeichnet.

Im Folgenden wird ein einfaches mathematisches Modell hergeleitet, das für fremderregte wie permanenterregte Gleichstrommotoren gültig ist. Es orientiert sich am Ersatzschaltbild eines Gleichstrommotors aus Ankerwiderstand $R_A$, Ankerinduktivität $L_A$ und elektromotorischer Kraft EMK. Beim fremderregten Motor wird das magnetische Feld durch eine Induktivität $L_E$ mit einem Ohm'schen Widerstand $R_E$ erzeugt. Der Anker verfügt über ein Trägheitsmoment von $J$ und ein lineares Reibmoment mit Dämpfungskonstante $r_1$. Er rotiert mit der Winkelgeschwindigkeit $\omega$. Die Klemmenspannung des Motors beträgt $U_A$, der Klemmenstrom beträgt $I_A$. Ferner wird der Motor belastet durch ein Lastmoment $M_L$. Nach der Kirchhoff'schen Maschenregel und der Newton'schen Bewegungsgleichung gilt für die Klemmenspannung $U_A$ und das aufzubringende Gesamtmoment $M$:

$$U_A = R_A I_A + L_A \dot{I}_A + \dot{L}_A I_A + U_I \tag{2.16}$$

$$M = J\dot{\omega} + r_1\omega + M_L \tag{2.17}$$

Vereinfachend sei angenommen, dass die Ankerinduktivität konstant bleibt, d.h. $\dot{L}_A \equiv 0$. Die elektrische Gleichung (2.16) und die mechanische Gleichung (2.17) des Systems werden über den auf den Anker wirksamen magnetischen Fluss $\Phi_E$ des Erregerfelds gekoppelt:

$$U_I = \Phi_E\omega \tag{2.18}$$

$$M = \Phi_E I_A \tag{2.19}$$

Beziehung (2.18) drückt aus, dass die in der Ankerspule induzierte Spannung proportional zur Winkelgeschwindigkeit des Rotors ist. Gleichung (2.19) bedeutet, dass das vom Rotor aufgebrachte Drehmoment proportional zum Ankerstrom ist. Beim permanenterregten Motor ist $\Phi_E$ eine Maschinenkonstante, die sich entweder durch Messung, oder bei bekannten Größen Nennspannung $U_{A,N}$, Nennstrom $I_{A,N}$ und Nenndrehzahl $\omega_N$ analytisch aus der Beziehung

$$U_{A,N} = R_A I_{A,N} + \Phi_E\omega_N$$

bestimmen lässt [Sch09a]. Setzt man (2.18) in (2.16) und (2.19) in (2.17) ein, ergibt sich das lineare ODE-System, welches den permanentmagnet-erregten Motor beschreibt:

$$\begin{pmatrix} L_A\dot{I}_A \\ J\dot{\omega} \end{pmatrix} = \begin{pmatrix} -R_A & -\Phi_E \\ \Phi_E & -r_1 \end{pmatrix} \begin{pmatrix} I_A \\ \omega \end{pmatrix} + \begin{pmatrix} U_A \\ -M_L \end{pmatrix} \tag{2.20}$$

Bei der fremderregten Maschine ist $\Phi_E$ eine Funktion des Erregerstroms $I_E$. Dieser treibt den Hauptfluss

$$\Psi_E = L_E I_E, \tag{2.21}$$

wobei der Zusammenhang zwischen $\Phi_E$ und $\Psi_E$ durch das Übersetzungsverhältnis $k$ zwischen Anker- und Erregergrößen gegeben ist [Sch09a]:

$$\Phi_E = k\Psi_E \tag{2.22}$$

Im Erregerkreis gilt:

$$U_E = R_E I_E + L_E \dot{I}_E + \dot{L}_E I_E \tag{2.23}$$

Nimmt man die Erregerinduktivität als konstant an ($\dot{L}_E \equiv 0$), erhält man das (nicht mehr lineare) ODE-System für fremderregte Maschinen:

$$L_A \dot{I}_A = -R_A I_A - k L_E I_E \omega + U_A \tag{2.24}$$

$$J\dot{\omega} = k L_E I_E I_A - r\omega - M_L \tag{2.25}$$

$$L_E \dot{I}_E = -R_E I_E + U_E \tag{2.26}$$

Das Modell lässt sich auf einfache Weise für Nebenschluss- bzw. Reihenschlussmaschinen spezialisieren:

- Für **Nebenschlussmaschinen** gilt $U_A = U_E$, und der Gesamtstrom $U_{ges}$ durch Rotor- und Statorwicklung beträgt $I_{ges} = I_A + I_E$. Nach [Sch09a] kann $k$ wie folgt aus den Nenngrößen bestimmt werden:

$$U_{A,N} = R_A I_{A,N} + k L_E I_{E,N} \omega_N$$

  Der Zusammenhang gilt auch für allgemeine fremderregte Maschinen.

- Für **Reihenschlussmaschinen** gilt $I_A = I_E$, und die Gesamtspannung $U_{ges}$ an den Motorklemmen beträgt $U_{ges} = U_A + U_E$. Nach [Sch09a] kann $k$ wie folgt aus den Nenngrößen bestimmt werden:

$$U_{A,N} = (R_A + R_E) I_{A,N} + k L_E I_{A,N} \omega_N$$

  Ferner reduziert sich das ODE-System (2.24) - (2.26) auf zwei kontinuierliche Zustände. Es gilt:

$$(L_A + L_E)\dot{I}_A = (R_E - R_A)I_A - k L_E I_A \omega + U_{ges}$$

$$J\dot{\omega} = k L_E I_A^2 - r\omega - M_L$$

Modelle von permanentmagnet- und fremderregten Maschinen sowie Reihen- und Nebenschlussmaschinen sind als Modelica-Bibliothek verfügbar [Kra05] und inzwischen Teil der Modelica Standardbibliothek.

## 2.5.2 Asynchronmaschinen

Asynchronmaschinen zählen, wie auch die Synchronmaschinen, zu den Drehfeldmaschinen. Abbildung 2.9 zeigt schematisch den Aufbau einer Drehfeldmaschine. Die im Stator verbauten Wicklungen (im Bild: 1a, 1b, 1c) erzeugen durch Ansteuerung mit phasenversetzten Wechselströmen ein rotierendes magnetisches Feld. Im Rotor befinden sich Induktivitäten (im Bild: 2a, 2b, 2c), deren Klemmen entweder über Schleifringe nach außen geführt werden (Schleifringläufer) oder kurzgeschlossen sind (Kurzschlussläufer). Das rotierende Feld verursacht durch Induktion einen Stromfluss in den Rotorinduktivitäten. Auf Basis der Lenz'schen Regel wirkt eine Kraft auf den Rotor, welche der Ursache des Drehfelds entgegenwirkt. Der Anker setzt sich in Richtung des Drehfelds in

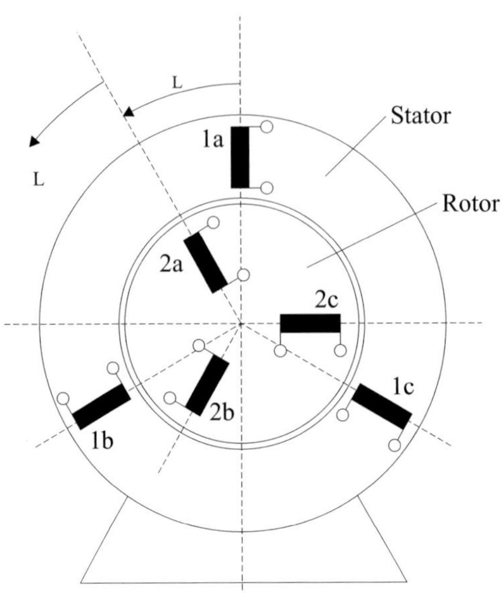


**Abbildung 2.9:** Schematische Darstellung einer allgemeinen Drehfeldmaschine. Quelle: [Sch09b], S. 424

Bewegung, so dass der relative Unterschied der Winkelgeschwindigkeiten von Statorfeld und Anker (im Folgenden: Schlupf) verkleinert wird. Sinkt der Schlupf, sinkt auch der in den Rotorinduktivitäten induzierte Stromfluss und damit das vom Motor aufgebrachte Drehmoment. Gäbe es keine Reibungsverluste, würde der Rotor beschleunigen, bis dieser exakt synchron mit dem Drehfeld umläuft. In diesem Fall betrüge der Schlupf 0, es würde kein Strom mehr in den Rotorinduktivitäten fließen, und das Drehmoment läge exakt bei 0. Da in der Realität grundsätzlich Reibungsverluste auftreten und die Maschine sinnvoller Weise belastet wird, dreht sich der Anker etwas langsamer als das Drehfeld. Daher rührt der Name Asynchronmaschine.

Asynchronmaschinen werden üblicher Weise mit 3-phasigem Drehstrom betrieben. Beträgt die Wechselstromfrequenz 50 Hz, rotiert die in Abbildung 2.9 gezeigte Maschine also mit etwas weniger als 3000 Umdrehungen pro Minute. Maschinen mit niedrigeren Nenndrehzahlen werden konstruiert, indem man die Anzahl der Wicklungsstränge pro Phase (die Polpaarzahl) erhöht. Diese werden rotationssymmetrisch angeordnet, so dass immer jeweils Stränge verschiedener Phasen in fester Reihenfolge aufeinander folgen. Ist $f$ die Netzfrequenz und $p$ die Polpaarzahl, so ist

$$n_{max} < \frac{f}{p} \tag{2.27}$$

eine obere Schranke für die Leerlaufdrehzahl $n_{max}$ einer Asynchronmaschine.

Zur vereinfachten mathematischen Analyse einer Asynchronmaschine modelliert man statt der Einzelfelder das rotierende Gesamtmagnetfeld, das sich aus der Überlagerung der durch die Statorwicklungen 1a, 1b und 1c erzeugten Magnetfelder $B_a$, $B_b$ und $B_c$ ergibt. Unter Berücksichtigung der geometrischen Anordnung der Wicklungsstränge werden die skalaren Größen $B_a$, $B_b$ und $B_c$ durch Rotation um 0°, 120° bzw. 240° auf einen gemeinsamen Bezugspunkt gebracht. Das überlagerte Gesamtmagnetfeld wird dann durch den rotierenden Raumzeiger $\vec{B}$ dargestellt [Sch09b]:

$$\vec{B} = \begin{pmatrix} B_\alpha \\ B_\beta \end{pmatrix} = \frac{2}{3} \begin{pmatrix} 1 & -\frac{1}{2} & -\frac{1}{2} \\ 0 & \frac{\sqrt{3}}{2} & -\frac{\sqrt{3}}{2} \end{pmatrix} \begin{pmatrix} B_a \\ B_b \\ B_c \end{pmatrix} \tag{2.28}$$

Gleichung (2.28) geht auf Edith Clarke [Cla50] zurück und wird daher auch mit Clarke-Transformation bezeichnet. Es fällt auf, dass die ursprünglich dreidimensionale Darstellung in den drei Feldgrößen $B_a$, $B_b$ und $B_c$ durch die Clarke-Transformation in ein zweidimensionales System $B_\alpha$, $B_\beta$ reduziert wird. Grund ist, dass in einem balancierten Dreiphasensystem die Spannungen $U_a$, $U_b$ und $U_c$ immer linear abhängig sind. Es gilt:

$$U_a + U_b + U_c = 0$$

Nimmt man für die Statorwicklungen jeweils dieselbe Induktivität an, so gilt die Beziehung ebenso für die Statorströme $I_a$, $I_b$ und $I_c$, sowie die Magnetfelder:

$$I_a + I_b + I_c = 0$$
$$B_a + B_b + B_c = 0$$

Somit ist auch die Rücktransformation eindeutig definiert [Sch09b]:

$$\begin{pmatrix} B_a \\ B_b \\ B_c \end{pmatrix} = \begin{pmatrix} 1 & 0 \\ \frac{\sqrt{3}}{2} & -\frac{1}{2} \\ -\frac{\sqrt{3}}{2} & -\frac{1}{2} \end{pmatrix} \begin{pmatrix} B_\alpha \\ B_\beta \end{pmatrix}$$

Die Clarke-Transformation kann analog auch auf Spannungen und Ströme angewandt werden und berechnet dann einen abstrakten Spannungs- bzw. Stromzeiger. Oft werden $\alpha$-Anteil als Realteil und $\beta$-Anteil als Imaginärteil einer komplexen Zahl aufgefasst (wie z.B. in [Kra11]), die mit Phasor bezeichnet wird. Vorteil dieser Schreibweise ist, dass die Notation analytischer Operationen mit Hilfe von Phasoren vereinfacht wird. Die Clarke-Transformation setzt einen Bezugspunkt am Stator der Maschine voraus, so dass ein statorfestes Koordinatensystem gebildet wird. Alternativ kann das Koordinatensystem rotorfest bzw. an einem beliebigen Drehwinkel $\varphi$ orientiert werden. Dies leistet die Park-Transformation (nach Robert Park [Par29]), die auch mit d/q-Transformation bezeichnet wird:

$$\begin{pmatrix} B_d \\ B_q \end{pmatrix} = \sqrt{\frac{2}{3}} \begin{pmatrix} \cos\varphi & \cos(\varphi - \frac{2\pi}{3}) & \cos(\varphi + \frac{2\pi}{3}) \\ -\sin\varphi & -\sin(\varphi - \frac{2\pi}{3}) & -\sin(\varphi + \frac{2\pi}{3}) \end{pmatrix} \begin{pmatrix} B_a \\ B_b \\ B_c \end{pmatrix} \tag{2.29}$$

Clarke- und d/q-Transformation stehen sich sehr nahe, so dass diese oft nicht scharf unterschieden werden. Dies wird deutlich, wenn $\Theta$ auf 0 gesetzt wird: Dann sind Clarke- und d/q-Transformation bis auf die Skalierung identisch. Umgekehrt kann das Ergebnis der Clarke-Transformation durch Anwenden einer Rotationsmatrix in die d/q-Darstellung gebracht werden:

$$\begin{pmatrix} B_d \\ B_q \end{pmatrix} = \sqrt{\frac{2}{3}} \begin{pmatrix} \cos\varphi & \sin\varphi \\ -\sin\varphi & \cos\varphi \end{pmatrix} \begin{pmatrix} B_\alpha \\ B_\beta \end{pmatrix} \tag{2.30}$$

Transformiert man die Drehspannung $U_A$, $U_B$, $U_C$ mit Hilfe der Clarke-Transformation in die statorfesten Statorspannungsgrößen $U_{s,\alpha}$ und $U_{s,\beta}$, lässt sich ein Differentialgleichungssystem aufstellen, das die Dynamik der Asynchronmaschine beschreibt. Eine ausführliche Herleitung findet sich in [Bin12], wobei im Folgenden der Gleichungssatz für einen Kurzschlussläufer angegeben wird.

$$\dot{\Psi}_{s,\alpha} = U_{S,\alpha} - R_s I_{s,\alpha} \tag{2.31}$$

$$\dot{\Psi}_{s,\beta} = U_{S,\beta} - R_s I_{s,\beta} \tag{2.32}$$

$$\dot{\Psi}_{r,\alpha} = -p\omega\Psi_{r,\beta} - R_r I_{r,\alpha} \tag{2.33}$$

$$\dot{\Psi}_{r,\beta} = p\omega\Psi_{r,\alpha} - R_r I_{r,\beta} \tag{2.34}$$

$$\Psi_{s,\alpha} = L_s I_{s,\alpha} + L_h I_{r,\alpha} \tag{2.35}$$

$$\Psi_{s,\beta} = L_s I_{s,\beta} + L_h I_{r,\beta} \tag{2.36}$$

$$\Psi_{r,\alpha} = L_h I_{s,\alpha} + L_r I_{r,\alpha} \tag{2.37}$$

$$\Psi_{r,\beta} = L_h I_{s,\beta} + L_r I_{r,\beta} \tag{2.38}$$

$$J\dot{\omega} = \frac{3p}{2}(\Psi_{r,\beta}I_{r,\alpha} - \Psi_{r,\alpha}I_{r,\beta}) - M_L \tag{2.39}$$

Gleichungen (2.31) und (2.32) beschreiben die Änderung des magnetischen Statorflusses ($\Psi_{s,\alpha}$, $\Psi_{s,\beta}$) in Abhängigkeit von Statorspannung ($U_{s,\alpha}$, $U_{s,\beta}$), Ohm'schem Statorwiderstand $R_s$ und Statorstrom ($I_{s,\alpha}$, $I_{s,\beta}$). Gleichungen (2.33) und (2.34) definieren den Zusammenhang zwischen der Änderung des magnetischen Rotorflusses ($\Psi_{r,\alpha}$, $\Psi_{r,\beta}$), Polpaarzahl $p$, Rotorwinkelgeschwindigkeit $\omega$, Ohm'schem Rotorwiderstand $R_r$ und Rotorstrom ($I_{r,\alpha}$, $I_{r,\beta}$). In Gleichungen (2.35) – (2.38) wird die Flussverkettung in Abhängigkeit der Hauptinduktivität $L_h$, Rotorinduktivität $L_r$ und Statorinduktivität $L_s$ aufgestellt. Gleichung 2.39 ist die mechanische Bewegungsgleichung, welche die Drehbewegung des Läufers in Abhängigkeit von Rotorträgheit $J$, magnetischem Rotorfluss, Rotorstrom und Lastmoment $M_L$ beschreibt. Durch Auflösen von Gleichungen (2.35) – (2.38) nach ($I_{r,\alpha}, I_{r,\beta}, I_{s,\alpha}, I_{s,\beta}$) und Einsetzen in (2.31) – (2.34) erhält man ein ODE-System:

$$\dot{\Psi}_{s,\alpha} = U_{s,\alpha} - R_s \frac{L_h \Psi_{r,\alpha} - L_r \Psi_{s,\alpha}}{L_h^2 - L_r L_s} \tag{2.40}$$

$$\dot{\Psi}_{s,\beta} = U_{s,\beta} - R_s \frac{L_h \Psi_{r,\beta} - L_r \Psi_{s,\beta}}{L_h^2 - L_r L_s} \tag{2.41}$$

$$\dot{\Psi}_{r,\alpha} = -p\omega\Psi_{r,\beta} - R_r \frac{L_s \Psi_{r,\alpha} - L_h \Psi_{s,\alpha}}{L_r L_s - L_h^2} \tag{2.42}$$

$$\dot{\Psi}_{r,\beta} = p\omega\Psi_{r,\alpha} - R_r \frac{L_s \Psi_{r,\beta} - L_h \Psi_{s,\beta}}{L_r L_s - L_h^2} \tag{2.43}$$

$$J\dot{\omega} = \frac{3p}{2} \frac{L_h}{L_s L_r - L_h^2} (\Psi_{s,\beta}\Psi_{r,\alpha} - \Psi_{s,\alpha}\Psi_{r,\beta}) - M_L \tag{2.44}$$

Das aufgestellte Modell beschreibt eine idealisierte Version einer Asynchronmaschine, die eine Vielzahl real auftretender physikalischer Phänomene vernachlässigt. Verfeinerte Modelle sind unter anderem als Modelica-Implementierungen von Käfigläufern und Schleifringläufern [Kra05] verfügbar. Die Modelle sind sehr flexibel in der Parametrierung, so dass sich auch Maschinen mit mehr als 3 Phasen und sogar Asymmetrien bzw. Defekte in den Windungssträngen darstellen lassen. Vereinfachte Versionen dieser Modelle, die auf 3-phasige Netze und symmetrische Wicklungsstränge eingeschränkt sind, sind inzwischen Teil der Modelica Standardbibliothek [Kra11]. Dennoch berücksichtigen diese Modelle zahlreiche physikalische Einflüsse:

- Ohm'sche Verluste in Stator und Rotor

- Verluste durch Streuinduktivität

- Wirbelstromverluste

- Zusatzverluste

- Mechanische Reibungsverluste

- Trägheit von Rotor und Stator

Zusätzlich beinhalten die Modelle ein thermisches Konzept mit bidirektionaler Wirkung: Einerseits werden alle Verluste in einen Wärmeströme umgerechnet, die über thermische Anschlüsse herausgeführt werden. Andererseits kann die Betriebstemperatur $T$ einer Maschine in Ohm'schen Verlusten berücksichtigt werden, wobei ein lineares Modell angewandt wird:

$$R = R_{ref} (1 + \alpha_{ref}(T - T_{ref})) \tag{2.45}$$

Somit kann jeder Widerstand $R$ als temperaturabhängiger Baustein modelliert werden, der bei einer Referenztemperatur $T_{ref}$ einen Referenzwiderstand von $R_{ref}$ aufweist. Zusätzliche Induktivitäten in den Achsen des d/q-transformierten Referenzrahmens modellieren die Streuinduktivitäten der Maschine. Wirbelstromverluste werden mit

Hilfe einer konstanten Konduktanz $G_c$ über den d/q-transformierten Spannungen $U_d$ und $U_q$ ausgedrückt:

$$I_{wirbel,d} = G_c U_d \tag{2.46}$$

$$I_{wirbel,q} = G_c U_q \tag{2.47}$$

$$\dot{Q}_{wirbel} = -\frac{3}{2}(U_d I_{wirbel,d} + U_q I_{wirbel,q}) \tag{2.48}$$

$I_{wirbel,d}$ und $I_{wirbel,q}$ modellieren die Wirbelströme, während $\dot{Q}_{wirbel}$ den entstehenden Wärmestrom repräsentiert. Zusatzverluste werden in [Kra11] als proportional zum Root Mean Square (RMS)-Strom $I$ und einer gewissen Potenz der Winkelgeschwindigkeit $\omega$ modelliert:

$$M_{streu} = M_{streu,ref} \cdot \left(\frac{I}{I_{ref}}\right)^2 \cdot \left(\frac{\omega}{\omega_{ref}}\right)^{P_{streu}} \tag{2.49}$$

$$\dot{Q}_{streu} = M_{streu} \cdot \omega \tag{2.50}$$

Der Exponent $P_{streu}$ ist maschinenspezifisch einzustellen. $M_{streu}$ wird als Lastmoment beaufschlagt, und $\dot{Q}_{streu}$ beschreibt den entstehenden Wärmestrom. Reibungsverluste werden im Grundsatz als proportional zu einer Potenz der Winkelgeschwindigkeit beschrieben:

$$M_{reib} = \begin{cases} M_{reib,ref} \cdot \left(\frac{\omega}{\omega_{ref}}\right)^{P_{reib}}, & \text{falls } \omega \geq \omega_{lin} \\ -M_{reib,ref} \cdot \left(\frac{-\omega}{\omega_{ref}}\right)^{P_{reib}}, & \text{falls } \omega \leq -\omega_{lin} \\ M_{reib,lin} \cdot \left(\frac{\omega}{\omega_{lin}}\right), & \text{sonst} \end{cases} \tag{2.51}$$

$$\dot{Q}_{reib} = M_{reib} \cdot \omega \tag{2.52}$$

Die Anwendung eines linearen Reibungsmodells im Bereich $-\omega_{lin} \ldots \omega_{lin}$ dient lediglich der Vermeidung numerischer Probleme während der Simulation. $M_{reib}$ wird wiederum als Lastmoment aufgeprägt, und $\dot{Q}_{reib}$ repräsentiert den entstehenden Wärmestrom.

Eine Variante des Käfigläufers ist der Stromverdrängungsläufer [Spr09]. Hier wird durch konstruktive Maßnahmen der Skin-Effekt ausgenutzt, so dass der Käfig der Maschine beim Anlaufen einen erhöhten Ohm'schen und gleichzeitig geringeren induktiven Widerstand hat. Dies erhöht das Anlaufmoment und senkt die Blindleistungsaufnahme der Maschine. Beim Hochlaufen verschiebt sich dieses Verhältnis, so dass ein für den energieeffizienten Nennbetrieb geeigneter Arbeitspunkt erreicht wird. Nur wenige Modelle können diesen Effekt berücksichtigten. Die Simulationsumgebung SimulationX [WWW/ITI] enthält beispielsweise ein solches Modell.

### 2.5.3 Synchronmaschinen

In Abwandlung von Abbildung 2.9 bestehe der Rotor einer Drehfeldmaschine aus einem einzelnen elektrisch oder permanent erregten Magneten. Der Aufbau entspricht dann einer Schenkelpolmaschine. Sobald ein Statormagnetfeld existiert, wird sich der Rotormagnet in Richtung dieses Felds ausrichten. Daher rotiert die Maschine immer synchron zum umlaufenden Magnetfeld, unabhängig von deren Belastung [Spr09]. Im Leerlauf und unter Vernachlässigung von Reibungsverlusten stimmt die Achse des Erregermagneten im Rotor genau mit der Feldlinienrichtung des Statormagnetfelds überein. Wird die Maschine belastet, so läuft die Achse dem Magnetfeld hinterher. Der sich einstellende Schlupfwinkel wird auch mit Polradwinkel bezeichnet [Spr09]. Erreicht der Polradwinkel in Folge einer Überlastung einen kritischen Wert, der je nach Maschine zwischen 45° und 90° liegt [Spr09], so bleibt der Rotor augenblicklich stehen. In diesem kritischen Betriebszustand kann die Maschine überhitzen [Spr09].

Genauso wie bei der Asynchronmaschine kann durch Erhöhung der Polpaarzahl $p$ die Nenndrehzahl $n$ der Maschine bei Netzfrequenz $f$ verringert werden:

$$n = \frac{f}{p} \tag{2.53}$$

Voraussetzung ist, dass das Stator und Rotor die gleiche Zahl von Polen aufweisen [Spr09]. Eine weitere Variante ist die Auslegung als Vollpolmaschine. Hierzu wird der Rotor rotationssymmetrisch konstruiert [Sch09b]. In dieser Bauweise können die bei hohen Drehzahlen auftretenden Fliehkräfte besser beherrscht werden [Spr09].

Im Folgenden wird exemplarisch ein Gleichungssatz gegeben, der die Dynamik einer elektrisch erregten Synchronmaschine mit Dämpferkäfig beschreibt. Er wurde aus [Bin12] entnommen, wo sich auch eine ausführliche Herleitung findet. Das Gleichungssystem bezieht sich auf das rotorfeste d/q-transformierte Koordinatensystem. Die Klemmenspannungen $U_A$, $U_B$ und $U_C$ werden dazu mit Hilfe der am elektrischen Winkel $p\varphi$ orientierten d/q-Transformation in die Komponenten $U_d$ und $U_q$ der Statorspannungen verwandelt. $U_f$ liefert die Spannung der Erregerwicklung. Eine Übersicht der verwendeten Formelzeichen findet sich in Tabelle 2.2.

$$\dot{\Psi}_d = U_d + p\omega\Psi_q - R_s I_d \tag{2.54}$$

$$\dot{\Psi}_q = U_q - R_s I_q - p\omega\Psi_d \tag{2.55}$$

$$\dot{\Psi}_D = -R_D I_D \tag{2.56}$$

$$\dot{\Psi}_Q = -R_Q I_Q \tag{2.57}$$

$$\dot{\Psi}_f = U_f - R_f I_f \tag{2.58}$$

$$\Psi_d = (L_{dh} + L_{s\sigma})I_d + L_{dh}I_D + L_{dh}I_f \tag{2.59}$$

$$\Psi_q = (L_{qh} + L_{s\sigma})I_q + L_{qh}I_Q \tag{2.60}$$

$$\Psi_D = L_{dh}I_d + (L_{dh} + L_{D\sigma})I_D + L_{dh}I_f \tag{2.61}$$

$$\Psi_Q = L_{qh}I_q + (L_{qh} + L_{Q\sigma})I_Q \tag{2.62}$$

$$\Psi_f = L_{dh}I_d + L_{dh}I_D + (L_{dh} + L_{f\sigma})I_f \tag{2.63}$$

$$J\dot{\omega} = p(I_q\Psi_d - I_d\Psi_q) - M_L \tag{2.64}$$

$$\dot{\varphi} = \omega \tag{2.65}$$

| Symbol | Einheit | Bedeutung |
|---|---|---|
| $p$ | – | Polpaarzahl |
| $L_{dh}$ | H | Hauptinduktivität, d-Achse |
| $L_{qh}$ | H | Hauptinduktivität, q-Achse |
| $L_{s\sigma}$ | H | Statorstreuinduktivität |
| $L_{D\sigma}$ | H | Streuinduktivität des Dämpferkäfigs, d-Achse |
| $L_{Q\sigma}$ | H | Streuinduktivität des Dämpferkäfigs, q-Achse |
| $L_{f\sigma}$ | H | Induktivität der Erregerwicklung |
| $R_s$ | $\Omega$ | Statorwicklungswiderstand |
| $R_D$ | $\Omega$ | Dämpferwicklungswiderstand, d-Achse |
| $R_Q$ | $\Omega$ | Dämpferwicklungswiderstand, q-Achse |
| $R_f$ | $\Omega$ | Erregerwicklungswiderstand |
| $J$ | $\mathrm{kg\,m^2}$ | Rotorträgheitsmoment |
| $\Psi_d$ | Wb | Hauptfluss, d-Achse |
| $\Psi_q$ | Wb | Hauptfluss, q-Achse |
| $\Psi_D$ | Wb | Dämpferfluss, d-Achse |
| $\Psi_Q$ | Wb | Dämpferfluss, q-Achse |
| $\Psi_f$ | Wb | Erregerfluss |
| $I_d$ | A | Statorstrom, d-Achse |
| $I_q$ | A | Statorstrom, q-Achse |
| $I_D$ | A | Dämpferwicklungsstrom, d-Achse |
| $I_Q$ | A | Dämpferwicklungsstrom, q-Achse |
| $I_f$ | A | Erregerstrom |
| $U_d$ | V | Statorspannung, d-Achse |
| $U_q$ | V | Statorspannung, q-Achse |
| $U_f$ | V | Erregerspannung |
| $M_L$ | Nm | Lastmoment |
| $\omega$ | $\mathrm{rad\,s^{-1}}$ | Rotorwinkelgeschwindigkeit |
| $\varphi$ | rad | Rotorwinkel (mechanisch) |

**Tabelle 2.2:** Formelzeichen im Gleichungssatz einer elektrisch erregten Synchronmaschine mit Dämpferkäfig

Löst man Gleichungen (2.59) – (2.63) nach $(I_d, I_q, I_D, I_Q, I_f)$ auf und substituiert in (2.54) – (2.57), erhält man wieder ein ODE-System. Die Modelica Standardbibliothek enthält Modelle von permanentmagnet- wie elektrisch erregten Synchronmaschinen. Diese Modelle verfügen gemäß [Kra11] neben den bereits für Asynchronmaschinen beschriebenen Fähigkeiten zusätzlich über folgende Eigenschaften:

- Das Luftspaltmodell wird im rotorfesten Koordinatensystem berechnet, um die Asymmetrie des Rotors (beim Schenkelpolläufer) zu berücksichtigen.

- Eine Dämpferwicklung (vgl. [Sch09b]) kann optional berücksichtigt werden.

- Bürstenverluste bei der Versorgung der Erregerwicklung (nur bei elektrisch erregter Maschine) können optional berücksichtigt werden.

### 2.5.4 Reluktanzmaschinen

Wieder ausgehend von Abbildung 2.9 bestehe der Rotor der Maschine aus einem weichmagnetischen Werkstoff mit nicht rotationssymmetrischen Aufbau (d.h. mit ausgeprägten geometrischen Polen). Der Rotor verfügt weder über Wicklungen, noch über Permanentmagneten. Das Funktionsprinzip des Motors beruht darauf, dass der Rotor unter Magnetisierung eine Position mit minimaler Reluktanz anstrebt: Er wird sich stets so ausrichten, dass die Induktivität der erregten Statorspulen maximiert wird [Law80]. Entsprechend verhält sich die Reluktanzmaschine stationär wie eine Synchronmaschine. Die Modelica Standardbibliothek implementiert das Modell einer dreiphasigen Reluktanzmaschine (Synchron-Reluktanzmotor) mit optionalem Dämpferkäfig [Kra11].

## 2.6 Field-Programmable Gate Arrays

FPGAs bilden eine Klasse von programmierbaren integrierten Schaltkreisen. Im Gegensatz zu Mikroprozessoren oder Mikrocontrollern erfolgt die Programmierung nicht mittels sequentiell abzuarbeitendem Programmcode, sondern über die Konfiguration programmierbarer Logikblöcke (CLBs von engl. *Configurable Logic Blocks*), die durch programmierbare Verbindungselemente (PSMs von engl. *Programmable Switch Matrices*) zu einem komplexen digitalen Schaltkreis zusammengesetzt werden.

### 2.6.1 Übersicht

1984 wurden FPGAs erstmalig von Xilinx als fortgeschrittene programmierbare Logikbausteine eingeführt [Sas10]. Inzwischen sind sie Teil eines Massenmarkts, in dem unter anderem Xilinx, Altera, Lattice, Atmel und Microsemi (ehemals Actel) als wichtigste Hersteller konkurrieren. FPGAs bieten einen Kompromiss zwischen Universalprozessoren und applikationsspezifischen integrierten Schaltungen (ASICs von engl. *Application-Specific Integrated Circuits*). Während Universalprozessoren vergleichsweise einfach zu programmieren sind und zu geringen Stückpreisen erhältlich sind, werden sie anwendungsspezifischen Spezialanforderungen wie Echtzeitfähigkeit im Sub-Mikrosekundenbereich, hoher Performanz bei spezialisierten Berechnungen oder geringer Energieaufnahme oft nicht gerecht. In diesen Fällen greift man auf Signalverarbeitungsprozessoren (DSPs von Digitaler Signalprozessor oder engl. *Digital Signal Processor*), ASICs oder FPGAs zurück. Während DSPs von vornherein auf eine bestimmte Anwendung zugeschnitten werden und somit Einschränkungen in Bezug auf Instruktionssatz, arithmetische Datentypen (Fest- bzw. Fließkommaaarithmetik) und deren Wortlängen aufweisen, sind FPGAs in all diesen Freiheitsgraden programmierbar. Im Gegensatz zu ASICs sind FPGAs *off-the-shelf*-Produkte, die über eine vorgeprägte Struktur von Logikelementen verfügen. Daher werden sie vorzugsweise zum Entwurf elektronischer Prototypen eingesetzt, wo die hohen Investitionskosten eines ASIC-Entwurfs nicht akzeptabel wären. Bei Endprodukten mit hohen Stückzahlen lohnt sich wegen des niedrigeren Stückpreises und der verbesserten Energieeffizienz wiederum der Einsatz von ASICs.

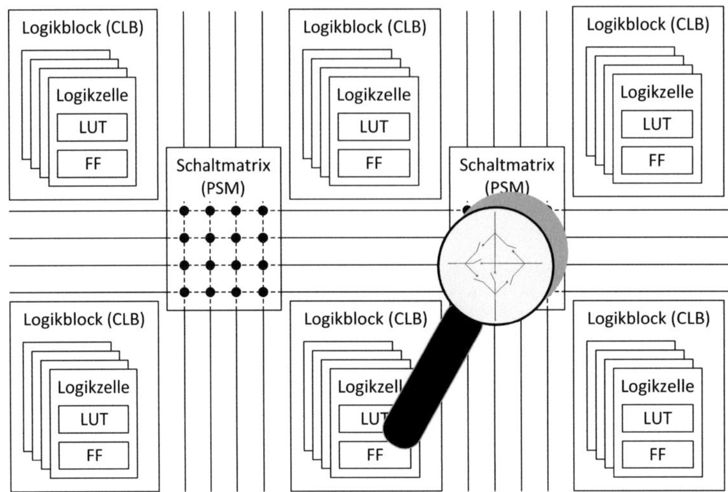


**Abbildung 2.10:** Schematischer Aufbau eines FPGA

Abbildung 2.10 zeigt den schematischen Aufbau eines FPGAs. Auf oberster Ebene ist
eine Struktur aus CLBs und PSMs erkennbar. PLBs sind wiederum hierarchisch aus
kleineren Logikzellen aufgebaut, die ihrerseits logische Basiselemente enthalten. Die
genaue Zusammensetzung und Organisation von PLBs ist Hersteller- und teilweise sogar
Baustein-spezifisch. Essentiell ist lediglich, dass jeder Logikblock eine vordefinierte,
aber in bestimmten Grenzen programmierbare Struktur aus digitaltechnischen Basisele-
menten enthält, die sich grob in Funktionsgeneratoren (z.B. Look-Up Tables (LUTs)),
Speicherelemente (z.B. Flip-Flops (FFs)), E/A-Blöcke und spezialisierte Elemente
unterscheiden lassen. Auf diese soll im Folgenden kurz eingegangen werden.

### Funktionsgeneratoren

Funktionsgeneratoren dienen der Realisierung boolescher Funktionen. Sie werden bei
Static Random Access Memory (SRAM)- und Flash-basierten FPGAs über Wahr-
heitstabellen (LUTs) implementiert, bei Fuse-/Antifuse-basierten Bausteinen über
Multiplexer-Elemente [Wol04]. Durch die Personalisierung der Wahrheitstabelle mit
Koeffizienten können beliebige Funktionen realisiert werden.

### Speicherelemente

Speicherelemente dienen der internen Zwischenspeicherung von Informationen. Dies wird
beispielsweise zur Realisierung von Zustandsautomaten und digitalen Filtern benötigt.
Hierzu enthalten die Logikzellen typischer Weise D-Flipflops (FFs) [Sas10].

## E/A-Blöcke

E/A-Zellen (IOBs von engl. *Input-Output Blocks*) regeln den Austausch digitaler
Signale des Bausteins mit der Umwelt. Sie lassen sich für verschiedene E/A-Standards
konfigurieren, wie z.B. LVCMOS (2,5V), LVTTL (3,3V) oder PCI (3,3V) [Sas10]. Ferner
lässt sich das Signalverhalten der Ausgangstreiber in Bezug auf Kurzschlussstrom und
Flankensteilheit anpassen. Diese Möglichkeit ist hilfreich, um ein Übersprechen von
Leiterbahnen auf der Trägerplatine zu vermeiden. Meist unterstützen einige E/A-
Blöcke auch Betriebsmodi für spezielle Hochgeschwindigkeitsprotokolle wie Double Data
Rate (DDR) [WWW/Xil12f] oder Multi Gigabit Transceiver (MGT) [WWW/Xil11i].

## Spezialisierte Elemente

Prinzipiell lässt sich aus einer Kombination von Funktionsgeneratoren und Speicherelementen jede beliebige digitale Schaltung realisieren. Dem steht gegenüber, dass bei
diesem sehr generischen Ansatz eine unverhältnismäßig hohe Anzahl von Logikelementen verbraucht würde. Die Logikzellen wären unter Umständen schlecht ausgelastet,
während der Flächenbedarf der Schaltung immens wäre und man gleichzeitig mit hohen
Signallaufzeiten und einem enormen Stromverbrauch rechnen müsste. Abhilfe schaffen
vorkonfektionierte Makrozellen für spezielle, aber dennoch häufige Anwendungen. Viele
Hersteller statten ihre Bausteine beispielsweise mit DSP-Blöcken [WWW/Xil11h] aus,
die einen Hardware-Multiplizierer enthalten. Mit ihnen lassen sich besonders einfach
Multiply-Accumulate (MAC)-Operationen realisieren, die in der digitalen Signalverar-
beitung häufig gebraucht werden. Weitere Beispiele sind Blöcke mit statischen RAM
[WWW/Xil11j] oder Phase-Locked Loop (PLL)-basierte Zellen zur Frequenzteilung der
Taktrate [WWW/Xil12d].

## FPGA-Technologien

FPGAs unterscheiden sich technologisch hauptsächlich in der Art und Weise, wie die
Konfiguration des Bausteins gespeichert wird. Sie lassen sich grob in wiederprogram-
mierbare und einmal-programmierbare Bausteine unterscheiden (siehe Abbildung 2.11).
Die mit Abstand am weitesten verbreiteten FPGAs sind SRAM-basiert. Sie speichern
ihre Konfiguration, insbesondere die Belegungen der Wahrheitstabellen, in SRAM-
Zellen. Durch die praktisch beliebig oft wiederholbaren Programmierzyklen und die
hohe Integrationsdichte sind sie für ein breites Anwendungsfeld geeignet, insbesondere auch für partiell-dynamische Rekonfiguration [WWW/Xil12b]. Die Konfiguration
eines SRAM-basierten FPGAs ist flüchtig. Daher sind SRAM-basierte FPGAs meist
mit einem nicht-flüchtigen Speicherbaustein (z.B. Flash-Speicher) verbunden, der die
Konfiguration vorhält und beim Einschaltvorgang in den Baustein überträgt. Dieses
Verfahren beinhaltet einige Nachteile, so dass sich SRAM-basierte FPGAs nicht für
jede Anwendung gleichermaßen eignen:

- Der Konfigurationsvorgang dauert einige Millisekunden. In einigen sicherheitsrelevanten Anwendungen wird eine schnelle Verfügbarkeit des Digitalsystems
  gefordert, so dass die benötigte Zeitdauer prohibitiv sein kann.

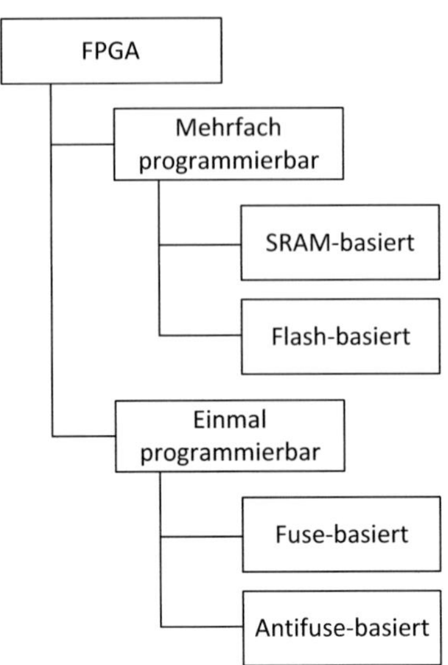


**Abbildung 2.11:** Taxonomie der FPGA-Technologien

- Die Übertragung der Konfigurationsdaten kann nur schwer gegen Manipulationen und Abhören geschützt werden, so dass SRAM-basierte FPGAs prinzipiell zum Ziel von Hacker-Angriffen und Industriespionage werden können [Gla11].

- SRAM kann durch elektromagnetische oder radioaktive Strahlung korrumpiert werden [Ald05]. Bei sicherheitsrelevanten Anwendungen in Luft- und Raumfahrt müssen daher speziell strahlungsgeschützte Bausteine eingesetzt werden.

Die genannten Probleme treten bei den anderen FPGA-Technologien nicht oder in sehr abgemilderter Form auf. Bei Flash-basierten FPGAs wird die Konfiguration in Flash-Speichern hinterlegt, die sich mit auf der Chipfläche befinden. Somit ist beim Einschaltvorgang keine Datenübertragung notwendig, der Baustein ist sofort nach dem Einschalten konfiguriert. Nachteilig ist zu nennen, dass Flash-Speicher nur einige tausend Male wiederbeschreibbar sind. Somit sind Flash-basierte FPGAs nicht für partiell-dynamische Rekonfiguration geeignet [Kap12]. Außerdem erreichen Flash-FPGAs nicht die hohen Integrationsdichten von SRAM-basierten FPGAs, da die Fertigungstechnologie meist ein bis zwei Generationen hinter dem Stand der Technik bleibt [Kap12].

Bei Fuse-/Antifuse-basierten FPGAs werden durch die Programmierung dauerhaft leitende Verbindungen aufgetrennt (Fuse-basiert) oder hergestellt (Antifuse-basiert). Sie können daher nur ein einziges Mal programmiert werden. Da sie ohne Transistoren zum Speichern der Konfiguration auskommen, liegt die Vermutung nahe, dass sich mit Fuse-/Antifuse-FPGAs höhere Integrationsdichten erreichen lassen. Dem steht jedoch gegenüber, dass für den Programmiervorgang selbst vergleichsweise große Transistoren benötigt werden, um den zum Durchtrennen bzw. Herstellen der elektrischen

Verbindungen notwendigen Strom zu liefern [Kuo08]. Außerdem hinkt auch bei Fuse-/Antifuse-FPGAs die Fertigungstechnologie und damit die Integrationsdichte derjenigen von SRAM-basierten FPGAs hinterher [Kuo08].

Zu guter Letzt sei angemerkt, dass sich die Halbleiterindustrie im stetigen Wandel befindet. Die getroffenen Aussagen sind lediglich ein Schnappschuss des aktuellen technologischen Stands. Während SRAM-basierte FPGAs noch bis vor wenigen Jahren wegen ihrer mangelnden Strahlungsresistenz als ungeeignet für die Raumfahrt galten, sind inzwischen strahlungsgeschützte Bausteine speziell für den Einsatz im Weltall erhältlich [WWW/Xil11g]. Mit dem technologischen Fortschritt könnten durchaus einige der getroffenen Aussagen hinfällig werden.

## 2.6.2 Programmierung

In Anbetracht der Integrationsdichte eines FPGA wäre die Komplexität eines Entwurfs nicht mehr beherrschbar, würde man direkt die vorhandenen Logikressourcen konfigurieren. Stattdessen existieren Werkzeuge zur Entwurfsautomation, die einen Hardware-Entwurf auf abstrakter Ebene schrittweise in eine äquivalente FPGA-Konfiguration überführen. Das Vorgehen leitet sich aus dem allgemeinen Hardware-Entwurf ab, der von Gajski und Kuhn im Y-Diagramm 2.12 systematisiert [Gaj83] wurde.

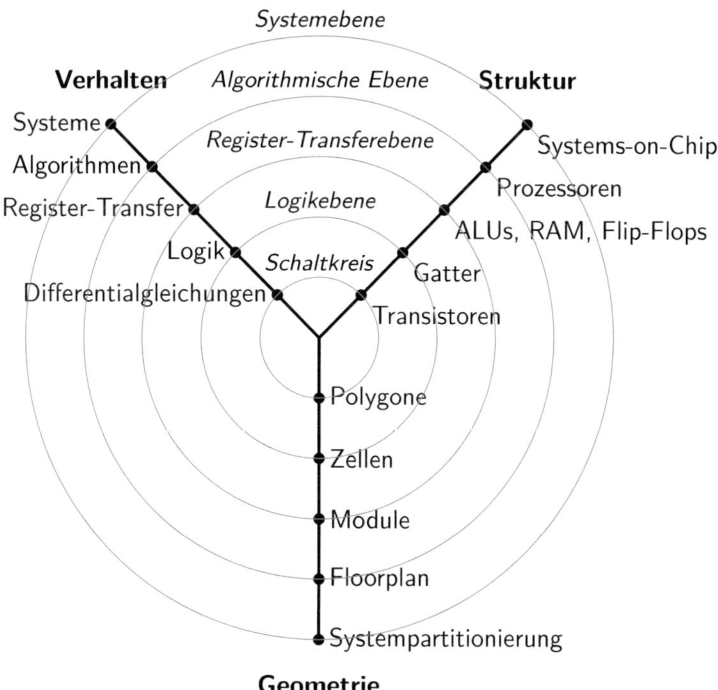


**Abbildung 2.12:** Y-Diagramm nach Gajski und Kuhn

Das Y-Diagramm beschreibt den Hardware-Entwurf in den Domänen Verhalten, Struktur und Geometrie auf mehreren Abstraktionsebenen. Der Entwurfsprozess selbst wird als Trajektorie durch das Y-Diagramm verstanden: Ausgehend von einer Startposition auf einer der äußeren "Umlaufbahnen" (meist in der Verhaltensdomäne) wird der Entwurf durch schrittweise Transitionen in sämtlichen Aspekten ausdetailliert. Der Mittelpunkt des Diagramms steht für den vollständig spezifizierten Entwurf. Transitionen in Richtung des Mittelpunkts werden als Verfeinerungen bezeichnet, da dem Entwurf Implementierungsdetails hinzugefügt werden. Die Herausforderung für den Entwickler liegt darin, dass für jeden Verfeinerungsschritt unzählige Realisierungsalternativen in Frage kommen, die mit Rücksicht auf Entwurfsziele wie Performanz, Flächenbedarf, Energieaufnahme oder Sicherheit abgewogen werden müssen. Dies wird in der Regel durch Softwarewerkzeuge unterstützt.

Der dargelegte Entwurfsprozess lässt sich eingeschränkt auf den FPGA-gerichteten Entwurf übertragen. Der wesentliche Unterschied liegt darin, dass FPGAs bereits eine vordefinierte Infrastruktur aus Logikressourcen und Verdrahtungszuständen besitzen. Es ist also nicht notwendig, den Entwurf bis auf Transistorebene zu verfeinern. Die nachfolgenden Abschnitte stellen den für FPGAs üblichen Entwurfsprozess genauer dar.

## Hardwarebeschreibungssprachen

Ausgangspunkt bildet die Beschreibung des Entwurfs in einer Hardwarebeschreibungssprache (kurz HDL von engl. *Hardware Description Language*). Zwei Sprachen sind gebräuchlich: VHDL und Verilog. VHDL (von engl. *Very High Speed Integrated Circuits Hardware Description Language*) wurde erstmalig 1987 im Standard IEEE 1076-1987 genormt, der bis heute weiterentwickelt wird. Die im Entstehungszeitraum dieser Arbeit aktuellste Sprachversion entspricht dem Standard IEEE 1076-2008. Auch die Sprache Verilog wurde normiert, und zwar erstmalig 1995 im Standard IEEE 1364-1995. Im Jahr 2001 bildete eine überarbeitete Sprachspezifikation den aktuellen Standard IEEE 1364-2001.

Beide Sprachen decken die algorithmische Ebene, die Register-Transferebene, sowie die Logikebene in den Domänen Verhalten und Struktur des Y-Diagramms ab. Die Spezifikation von Geometrie ist weder in Verilog noch in VHDL vorgesehen. Dies macht sich beispielsweise bemerkbar, wenn die Eingangs- und Ausgangssignale des Entwurfs den physikalischen Pins des Zielbausteins zugeordnet werden sollen. Hier muss auf herstellerspezifische Erweiterungen zurückgegriffen werden [WWW/Xil12a]. Darüber hinaus sind geometrische Spezifikationen beim Entwurf für FPGAs äußerst selten notwendig, da die Geometrie des Entwurfs auf dem Zielbaustein von den Synthesewerkzeugen automatisch bestimmt und optimiert wird. Entwicklungsumgebungen stellen Eingabemasken bereit, über die der Entwickler die vom Synthesewerkzeug gefundene räumliche Aufteilung des Entwurfs einsehen und modifizieren kann. Ferner existieren die Spracherweiterungen Verilog-AMS [Std/Acc09] bzw. VHDL-AMS [Std/IEE99] zur Modellierung von gemischt digital/analogen Schaltungen (AMS von engl. *Analog and Mixed Signal*), mit denen sich beide Sprachen auf Schaltkreisebene ausdehnen lassen. Diese Erweiterungen dienen lediglich der Schaltungssimulation und lassen sich mit heutigen Werkzeugen nicht auf ein FPGA abbilden. Kerngebiet einer HDL ist die Spezifikation eines Entwurfs auf Register-Transferebene und Logikebene. Derartig beschriebene Entwürfe können von Synthesewerkzeugen automatisiert in eine FPGA-Konfiguration überführt werden. Die algorithmische Ebene hingegen wird von üblichen Logiksynthesewerkzeugen nur eingeschränkt unterstützt und dient eher Simulations- und Verifikationszwecken.

Während der letzten Dekaden wurde deutlich, dass sich die wachsende Komplexität von Entwürfen mit klassischen HDLs und den Synthesefähigkeiten üblicher Werkzeuge kaum mehr beherrschen lässt. Einerseits mangelte es an Möglichkeiten, komplexe Entwürfe hinreichend zu verifizieren. Insbesondere Verilog fehlen Sprachmittel, um Simulations-basierte Verifikationen durchzuführen. Andererseits wird die Produktivität des Entwicklers durch die geringen Ausdrucksmöglichkeiten von HDLs und fehlende Fähigkeiten der Synthesewerkzeuge begrenzt. Beispielsweise ist das im Software Engineering bewährte Konzept der Objekt-Orientiertheit weder in Verilog noch in VHDL existent. Es wurden Forderungen laut, den Horizont von HDLs von reiner Hardware-Entwicklung auf den Systementwurf und den gemeinsamen Entwurf von Hardware/Software-Systemen auszudehnen. Diese Überlegungen führten zur Entwicklung einer neuen Generation von Sprachen, den System-Level Design Languages (SLDLs). Ein frühes Beispiel ist die Sprache SpecC [Gaj00]: Anstatt eine existierende HDL um Möglichkeiten zur Spezifikation von Software zu erweitern, wurde der umgekehrte Weg gewählt. ANSI-C wurde mit Mitteln zur Hardwarebeschreibung ausgestattet. SpecC beinhaltet unter anderem Sprachmittel zur Beschreibung von Struktur, Nebenläufigkeit und zeitlichem Verhalten. Ein ähnlicher Ansatz wurde bei SystemC [Std/IEE06] gewählt, das heute breite Verwendung findet. Als C++ Klassenbibliothek ist SystemC keine eigenständige Sprache. Da SystemC jedoch massiv C++ Operatorüberladungen und Präprozessor-Makros einsetzt, wird der Anschein einer eigenständigen Sprache erweckt, so dass SystemC in die Kategorie der eingebetteten domänenspezifischen Sprachen fällt. SystemC enthält wie SpecC Konzepte zur einfachen Beschreibung von Struktur, Nebenläufigkeit und Zeit. Eine Besonderheit von SystemC ist die Möglichkeit zur Modellierung auf Transaktionsebene (TLM von engl. *Transaction-Level Modeling*) [Cai03]. TLM abstrahiert von den Details eines Kommunikationsvorgangs, z.B. den Zuständen der Steuerleitung während eines Lese-/Schreibzugriffs auf einen Bus, und präsentiert diesen stattdessen als einfachen Methodenaufruf. Dies erleichtert nicht nur die Modellierung, sondern beschleunigt auch drastisch die Simulation. Daher wird SystemC vornehmlich in frühen Entwicklungsphasen eingesetzt. In späteren Phasen werden die entwickelten Modelle dann ausdetailliert und in eine HDL portiert. SystemVerilog [Std/IEE05] ist eine SLDL, die vornehmlich zur Verifikation digitaler Systeme eingesetzt wird. Wie der Name andeutet, ist System-Verilog eine Obermenge der Sprache Verilog. Gegenüber Verilog wurde SystemVerilog um imperative Sprachelemente erweitert, die der Sprache C entlehnt sind. Ferner ist SystemVerilog objektorientiert und stellt Konzepte zur Verifikation von Entwürfen, z.B. Zusicherungen, bereit.


## Übersetzung

Logiksynthesewerkzeuge sind auf HDLs beschränkt. Sie sind nicht in der Lage, einen in einer SLDL beschriebenen Entwurf in eine FPGA-Konfiguration zu überführen. Dies ist die Domäne der High-Level Synthese, die in Unterabschnitt 2.6.3 erläutert wird.

Die folgenden Absätze gehen daher ausschließlich auf die Übersetzung einer HDL ein.
Ferner ist der Übersetzungsprozess im Detail von Hersteller und Produktfamilie des
Zielbausteins abhängig. Es wird daher exemplarisch die Funktionsweise von Xilinx
Werkzeugen dargelegt. Diese entspricht in ihren Grundzügen auch Werkzeugen anderer
Hersteller.

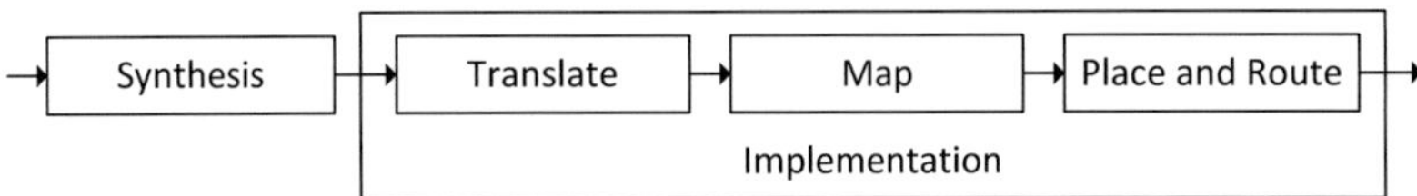


**Abbildung 2.13:** Automatisierter Entwurfsfluss für Xilinx FPGAs

Abbildung 2.13 stellt den von Xilinx implementierten Übersetzungsprozess für FPGAs
als Zielbausteine dar. Zu Gunsten einer eindeutigen Terminologie wurden die englischen
Originalbezeichnungen beibehalten.

Synthesis  Während der Synthese wird der Entwurf in eine Netzliste übersetzt. Die
Netzliste ist eine rein strukturelle Darstellung auf Logikebene, die den Entwurf äquivalent durch Gatter, Flip-Flops, bausteinspezifische Zellen (wie z.B. Random Access
Memory (RAM), DSP-Blöcke) und deren Vernetzung beschreibt. Insbesondere algorithmische Beschreibungen müssen dabei in äquivalente Logik umgewandelt werden.
Im Gegensatz zur High-Level Synthese ist die Übersetzung auf kombinatorische Logik
beschränkt. Sequentielles Verhalten über mehrere Taktschritte hinweg kann somit nur
auf niedriger Abstraktionsebene als endlicher Automat beschrieben werden. Schleifen
werden von der Synthese statisch ausgerollt. Ist dies auf Grund unbeschränkter Schleifengrenzen nicht möglich, kann der Algorithmus nicht synthetisiert werden. Ferner
sind vom Entwickler einige Einschränkungen bezüglich des unterstützten Sprachumfangs zu beachten, da in der Regel nur eine Untermenge der HDL synthetisierbar
ist. Insbesondere Warteanweisungen (Schlüsselwort `wait` in VHDL bzw. `#` in Verilog),
Fließkommaarithmetik und AMS-Erweiterungen sind mit gängigen Werkzeugen nicht
synthetisierbar. Um ein optimales Syntheseergebnis sicherzustellen, müssen außerdem
Programmierrichtlinien beachtet werden. Sowohl der synthetisierbare Sprachumfang als
auch die Richtlinien sind Hersteller-spezifisch und können sich mit neuen Sofwarerevi-
sionen ändern. Die Einschränkungen sind jeweils in Dokumentationen der Hersteller
nachzulesen [WWW/Xil12c].

Translate  Während der Translate-Phase wird die generierte Netzliste in ein anderes Datenformat übersetzt. Dies hat vornehmlich technische Gründe: Während das
ursprüngliche Format zur Simulation gedacht ist, eignen sich die Primitiven des kon-
vertierten Formats besser zur Abbildung auf die Hardwareressourcen des Zielbausteins
[WWW/Xil11a].

**Map** Der Map-Prozess bildet die Primitiven der Netzliste auf die tatsächlich im Zielbaustein vorhandenen Ressourcentypen ab [WWW/Xil11a]. Insbesondere werden kombinatorische Teilnetze aus Gatterelementen zu FPGA-spezifischen LUT-Konfigurationen konvertiert. Tatsächlich verbirgt sich hinter diesem Schritt ein komplexes Optimierungsproblem, so dass die eingesetzten Verfahren Ergebnis zahlreicher Forschungsarbeiten sind. Bahnbrechende Erfolge wurden Anfang der 1990er Jahre erzielt, jedoch dauern die Forschungsaktivitäten bis heute an – der interessierte Leser sei an weiterführende Literatur [Bra90, SV93, Mis07] verwiesen.

**Place and Route** Wie der Name andeutet, setzt sich dieser Schritt aus zwei Teilprozessen zusammen. *Place* platziert den Entwurf auf der Chipfläche des FPGA, wählt also für die im Map-Prozess gewonnenen Ressourcentypen jeweils eine physikalische Ressource aus der CLB-Matrix aus. *Route* findet Verdrahtungskanäle zwischen diesen Ressourcen. Beides geschieht unter Berücksichtigung von Signallaufzeiten. In der Regel werden vom Entwickler die am Entwurf beteiligten Taktdomänen und zugehörigen Periodendauern annotiert, so dass der Entwurf exakt für die benötigten Taktfrequenzen optimiert wird. *Place and Route* ist meist der rechenintensivste Teil im gesamten Übersetzungsprozess, da abermals komplexe Optimierungsalgorithmen beteiligt sind. Eine Übersicht findet sich in [Sha91] (Platzierung) und [Hu01] (Routing).

### 2.6.3 High-Level Synthese

HLS bezeichnet Verfahren, welche die Möglichkeiten der Hardware-Synthese von der Register-Transferebene auf die algorithmische und teilweise auch die Systemebene des Y-Diagramms (siehe Abbildung 2.12) anheben. Durch die Spezifikation von Entwürfen auf höheren Abstraktionsebenen verspricht man sich eine drastische Produktivitätssteigerung. Geprägt wurde der Begriff bereits Anfang der 1980er Jahre [Cou08b]. Mitte der 1990er Jahre kamen erste kommerzielle Werkzeuge auf den Markt. Sie gerieten schnell in Verruf, da ihre Fähigkeiten hinter den hohen Erwartungen der Anwender zurückblieben [Mar09]. Trotz der verbreiteten Skepsis bilden HLS-Werkzeuge heute ein kleines, aber wachsendes Marktsegment [Mar09]. Seit Xilinx 2012 das HLS-Werkzeug AutoESL unter dem Namen Vivado als optionalen Bestandteil seiner Entwicklungsumgebung anbietet, dürfte sich die Verbreitung von HLS weiter steigern.

HLS verspricht eine Produktivitätssteigerung durch abstraktere Eingabesprachen. Die folgenden Absätze geben eine Übersicht, worin genau diese Abstraktionen bestehen können. Nicht jedes HLS-Werkzeug beherrscht jede dieser Abstraktionen in gleichem Maße. Einige Kategorien sind noch Gegenstand aktueller Forschung.

#### Abstraktion von Zeit

Eine der wichtigsten Abstraktionen der Informatik liegt darin, die exakte Ausführungsdauer einzelner Programmschritte zu vernachlässigen. Softwareentwickler profitieren von dieser Abstraktion durch sequentielle Programmiersprachen: Lediglich die Reihenfolge der Anweisungen wird festgelegt – die genauen Ausführungszeitpunkte werden durch die ausführende Maschine bestimmt. Hardware-Entwürfe auf Register-Transferebene müssen hingegen taktgenau definiert werden. Für jeden Rechenschritt müssen eine geeignete Ausführungsdauer, sowie ein Startzeitpunkt mit Rücksicht auf Daten- und Kontrollabhängigkeiten gefunden werden. Spezifiziert man hingegen auf algorithmischer Ebene, bleibt die Zuordnung von Rechenschritten zu Ausführungszeiten dem HLS-Werkzeug überlassen. Diese Abstraktion wird von praktisch jedem HLS-Werkzeug beherrscht.

### Abstraktion von Mikroarchitektur

Mikroarchitektur beschreibt die funktionalen Bausteine eines Entwurfs und deren Vernetzung. Die funktionalen Bausteine sind meist höherwertige Primitiven als Gatter, beispielsweise Arithmetic Logic Units (ALUs), Multiplizierer, RAMs und Registerbänke. Eine Mikroarchitektur muss beim Entwurf auf Register-Transferebene vom Entwickler definiert werden. Beim Entwurf auf algorithmischer Ebene entfällt diese Notwendigkeit. Ein Algorithmus spezifiziert im Gegensatz zur Mikroarchitektur lediglich, *was* berechnet wird, nicht aber *wie* es berechnet wird. HLS-Werkzeuge sind meist in der Lage, eine optimierte Mikroarchitektur aus der Spezifikation abzuleiten. Gleichwohl stoßen die Werkzeuge hier an ihre Grenzen: Die Ergebnisqualität hängt maßgeblich vom Programmierstil ab. Oft können durch Annotationen im Programmtext bestimmte Entwurfsziele wie Performanz oder Ressourcenverbrauch bevorzugt und in die Optimierungsalgorithmen einbezogen werden.

### Abstraktion von Plattform

Mit dem Aufkommen komplexerer integrierter Systeme, die aus Hard- und Softwarekomponenten bestehen, entstand der Wunsch, Hard- und Software in einer gemeinsamen Sprache zu definieren. So sollte die Lernkurve verkürzt werden, da der Entwickler nur noch eine einzige Programmiersprache erlernen muss. Ein großer Vorteil einer gemeinsamen Sprache liegt darüber hinaus in der Wiederverwendbarkeit: Ein Softwareprototyp kann in einer späteren Entwicklungsphase für die Hardwaresynthese wiederverwendet werden [Fin10]. In der Idealvorstellung könnte man sprachlich vollkommen von der Zielplattform abstrahieren, so dass einzelne Systemfunktionen mit wenig Aufwand von Software in Hardware oder auf einen DSP migriert werden können. Einen Schritt weitergedacht, könnten Werkzeuge den Entwurf unter einer Kostenmetrik automatisch für eine heterogene Plattform partitionieren und synthetisieren. Der Konsens heutiger HLS-Werkzeuge liegt bei C-artigen Programmiersprachen. Üblicher Weise wird eine Teilmenge von C, C++, SystemC oder ein zu diesen Sprachen ähnlicher Dialekt als Eingabesprache gewählt. Die Vision der aufwandslosen Migration von Funktionen und automatischer Partitionierung bleibt aber vorerst eine Illusion. Zwar wurden Erfolge in einzelnen Domänen erzielt [Ern96, Dav98, Ern98, Ha08], doch ein allgemeingültiger Ansatz fehlt. Ursachen liegen in der schlecht beherrschbaren Heterogenität der Plattformen und Anwendungen, sowie in der Komplexität der notwendigen Synthesealgorithmen. Aktuelle Trends bewegen sich weg vom universellen Synthesewerkzeug, hin zu domänenorientierten Ansätzen, z.B. die modellgetriebene Entwicklung [Dum12] und der plattformbasierte Entwurf [SV01].

### Abstraktion von Kodierung

Alle Instanzen der in der Eingabesprache verwendeten Datentypen müssen von der Hardware-Synthese letztlich als Binärvektoren kodiert werden. Die gewählte Kodierung hat wiederum Einfluss auf die Komplexität der kombinatorischen Logik und somit auf Performanz und Chipfläche. Bereits Logiksynthesewerkzeuge implementieren Verfahren, um die in Zustandsautomaten eingesetzten Enumerationsdatentypen zu Gunsten einer minimalen Logiktiefe zu kodieren. Bei zahlenwertigen Datentypen muss das Datenformat aber vom Entwickler vorgegeben werden. Dieser muss sicherstellen, dass bei arithmetischen Operationen einerseits keine Überläufe auftreten und andererseits die Rundungsfehler im Rahmen der Genauigkeitsanforderungen bleiben. Insbesondere bei Festkommaarithmetik ist die Parametrierung von Wortbreiten sehr aufwändig, da jede Variable individuell kodiert werden muss. Oftmals greift man eher auf ein großzügig abgeschätztes Standardformat zurück, was im Ergebnis zu einer Verschwendung von Hardware-Ressourcen führt. Wünschenswert wäre es, den Entwickler von der Spezifikation des Datenformats zu entlasten. Wortbreitenoptimierung sollte dem Werkzeug obliegen. Nur wenige Werkzeuge bieten hier Unterstützung (z.B. Matlab/Simulink), insbesondere nicht die C-basierten HLS-Werkzeuge. Einige Ansätze wurden jedoch erforscht [Kum01, Gaf04, Ahm07, Sar12].

### Abstraktion von Datenlokation

Daten können von verschiedenen Speicherelementen repräsentiert werden. Je nach Anforderungen wählt man Register, eine Registerbank, Schieberegister, internen (SRAM) oder externen Speicher (z.B. DRAM, Flash). Beim Entwurf auf Register-Transferebene beeinflusst die Wahl maßgeblich die Mikroarchitektur und ist nur schwer änderbar, da speziell bei externem Speicher Schnittstellen mit unterschiedlichem Zeitverhalten bedient werden müssen. Bei korrekter Anwendung von Modellierungsrichtlinien können Logiksynthesewerkzeuge automatisiert Registerbänke, Schieberegister und SRAM aus einer Array-Definition ableiten. Modellierungs- und Synthesetechniken zur automatisierten Anbindung von Entwürfen an externe Speicher hingegen sind erheblich komplexer.

### Abstraktion von Kommunikation

Eng mit dem Aspekt der Datenlokation verknüpft ist die Fragestellung, welche Kommunikationsprotokolle zum Austausch interner und externer Daten angewandt werden. Die Implementierung solcher Protokolle auf Register-Transferebene erfordert oft komplexe Zustandsautomaten und bindet einen substantiellen Anteil der Entwicklungs- und Verifikationszeit. Forschungsbeiträge adressieren die Problematik durch Schnittstellensynthese: Zustandsmaschinen werden auf Basis einer Schnittstellendefinition (ggf. Protokollbeschreibung) automatisch generiert [Pas98, Pas02, Abd03]. Kommerzielle HLS-Werkzeuge sind in der Lage, vordefinierte interne sowie externe Speicher- und Busschnittstellen aus einem Entwurf abzuleiten und zu implementieren, darunter Vivado [WWW/Xil12g] und Catapult-C [Bol08]. Zur Modellierung proprietärer

Protokolle bietet sich die TLM-Methodik an, wobei nicht jedes HLS-Werkzeug TL-Modelle synthetisieren kann. Unterstützt wird die Möglichkeit derzeit von CatapultC [WWW/Men11].

## 2.7 Hardware-in-the-Loop Testmethodik

Ein offenes System interagiert definitionsgemäß über eine Systemgrenze mit der Umwelt. Folglich kann es alleinstehend nicht sinnvoll getestet werden. Erst durch die Kopplung von System und Umwelt entsteht ein geschlossenes System, dessen Verhalten verifiziert und validiert werden kann. Ein Testsystem muss folglich die Umgebung des Prüflings mit einbeziehen. Je nach Entwicklungsphase ist der Prüfling – im Folgenden DuT oder SuT – real verfügbar oder nicht bzw. die Umgebung des Prüflings real verfügbar oder nicht [Har01]. Eine Klassifizierung von Verfahren gemäß dieser Einordnung wird in Tabelle 2.3 vorgenommen. Da das HiL Testverfahren in dieser Arbeit eine Rolle spielt, soll darauf näher eingegangen werden. Eine Erläuterung der anderen Verfahren findet sich in [Har01].

|  |  | **Umgebung** | |
|  |  | simuliert | real |
| **DuT/SuT** | simuliert | Software in the Loop | Rapid Prototyping |
|  | real | Hardware in the Loop | Onboard test |

**Tabelle 2.3:** Einordnung von Testverfahren [Har01]

Das HiL Testverfahren ist im Integrationszweig des V-Modells auf Komponenten- und Systemebene angesiedelt. Es dient dazu, eine real verfügbare Komponente (DuT) oder ein real verfügbares System (SuT) unter Laborbedingungen zu verifizieren oder validieren. Das Testsystem emuliert die Umgebung des DuT/SuT und protokolliert den Testverlauf. Wichtiges Merkmal der Methodik ist das Black Box Prinzip: Das DuT bzw. SuT wird genau an seiner physikalischen Schnittstelle getestet. In die inneren Abläufe des Prüflings darf nicht eingegriffen werden. Das Testsystem verfügt neben dem Simulationsmodell der Regelstrecke (Umwelt) über Nachbildungen von Aktorik und Sensorik. Abbildung 2.14 zeigt den typischen Aufbau eines HiL Prüfstands nach [Hil10], bestehend aus Prüfling, Testsystem und Teststeuerung.

### Prüfling

Beim Prüfling handelt es sich meist um ein einzelnes Steuergerät (SG) beim Komponententest oder einen Steuergeräteverbund beim Integrationstest. Der Prüfling wird möglichst an den originalen Übergabesteckern zum Testsystem verkabelt.

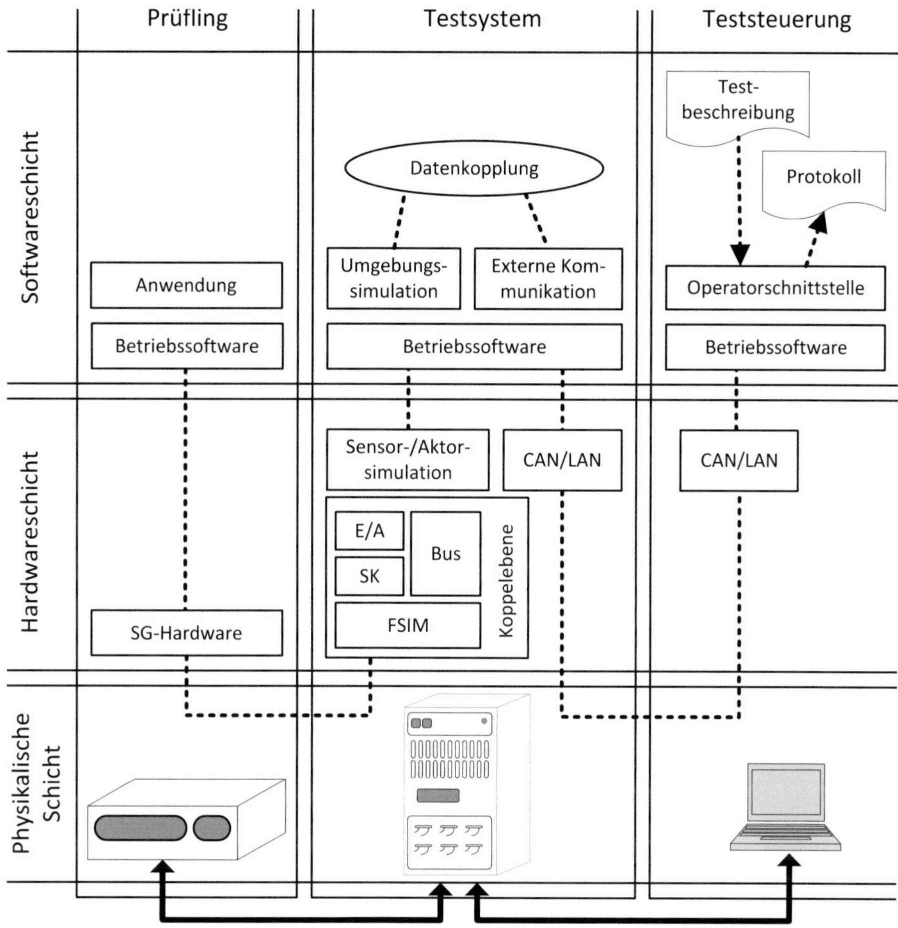


**Abbildung 2.14:** Aufbau eines HiL Prüfstands, angelehnt an [Hil10]

## Testsystem

Das Testsystem ist in der Regel eine modulare Plattform, die anwendungsspezifisch aus
Standardkomponenten zusammengestellt wird. Daher können, müssen aber nicht alle in
Abbildung 2.14 eingezeichneten Bestandteile vorhanden sein.

**Umgebungssimulation**   Die Umgebungssimulation bildet den vom DuT/SuT bedien-
ten Prozess modellhaft nach. Dieser kann regelungstechnischer oder reaktiver Natur
sein [Har01]. In Bezug auf die Anwendung unterscheidet man Streckenmodelle (z.B.
Motor, Antriebsstrang, Fahrdynamik), Sensormodelle (z.B. Drehzahlsensor), Aktormodelle (z.B. Servomotor) und Restbusmodelle [Har01]. Restbusmodelle simulieren
den Busdatenverkehr von Steuergeräten, die nicht in den Test einbezogen sind. Die

Umgebungssimulation erfolgt meist in Echtzeit und wird dann in einem festen Zeitraster gerechnet. Bei sehr kurzen Zykluszeiten ist es notwendig, die Umgebungssimulation oder Teile davon in die Hardwareschicht auszulagern. Beispielsweise werden Sensor- und Aktormodelle (einfaches Verhalten, hohe Zeitanforderungen) oft auf FPGA-Karten berechnet.

**Koppelebene** Die Koppelebene transformiert die logischen Prozessgrößen der Umgebungssimulation in die physikalische Schnittstelle des Prüflings. Sie enthält Ein-/Ausgabe (E/A)-Module zur Erfassung und Erzeugung analoger und digitaler Signalformen, z.B. Pulsweitenmodulation (PWM). Module zur Signalkonditionierung (SK) passen die Pegel der elektrischen Signale auf die Klemmenspannungen des Prüflings an. Bei der Emulation elektrischer Lasten müssen insbesondere hohe Ströme dargestellt werden. Bus-Module binden die Datenschnittstellen des Prüflings an das Testsystem an. Für Testsysteme im Automobilbereich sind die Bussysteme CAN, Ethernet, FlexRay, Local Interconnect Network (LIN), Media Oriented Systems Transport (MOST) und RS-232 üblich. Die letzte Stufe der Koppelebene ist eine Einheit zur Fehlersimulation (FSIM). Mit ihr lassen sich elektrische Fehler, z.B. Verpolung, Masseschluss oder durchtrennte Verbindungen injizieren.

**Externe Kommunikation und Datenkopplung** Das Testsystem verfügt über eine Kommunikationsschnittstelle zur Teststeuerung, die beispielsweise über CAN oder Local Area Network (LAN) realisiert wird. Neben der Steuerung des Tests dient die Schnittstelle auch zur Überwachung und Aufzeichnung des Testverlaufs.

**Teststeuerung**

Die Teststeuerung realisiert die Anwenderschnittstelle zum Testoperator. Sie führt eine Testautomatisierungssoftware aus, die den Prüfstand für den jeweiligen Testfall konfiguriert, den Testablauf auswertet und protokolliert. Im Gegensatz zum Testsystem verfügt sie über eine grafische Benutzerschnittstelle, und es herrschen nur weiche Echtzeitanforderungen. Daher wird die Teststeuerung meist auf einem separaten Rechner ausgeführt, teilweise auch virtualisiert auf getrennten CPU-Kernen eines gemeinsamen Rechners für Testsystem und Teststeuerung.

## 2.8 Grundbegriffe des Übersetzerbaus

Übersetzerbau ist eine Disziplin der Informatik, die sich mit dem Entwurf von Software befasst, die Artefakte zwischen zwei oder mehr formalen Sprachen übersetzt. Meist ist die Übersetzung einer Hochsprache in eine maschinennahe Repräsentation gemeint, was in dieser Arbeit mit Kompilierung bezeichnet wird. Der Begriff Dekompilierung wird für die Rückübersetzung von Maschinencode in Quelltext bzw. eine Quelltext-äquivalente Beschreibung gebraucht. Es ist nicht Ziel dieses Abschnitts, eine Einführung in den Übersetzerbau zu geben. Hierfür sei der interessierte Leser z.B. an [Aho08] verwiesen.

Stattdessen werden hier lediglich diejenigen Begriffe definiert, die zum Verständnis der in Abschnitt 6.2 angewandten Verfahren unbedingt erforderlich sind.

Maschinencode wird als Sequenz von Instruktionen aufgefasst, die von der ausführenden Plattform abgearbeitet werden. Die Ausführungsreihenfolge der Instruktionen kann von ihrer sequentiellen Anordnung abweichen, wenn beispielsweise Sprungbefehle auftreten. Entsprechend werden alle Instruktionen, die im Sinne der Ausführungsreihenfolge von einer bestimmten Instruktion unmittelbar erreicht werden können, als Kontrollflussnachfolger bezeichnet. Analog werden alle Instruktionen, die im Sinne der Ausführungsreihenfolge unmittelbar vor einer bestimmten Instruktion ausgeführt werden können, als Kontrollflussvorgänger bezeichnet.

**Definition 1 (Grundblock)** *Ein Grundblock ist eine Teilsequenz von Instruktionen, auf die beide der folgenden Aussagen zutreffen:*

1. *Alle Instruktionen außer der ersten haben genau einen Kontrollflussvorgänger, und zwar die jeweilige Vorgängerinstruktion der Sequenz (eindeutiger Einstiegspunkt).*

2. *Alle Instruktionen außer der letzten haben genau einen Kontrollflussnachfolger, und zwar die jeweilige Nachfolgerinstruktion der Sequenz (eindeutiger Ausstiegspunkt).*

**Definition 2 (Kontrollflussrelation zwischen Grundblöcken)** *Ein Grundblock $B_2$ ist genau dann Kontrollflussnachfolger von Grundblock $B_1$, falls die erste Instruktion von $B_2$ Kontrollflussnachfolger der letzten Instruktion von $B_1$ ist. Ebenso ist $B_1$ dann Kontrollflussvorgänger von $B_2$.*

**Definition 3 (Kontrollflussgraph)** *Ein Kontrollflussgraph (CFG von engl.* Control Flow Graph*) ist ein gerichteter Graph $G = (V, E, B_S)$. Die Knotenmenge $V = \{B_1, \ldots, B_n\}$ repräsentiert Grundblöcke. Eine Kante $(B_i, B_j) \in E$ (von $B_i$ zu $B_j$) existiert genau dann, wenn $B_i$ Kontrollflussvorgänger von $B_j$ ist. Ein CFG hat genau einen Einstiegspunkt $B_S \in V$. Die Menge der Kontrollflussnachfolger eines Grundblocks $B$ wird mit* succs$(B)$ *bezeichnet, die der Kontrollflussvorgänger mit* preds$(B)$.*

**Definition 4 (Umgekehrte Postordnungs-Nummer)** *Sei $G = (V, E, B_S)$ ein CFG. Die umgekehrte Postordnungs-Nummer eines Grundblocks $B$ ist die Zahl* RPOST$[B]$, *die $B$ durch die Tiefensuche in Algorithmus 1, ausgehend vom Einstiegspunkt $B_S$ und von einer beliebigen Startzahl $j$, zugeordnet wird [WWW/Off11].*

Die umgekehrte Postordnungs-Nummer ist im Allgemeinen nicht eindeutig bestimmt. Sie hängt nicht nur von der Startzahl $j$ ab, sondern auch von der Reihenfolge, in der die Kontrollflussnachfolger $B'$ von der Iteration besucht werden. Wenn im Folgenden von $RPOST[B]$ die Rede ist, so ist eine beliebige aber konsistente Nummerierung gemeint, die sich durch einmalige Tiefensuche über den CFG ergeben hat.

**Definition 5 (Region)** *Seien $G = (V, E, B_S)$ ein CFG und $H \subseteq V$. Ein Element $h \in H$ heißt Einstieg, falls $h = B_S$ oder eine Kante $B \to h$ existiert, so dass $B \notin H$. Eine Region ist ein Teilgraph von $G$ mit einem eindeutigen Einstieg [WWW/Off11]. Künftig wird die Schreibweise $\langle H, h \rangle$ für eine Region $H$ mit Einstieg $h$ verwendet.*

---

**Algorithm 1** Tiefensuche zur Bestimmung der umgekehrten Postordnungs-Nummerierung

---

**function** TIEFENSUCHE($B$: Grundblock)
    Markiere $B$ als "besucht".
    **for** each $B' \in$ succs($B$) **do**
        **if** $B'$ noch nicht "besucht" **then**
            TIEFENSUCHE($B'$)
        **end if**
    **end for**
    RPOST[$B$] $\leftarrow j$
    $j \leftarrow j - 1$
**end function**

---

**Definition 6 (Dominanz)** *Seien* $G = (V, E, B_S)$ *ein CFG und* $B_i, B_j \in V$. $B_i$ *dominiert* $B_j$, *wenn jeder Pfad vom Einstiegspunkt* $B_S$ *zu* $B_j$ *durch* $B_i$ *verlaufen muss.* $B_i$ *dominiert* $B_j$ *strikt, falls gilt:* $B_i$ *dominiert* $B_j$ *und* $i \neq j$. *Der direkte Dominator* idom($B$) *eines Grundblocks* $B$ *ist der Grundblock, der* $B$ *strikt dominiert, aber keinen anderen Grundblock strikt dominiert, der* $B$ *strikt dominiert [Aho08].*

**Lemma 1 (Eindeutigkeit des direkten Dominators)** *Falls ein Grundblock einen direkten Dominator hat, ist dieser eindeutig bestimmt.*
    Beweis: *siehe [Aho08].*

**Lemma 2 (Dominanz des Einstiegs)** *Sei* $\langle H, h \rangle$ *eine Region. Dann dominiert* $h$ *jeden Knoten in* $H$.
    Beweis: *siehe [WWW/Off11].*

**Definition 7 (Die direkt Dominierten eines Grundblocks)** *Die Menge der direkt Dominierten eines Grundblocks* $B$ *ist* idoms($B$) $= \{B_i \in V \mid idom(B_i) = B\}$.

**Definition 8 (Die direkt Dominierten einer Grundblockmenge)** *Sei* $M$ *eine Menge von Grundblöcken. Die Menge der direkt Dominierten von* $M$ *ist die Vereinigung aller direkt Dominierten aus* $M$, *ohne die Elemente von* $M$:

$$\text{idoms}(M) = \Big( \bigcup_{B \in M} \text{idoms}(B) \Big) \backslash M$$

**Definition 9 (Zurückweichende Kante)** *Sei* $G = (V, E, B_S)$ *ein CFG.* $(B_T, B_H) \in E$ *ist eine zurückweichende Kante, falls* RPOST[$B_H$] $<$ RPOST[$B_T$] *[Aho08].*

*Anmerkung:* Da die umgekehrte Postordnung einen gerichteten azyklischen Graphen topologisch sortiert [WWW/Off11], verursacht eine zurückweichende Kante zwangsläufig einen Zyklus.

**Definition 10 (Rückwärtskante)** *Seien* $G = (V, E, B_S)$ *ein CFG und* $(B_T, B_H) \in E$ *eine zurückweichende Kante. Diese Kante ist eine Rückwärtskante, falls gilt:* $B_H$ *dominiert* $B_T$ *[Aho08].*

**Definition 11 (Reduzierbarkeit)** *Sei $G = (V, E, B_S)$ ein CFG. G heißt reduzierbar, falls jede zurückweichende Kante eine Rückwärtskante ist [Aho08].*

Reduzierbare CFGs spielen eine wichtige Rolle in der Programmanalyse. Insbesondere sind CFGs von Programmen, die ausschließlich aus strukturierten Kontrollflussanweisungen (`while-do`, `do-while`, `for`, `if-then-else` und `break`) bestehen, immer reduzierbar [Aho08]. Einzig durch Verwendung des `goto`-Befehls (bzw. in C#auch `goto case`) kann die Reduzierbarkeit verloren gehen. In der Praxis spielt dieser Fall jedoch kaum eine Rolle [Aho08].

**Definition 12 (Natürliche Schleife zu einer Rückwärtskante)** *Seien $G = (V, E, B_S)$ ein CFG und $e = (B_T, B_H) \in E$ eine Rückwärtskante. Die natürliche Schleife zu $e$ ist die kleinste Region $\mathrm{loop}(e) \subseteq V$, für die gilt: $B_T, B_H \in \mathrm{loop}(e)$. $B_H$ wird mit Schleifenkopf bezeichnet, $B_T$ mit Schleifenrücksprung. $B \in \mathrm{loop}(e)$ heißt Schleifenausgang, falls $\mathrm{succs}(B) \cap \mathrm{loop}(e) \neq \emptyset$.*

Ein Schleifenkopf kann Teil mehrerer natürlicher Schleifen sein, wenn dieser durch mehrere Rückwärtskanten angesprungen wird. In diesem Fall ist es sinnvoll, die Gesamtheit aller betroffenen natürlichen Schleifen zu betrachten. Daher soll die Definition natürlicher Schleifen erweitert werden.

**Definition 13 (Natürliche Schleife zu einem Schleifenkopf)** *Seien $G = (V, E, B_S)$ ein CFG und $B \in V$ ein Knoten, der durch mindestens eine Rückwärtskante erreicht wird. Sei $\mathrm{backedges}(B)$ die Menge aller Rückwärtskanten zu $B$. Die natürliche Schleife zu $B$ ist die Vereinigung der natürlichen Schleifen zu allen Rückwärtskanten:*

$$\mathrm{loop}(B) = \bigcup_{e \in \mathrm{backedges}(B)} \mathrm{loop}(e)$$

**Definition 14 (Die Schleifendominierten)** *Seien $G = (V, E, B_S)$ ein CFG und $L$ eine natürliche Schleife. Die Menge der Schleifendominierten $\mathrm{loopdoms}(L)$ ist die Vereinigung aller direkt Dominierten zu $L$, die außerhalb der Schleife liegen:*

$$\mathrm{loopdoms}(L) = \left( \bigcup_{B \in L} \mathrm{idoms}(B) \right) \setminus L$$

# 3 Stand der Technik

## 3.1 HiL-Test elektrifizierter Antriebsstränge

### 3.1.1 Testmethoden

HiL-Methoden zum Test elektrifizierter Antriebsstränge unterscheiden sich nach Art und Umfang des DuT/SuT bzw. der Umgebungssimulation. Abbildung 3.1 nach [Wag07] zeigt die gängigen Schneideebenen.

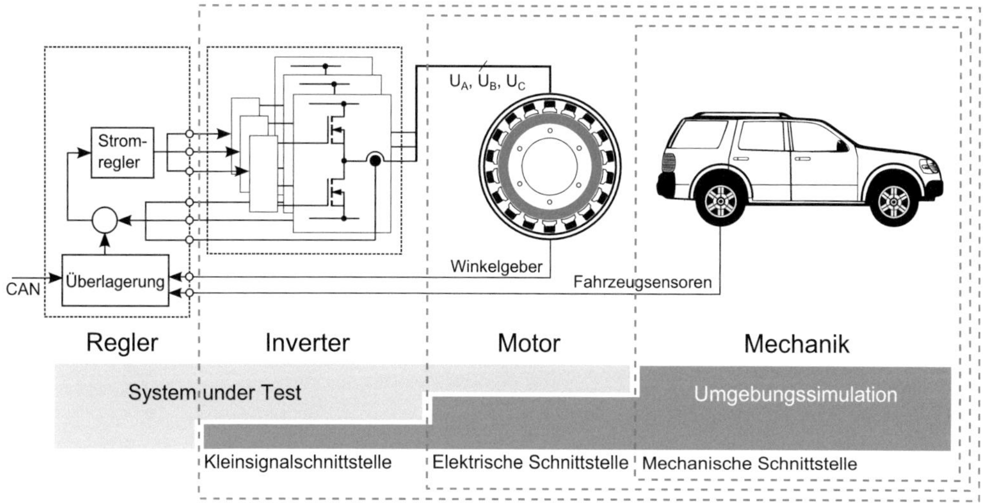


**Abbildung 3.1:** Einordnung von HiL Testverfahren für elektrifizierte Antriebsstränge

Mechanische Schnittstelle

Beim Test an der mechanischen Schnittstelle wird die Antriebswelle des real vorhandenen Motors bzw. der Motoren mit einer bzw. mehreren regelbaren mechanischen Lasten (Dynamometer) verkoppelt. Eine Fahrzeugmechanik- und Fahrdynamiksimulation berechnet das aufzuprägende Lastmoment. Bei diesem Testverfahren sind keine Detailkenntnisse über Motorparameter und Leistungsstufe notwendig. Nachteilig sind die geringe Flexibilität in Bezug auf eine Variation der Motorparameter, die geringe Systemdynamik, das hohe Gefährdungspotential und die hohen Kosten des Prüfstands [Wag07].

### Leistungselektrische Schnittstelle

Beim Test an der leistungselektrischen Schnittstelle wird die Leistungsstufe des Motorsteuergeräts (der Inverter) mit einer elektrischen Lastemulation verbunden. Die Umgebungssimulation umfasst ein elektrodynamisches Modell des Motors, der Fahrzeugmechanik und ggf. der Fahrdynamik. Der Emulator misst periodisch die vom Steuergerät gestellten Klemmenspannungen und berechnet mit Hilfe des Motormodells die Klemmenströme. Ein Leistungsverstärker belastet die Klemmen mit den berechneten Strömen. Da Leistungen in der Größenordnung von 100 kW dargestellt werden, ist eine leistungsfähige Signalkonditionierung mit ausreichender Kühlung notwendig. Ferner muss das Motormodell in sehr kurzen Zyklen ausgewertet werden. Die Regelfrequenz des Motorsteuergeräts liegt in der Größenordnung 5–20 kHz [Wag07], wobei die Klemmenspannungen meist mit PWM gestellt werden. Um diese präzise zu erfassen, muss die Abtastperiode des Emulators wesentlich kleiner sein als die PWM-Periodendauer. Eine detaillierte Diskussion dieser zeitlichen Anforderungen findet sich in Abschnitt 4.1.2. PWM-Erfassung, sowie der elektrische Teil des Motormodells werden üblicher Weise auf einem FPGA berechnet, während der mechanische Teil (inklusive Mechanik/Fahrdynamik) mit längeren Zykluszeiten in Software berechnet wird [Wag07]. Die Kopplung beider Modellteile erfolgt meist über das Lastmoment.

Der Testansatz eignet sich für zahlreiche Szenarien, die sich beim Test an der mechanischen Schnittstelle nicht oder nur mit großem Aufwand nachbilden ließen [Ham12]. Beispielsweise kann die Strom-, Momenten- und Geschwindigkeitsregelung des Motorsteuergeräts präzise reproduzierbar abgesichert und optimiert werden. Darüber hinaus kann die Reaktion des Prüflings auf sicherheitsrelevante Motorfehlfunktionen getestet werden.

### Kleinsignalschnittstelle

Beim Test an der Kleinsignalschnittstelle wird der Inverter umgangen. Stattdessen misst der Motoremulator direkt die Gate-Steuersignale und emuliert den Stromfühler des Steuergeräts. Ein Invertermodell ist Teil des Emulators [Wag07]. Der Ansatz lässt sich zwar kostengünstig realisieren, verletzt aber das Black-Box-Prinzip. Der Inverter wird vom Test ausgeschlossen, und es ist ein Eingriff in das Steuergerät notwendig. Gerade das Verhalten von Leistungshalbleitern stellt hohe Anforderungen an die Güte der Simulation, so dass die Testergebnisse potenziell verfälscht werden.

## 3.1.2 FPGA-basierte Simulation elektrischer Maschinen

In diesem Unterabschnitt werden einige kommerzielle wie akademische Implementierungen FPGA-basierter Maschinensimulationen vorgestellt. Um diese an Hand von Kennzahlen vergleichbar zu machen, wird zunächst eine gemeinsame Terminologie vereinbart. Abbildung 3.2 zeigt ein exemplarisches Zeitverlaufsdiagramm einer HiL-Echtzeitemulation in Hardware. Die Modellschrittweite $T$ (bzw. reziprok Modellfrequenz $T^{-1}$) wird als Vielfache der FPGA-Taktperiode $\tau$ gewählt, so dass die zur Simulation benötigten Rechenschritte im Echtzeitbetrieb über höchstens $\frac{T}{\tau}$ Taktschritte verteilt

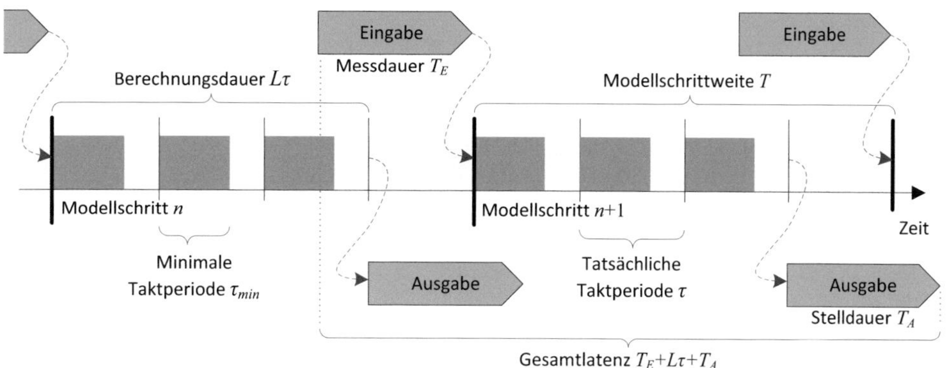


**Abbildung 3.2:** Zeitliche Charakterisierung einer Echtzeitemulation in Hardware

werden. Bei der Simulation von Differentialgleichungen entspricht $T$ meist der Integrationsschrittweite $h$. Jedoch ist es auch denkbar, dass pro Modellschritt mehrere Integrationsschritte in Folge gerechnet werden, so dass $T$ ein Vielfaches von $h$ ist. Die Berechnungslatenz $L \leq \frac{T}{\tau}$ bezeichnet die Anzahl der Taktschritte, die auf der Hardware tatsächlich zur Berechnung eines einzelnen Modellschritts benötigt werden. Die Taktperiode $\tau$ muss mindestens so groß wie die minimal erzielbare Taktperiode $\tau_{min}$ gewählt werden. Letztere wird von der FPGA-Werkzeugkette unter Berücksichtigung der mit der Implementierung assoziierten Signallaufzeiten ermittelt. Zum Geschwindigkeitsvergleich verschiedener Hardwareimplementierungen ist es sinnvoll, die minimal erzielbare Berechnungsdauer $L\tau_{min}$ als Kennzahl heranzuziehen.

Im HiL-Betrieb sind zusätzlich die mit Mess- und Stellgliedern verbundenen Verzögerungen $T_E$ bzw. $T_A$ (inklusive Kommunikationskosten) zu berücksichtigen. Im Kontext der Maschinenemulation beinhaltet dies eine periodische Erfassung der vom Prüfling gestellten Gate-Signale (Kleinsignalschnittstelle) oder Strangspannungen (leistungselektrische Schnittstelle), sowie die Emulation eines Positionssensors, der Stromsensorik (Kleinsignalschnittstelle) bzw. der Strangsströme (leistungselektrische Schnittstelle). Beim HiL-Test an der leistungselektrischen Schnittstelle wird der vom Modell berechnete Sollstrom durch getaktete Leistungshalbleiter gestellt, so dass $T_A$ wesentlich zur Gesamtlatenz $T_E + L\tau + T_A$ der Emulation beiträgt. Je nach Prüfling und Testmission wird zusätzlich Temperatursensorik emuliert. Da Eingabe, Verarbeitung und Ausgabe prinzipiell unabhängige Prozesse sind, können diese einander überlappen. Die Gesamtlatenz kann somit die Modellschrittweite übersteigen. Allerdings wird dem Emulator ein Totzeitverhalten gegenüber dem Prüfling aufgeprägt, das bei der Auslegung des Prüfstands berücksichtigt werden muss.

### Kommerzielle Emulatoren

dSPACE    Die Firma dSPACE bietet kommerzielle Emulatoren von permanentmagneterregten Synchronmaschinen (PMSMs) mit diversen Modellen analoger und digitaler

Positionssensoren an [WWW/dSP12b]. Das Statormodell wird auf einer FPGA-Karte (enthält ein Xilinx Spartan-3 4000 FPGA) mit einer Integrations- und Modellschrittweite von 100 ns berechnet [Wag07]. Die berechneten Strangsströme werden jedoch mit einer längeren Periode von 1 µs nachgestellt. Das Statormodell ist über die in den Statorwicklungen induzierte Gegenspannung (Gegen-Elektromotorische Kraft (EMK)) mit einem aus Gegen-EMK und Lastmodell bestehenden Teil verkoppelt, der in Software gerechnet wird. Der Emulator eignet sich für Tests an der Kleinsignalschnittstelle, sowie an der leistungselektrischen Schnittstelle. Im ersten Fall interpoliert ein lineares Invertermodell Ausgangsspannungen der Leistungshalbleiter aus der Abtastung der PWM-förmigen Gate-Steuersignale (Abtastperiode: 25 ns), und Stromsensoren werden digital emuliert. Im zweiten Fall bringt eine elektronische Last die erforderlichen Leistungen auf ($T_A = 5\,\mu s$). Es sind Lasten bis zu 100 kW erhältlich [WWW/dSP12a].

**ETAS** Von der Firma ETAS ist eine FPGA-Karte mit den Modellen eines Insulated-Gate Bipolar Transistor (IGBT)-basierten Inverters und einer PMSM erhältlich [ETA12]. Sie eignet sich für Tests an der Kleinsignalschnittstelle. Das Motormodell berücksichtigt Sättigungs- und Temperatureffekte. Im Gegensatz zu den meisten anderen Modellen wird mit Fließkommaarithmetik gerechnet. Die Schrittweite des Modells beträgt 850 ns. Ein mechanisches Lastmoment ist ankoppelbar, wobei der Datenaustausch über PCI Express stattfindet. Alle gängigen Lagesensoren werden unterstützt.

**MicroNova** Unter der Bezeichnung Novasim bietet die MicroNova AG eine „E-Motorkarte" an [Sel09]. Es sind Modelle für Gleichstrommotoren, Asynchronmaschinen, Synchronmaschinen, ein Invertermodell sowie verschiedene Positionsgeber verfügbar. Die FPGA-basierte Karte berechnet ein Strom- und Momentenmodell mit einer Modellschrittweite von 500 ns [Sel10]. Die Kopplung an das Lastmodell erfolgt über das Drehmoment. In Zusammenarbeit mit der Firma SET Powersystems ist eine elektrische Lastsimulation für Tests an der leistungselektrischen Schnittstelle erhältlich.

**Opal-RT** Leistungselektrische Emulatoren für Gleichstrom-, Synchron-, Asynchron- und geschaltete Reluktanzmaschinen sind von Opal-RT Technologies, Inc. erhältlich [Opa12]. Die Motormodelle beziehen optional Finite Elemente Analyse (FEA)-Daten ein und können damit eine gesteigerte Simulationsgüte erreichen. Für Tests an der Kleinsignalschnittstelle sind auch Inverter-Modelle vorhanden. Die Implementierung eines Modells für ein Xilinx Virtex II Pro XC2VP7 FPGA, das als PMSM oder Brushless Direct Current (BLDC)-Motor konfiguriert werden kann, wird in [Duf08] beschrieben. Sie setzt Festkommaarithmetik ein und erzielt bei einer Berechnungsdauer von 300 ns eine Gesamtlatenz kleiner 1,5 µs beim Test an der Kleinsignalschnittstelle.

**SET Powersystems** Die Firma fertigt leistungselektrische Emulatoren für Gleichstrom-, Synchron-, Asynchron- und Reluktanzmaschinen im Bereich bis 300 kW bei Phasenspannungen bis zu 650 V bzw. Phasenströmen bis zu 600 A (RMS) [SET13]. Die auf einem FPGA ausgeführten Motormodelle berücksichtigen auch Sättigungseffekte [Ham12].

Darüber hinaus sind FEA-basierte Modelle verfügbar, die mit JMAG[1] oder ANSYS[2] Simulationsdaten parametriert werden. Die Modelle sind so ausgelegt, dass sich mechanische Rotordrehzahlen bis zu $240\,000\,\mathrm{min}^{-1}$ bei einer Dynamik von $\dot{\omega} > 1 \cdot 10^{10}\,\mathrm{min}^{-1}\,\mathrm{s}^{-1}$ erzielen lassen. Es lassen sich Polpaarzahlen zwischen 1 und 32 konfigurieren. Die Modellfrequenz beträgt 3 MHz, wobei die Messsignalerfassung mit einer Abtastrate von 25 MHz erfolgt. Alle Ausgabegrößen, insbesondere Rotorposition und Strangströme, können vom Benutzer online überschrieben werden. Somit können Fehlerfälle wie z.B. Rotorblockade, Wicklungsschlüsse oder Kabelbrüche dargestellt werden. Zusätzlich emuliert werden marktübliche Positionssensoren.

## Akademische Arbeiten

In [Zho05] wird eine FPGA-basierte Simulation eines fremderregten Gleichstrommotors präsentiert. Das beschreibende ODE-System wurde mit einem RK-Verfahren vierter Ordnung diskretisiert. Die resultierende Berechnungsvorschrift wurde durch algebraische Umstellungen für die parallele Berechnung auf einem FPGA optimiert. Das Modell berücksichtigt Sättigungseffekte: die nichtlineare Abhängigkeit des magnetischen Flusses und der Induktivität der Ankerspule vom Ankerstrom wird in einer Wertetabelle kodiert. Mit Festkommaarithmetik und handoptimierten Wortlängen (bis zu 33 Bit) erreichen die Autoren einen maximalen Fehler von 0,1 % des Wertebereichs. Das Modell wurde auf einem Altera FLEX 10K EPF10K70-Baustein implementiert. Über Modell- bzw. Integrationsschrittweite, Taktperiode und Gesamtlatenz sind keine Informationen bekannt. Die Autoren schreiben lediglich, dass ohne Berücksichtigung der Sättigungseffekte eine Berechnungsdauer von 134,80 ns erzielt wird.

In [Che09] wird die FPGA-Implementierung eines Käfigläufers dargestellt. Das mathematische Modell wurde mit einem RK-Verfahren vierter Ordnung diskretisiert und in eine fünfstufige Hardware-Pipeline überführt. Gerechnet wird mit Festkommaarithmetik und Wortlängen von 32 Bit. Der Entwurf wurde für ein Xilinx Virtex-5 FPGA (XC5VLX110T) synthetisiert und erreicht eine maximale Taktfrequenz von knapp 90 MHz. Bei einer Latenz von 121 Taktschritten pro Modellschritt ergibt sich eine Berechnungsdauer von knapp 1350 ns bei minimaler Taktperiode. Bei der tatsächlichen Taktfrequenz von 67 MHz liegt die tatsächliche Berechnungsdauer bei 1806 ns, was bei der gewählten Modell- und Integrationsschrittweite von 100 µs für den Echtzeitbetrieb mehr als hinreichend wäre. Bemerkenswert an diesem Beitrag ist, dass bewusst auf eine größtmögliche Parallelisierung der Berechnung verzichtet wurde und stattdessen eine gemeinsame Nutzung von Arithmetikeinheiten auf dem Zielbaustein betrieben wird. Die Autoren nutzen die Struktur des RK-Schemas aus, um eine Folge makroskopischer Rechenschritte abzuleiten, die jeweils auf dieselbe Hardware-Struktur abgebildet werden.

---

1  JMAG – Simulation Technology for Electromechanical Design,
   http://www.jmag-international.com/ (6.5.2013)
2  ANSYS - Simulation Driven Product Development, http://www.ansys.com/ (6.5.2013)

In [E/Köl11] wurde ein permanentmagnet-erregter Gleichstrommotor in Simulink modelliert und mit Hilfe des Werkzeugs HDL Coder in einen FPGA-Entwurf überführt. Dabei wurden verschiedene Architekturvarianten untersucht: Aus dem ursprünglichen Modell wurden durch Ummodellierung auf Simulink-Ebene verschiedene Daten-/Kontrollpfade abgeleitet. Die Alternativen unterscheiden sich im Grad der Parallelisierung, womit unterschiedliche Kennzahlen in Bezug auf Performanz und Ressourcenauslastung erreicht wurden. In allen Fällen wurde Festkommaarithmetik mit 32 Bit Wortbreite eingesetzt. Die performanteste Alternative benötigt 878 Slices auf einem Xilinx Spartan-3 FPGA und benötigt pro Modellschritt genau einen Takt bei einer minimalen Taktperiode von 105 ns. Der flächenmäßig kleinste Daten-/Kontrollpfad erfordert 544 Slices und eine Berechnungsdauer von ca. 330 ns pro Modellschritt bei einer minimalen Taktperiode von 47 ns.

In [Mat11] stellen die Autoren eine FPGA-Implementierung für Drehstrommaschinen vor. Die Modelle umfassen fremderregte und permanentmagnet-erregte Synchronmaschinen, sowie Käfigläufer und Schleifringläufer. Diskretisiert wurde mit der Rückwärts-Euler-Methode, wobei die daraus resultierende Berechnungsvorschrift vereinfacht wurde, so dass bewusst einige Vernachlässigungen zu Gunsten von Parallelisierbarkeit und Rechengeschwindigkeit in Kauf genommen wurden. In ihren Fallstudien setzen die Autoren Festkommaarithmetik mit Wortlängen von 35 Bit ein, wobei ein relativer Fehler von 0,4 % nicht überschritten wird. Als Evaluationsplattform diente ein Altera Stratix III EP3SL150F1152C2 FPGA, auf dem das Modell 4 % der Logikressourcen verbrauchte. Bei einer Modell- und Integrationsschrittweite von 500 ns wurde anscheinend[1] eine minimale Taktperiode von 44 ns erzielt. Allerdings wird aus den Angaben der Autoren nicht klar, welche Latenz der Berechnung anhaftet. Es wird suggeriert, dass Pipelining angewandt wurde, womit die Berechnungsdauer ein Vielfaches der Taktperiode betrüge. In Ermangelung detaillierter Informationen lassen sich leider keine eindeutigen Kennzahlen rekonstruieren.

### Fazit

FPGA-Implementierungen von Motormodellen unterscheiden sich in einer Vielzahl von Freiheitsgraden, die in Bezug auf die Anforderungen des Prüfstands abzustimmen sind:

- *Art der Maschine* Soll ein Gleichstrommotor (permanentmagnet-erregt, Reihenschlussmaschine, Nebenschlussmaschine), eine Synchronmaschine (permanentmagnet-erregt, fremderregt, bürstenlose Gleichstrommaschine), eine Asynchronmaschine (Käfigläufer, Schleifringläufer) oder eine (geschaltete) Reluktanzmaschine simuliert werden?

- *Detailtreue* Welche physikalischen Aspekte sollen vom Modell berücksichtigt werden? Müssen auch Nichtlinearitäten, z.B. magnetische Sättigungseffekte, korrekt dargestellt werden? Müssen thermische Effekte simuliert werden?

---

1 Der Terminus „calculation time per simulation time-step" im Originaltext legt die Interpretation als Taktperiode nahe, obgleich eindeutige Bezeichnungen fehlen.

- *Numerische Treue* Welche numerische Abweichung ist tolerierbar? Die Entscheidung betrifft einerseits die Wahl des Integrationsverfahrens und andererseits die Auslegung der Arithmetik. Ist Festkommaarithmetik oder Fließkommaarithmetik vorteilhaft? In jedem Fall muss die Arithmetik nicht nur mit Rücksicht auf die Genauigkeitsanforderungen, sondern auch in Bezug auf die zu erwartenden Wertebereiche sämtlicher Prozessvariablen und Parameter ausgelegt werden.

- *Echtzeitanforderungen* Mit welcher Zykluszeit soll das Modell berechnet werden? Die Entscheidung wird die Architektur des Daten-/Kontrollpfads im FPGA-Entwurf beeinflussen.

- *Partitionierung und Ankopplung des Restmodells* Es herrscht ein breiter Konsens, den elektrischen Teil des Motormodells und ggf. das Invertermodell in Hardware zu berechnen, da Abtastfrequenzen bis zu 10 MHz realisiert werden. Schnittgrößen zwischen Hardware- und Softwareteil sind üblicher Weise Rotordrehzahl und Antriebs- bzw. Lastmoment. Meist wird die Kausalität so gewählt, dass die Rotordrehzahl vom Motormodell gestellt wird, während das Lastmoment vom Lastmodell in Software berechnet wird. Tatsächlich gibt es auch den Fall mit umgekehrter Kausalität [Wag07], wobei das Antriebsmoment vom Motormodell und die Drehzahl vom Lastmodell berechnet wird. Darüber hinaus muss das Kommunikationssystem zwischen Hardware- und Softwaremodell berücksichtigt werden (z.B. PCI Express).

- *Sensoremulation* Zur Rückmeldung der Rotorposition an das Steuergerät existieren verschiedene Typen von Winkelgebern (z.B. Inkrementalgeber, Hall-Sensoren), die vom HiL-System emuliert werden müssen.

- *Spezielle Fähigkeiten* Müssen Kurzschlüsse oder Phasenbrüche emuliert werden? Sollen Motorparameter zur Laufzeit geändert werden? Falls derartige Fähigkeiten gewünscht sind, müssen diese bereits durch die Architektur des FPGA-Entwurfs berücksichtigt werden.

## 3.2 Sprachen und Werkzeuge für ODE- und DAE-Simulationen

### 3.2.1 MATLAB/Simulink und Stateflow

Das ursprünglich aus der Regelungstheorie kommende Werkzeug für numerische Berechnungen MATLAB (MATrix LABoratory) ist heute in sämtlichen Ingenieursdisziplinen verbreitet. Simulink ist ein modellbasierter Aufsatz für MATLAB zur grafischen Modellierung regelungstechnischer Systeme. Ein Simulink-Diagramm hat den Charakter eines Wirkungsplans, enthält gegenüber dem standardisierten IEC 60050-351 [Std/IEC06] Wirkungsplan aber proprietäre syntaktische und semantische Erweiterungen. Signale sind in Simulink typisiert und können sowohl diskreter als auch kontinuierlicher Natur sein. Simulink-Modelle sind immer kausal, d.h. es gibt eine vom Anwender definierte Richtung der Signalübertragung zwischen den Blöcken des Diagramms. Grundsätzlich dürfen mehrere Wirkungslinien eine algebraische Schleife bilden. In diesem Fall sucht der in Simulink integrierte numerische Solver eine konsistente Belegung für alle Prozessgrößen.

Stateflow ist eine Erweiterung für MATLAB zur Modellierung von Zustandsautomaten und Flussdiagrammen. Stateflow-Automaten können in Simulink-Diagramme integriert werden, so dass regelungstechnische Fragestellungen praktisch vollständig mit MATLAB, Simulink und Stateflow erfasst werden können. Durch die Möglichkeit, aus den entwickelten Modellen Code zu generieren, wird das Werkzeugtrio nicht nur für reine Simulationsaufgaben, sondern auch für Rapid Prototyping und modellbasierte Steuergeräteentwicklung eingesetzt. Das Werkzeug Simulink Coder[1] kann C-Code aus MATLAB-Code, Simulink-Diagrammen und Stateflow-Automaten erzeugen. Ähnliches leistet das Produkt TargetLink der Firma dSPACE, mit dem sich C-Code für die Serienentwicklung aus Simulink und Stateflow erzeugen lässt. Für die Hardwareentwicklung existiert das Werkzeug HDL Coder, mit dem sich synthetisierbarer Verilog- oder VHDL-Code aus Simulink-Diagrammen, Stateflow-Automaten und MATLAB-Funktionen erzeugen lässt.

Der Einsatz von Simulink Coder, TargetLink und HDL Coder ist grundsätzlich gewissen Einschränkungen unterworfen. Es ist keineswegs möglich, aus jedem beliebigen Modell Code zu generieren. Es wird sich herausstellen, dass ein Entwurfsfluss vom physikalischen Modell bis zur Hardware-Implementierung mit MATLAB und den genannten Erweiterungen gar nur lückenhaft realisierbar ist. Eine detaillierte Diskussion wird in Abschnitt 4.2 erfolgen.

### 3.2.2 SimScape

SimScape wurde als Erweiterung zu Simulink geschaffen, um die Modellierung physikalischer Mehrdomänensysteme zu erleichtern. Die in herkömmlichen Simulink-Diagrammen erforderliche Kausalität entfällt in SimScape. Analog zu Modelica (siehe Abschnitt 2.4) sind SimScape-Diagramme eher als Schaltpläne zu verstehen. Anschlüsse, die durch ein Netz verbunden sind, legen keine Datenflussrichtung fest, sondern definieren lediglich einen Geltungsbereich der Kirchhoff'schen Gesetze. Die Modelle liegen näher an der Mathematik, erfordern zur Simulation aber zusätzliche Transformationsschritte seitens der Werkzeugumgebung. Eine ausführliche Darstellung findet sich in Abschnitt 2.4.2. Im Gegensatz zu Modelica ist SimScape eine proprietäre Sprache. Simulink Coder kann aus SimScape-Modellen C-Code erzeugen. HDL Coder ist allerdings nicht anwendbar.

### 3.2.3 Modelica-fähige Werkzeuge

Um die Sprache Modelica gruppiert sich eine stetig wachsende Zahl von Simulationswerkzeugen. Sie lassen sich in kommerzielle und Open Source Werkzeuge unterteilen. Zur ersten Kategorie gehören beispielsweise Dymola (Dassault Systèmes), SimulationX (ITI), MathModelica (Mathcore) und MapleSim (Maplesoft). Beispiele für Open Source Umgebungen für Modelica sind JModelica.org und OpenModelica. Jedes der genannten kommerziellen Werkzeuge beherrscht mindestens folgende Basisfunktionen:

---

1   ehemals Real-Time Workshop (RTW)

- *Textuelle Eingabe* Das Werkzeug enthält einen Texteditor zum Editieren von Modelica-Quelltexten.

- *Grafische Eingabe* Mit Hilfe eines grafischen Diagramm-Editors können Modelle im Sinne eines Blockschaltbilds erstellt werden. Es können sowohl Elemente der Modelica Standardbibliothek als auch selbstdefinierte Blöcke verwendet werden. Die grafische Darstellung wird vom Werkzeug automatisch in äquivalenten Modelica Quelltext (und umgekehrt) übersetzt.

- *Simulation* Ein Modelica-Modell kann innerhalb des Werkzeugs ausgeführt werden. Unterschiede zwischen den Werkzeugen existieren aber hinsichtlich der unterstützten Sprachversion, des unterstützten Sprachumfangs und der implementierten symbolischen bzw. numerischen Verfahren, was sich auf die Qualität der Simulationsergebnisse auswirken kann.

- *Codegenerierung* Das Werkzeug kann jedes in Bezug auf die Einschränkungen des vorangehenden Punkts simulierbare Modell in C-Code übersetzen, der eine Simulation des Modells beherbergt und auch ohne die ursprüngliche Simulationsumgebung lauffähig ist.

Modelica Open Source Umgebungen sind derzeit weniger auf Anwenderfreundlichkeit optimiert, so dass die Möglichkeit zur grafischen Modellierung weniger ausgereift ist (OpenModelica) oder ganz entfällt (JModelica.org). Die restlichen Funktionen werden aber von beiden Umgebungen OpenModelica und JModelica.org beherrscht.

### 3.2.4 AMS-Erweiterungen

AMS-Erweiterungen wurden für Hardwarebeschreibungssprachen eingeführt, um die Schaltkreisebene des Y-Diagramms zu erschließen. Im Vordergrund stand die Beschreibung gemischt analog/digitaler Schaltkreise. So existieren für die gängigen HDLs die Erweiterungen Verilog-AMS, VHDL-AMS und SystemC-AMS.

Die AMS-Erweiterungen VHDL-AMS und Verilog-AMS stehen sich konzeptionell sehr nahe. In beiden Sprachen ist Multidomain-Modellierung möglich. In VHDL-AMS werden durch Subtypen neue physikalische Domänen gebildet, während dies in Verilog-AMS durch die Definition von *Natures* (physikalische Größe) und *Disciplines* (Verbundwert aus Potential- und Flussgröße) geschieht. Die in Modelica häufig genutzte Objektorientierung fehlt allerdings bei beiden Sprachen. Die Anwendung von Verilog-AMS bzw. VHDL-AMS liegt derzeit rein in der Simulation. Die Synthese ist noch Gegenstand aktueller Forschung [DA11] und muss besonders im Kontext der vorliegenden Arbeit richtig eingeordnet werden: Unter „AMS Synthese" wird das Erzeugen einer analogen elektrischen Schaltung oder einer Konfiguration für ein Field-Programmable Analog Array (FPAA) verstanden, *nicht* einer Digitalschaltung, die das beschriebene System numerisch behandelt (wie in dieser Arbeit).

SystemC-AMS 2.0 befand sich im Zeitraum des Schreibens im Standardisierungsprozess [Std/Acc12]. In SystemC-AMS wurden gegenüber SystemC drei zusätzliche Spezifikationsformalismen umgesetzt:

- *Timed Data Flow (TDF)* dient zur Beschreibung zeitdiskreter, nicht-konservativer Systeme.

- *Linear Signal Flow (LSF)* wird für zeitkontinuierliche, nicht-konservative Systeme eingesetzt (Signalfluss).

- *Electrical Linear Networks (ELN)* beschreiben zeitkontinuierliche, konservative Systeme im Sinn eines elektrischen Schaltbilds.

Alle drei Beschreibungsdomänen dürfen in einem Modell kombiniert werden, insbesondere auch mit ereignisdiskreten Systemen. Allerdings darf das Verhalten eines einzelnen Moduls immer nur mit einem der drei Formalismen spezifiziert werden. Die Existenz dreier Spezifikationsformalismen verleiht SystemC-AMS den Anschein einer im Vergleich zu VHDL-AMS, Verilog-AMS und Modelica mächtigeren Sprache. Dies ist aber nicht der Fall. Tatsächlich können Spezifikationen mit TDF-, LSF- und ELN-Semantik auch in jeder der anderen Sprachen verfasst werden, ohne dass sich der Modellierer über die betroffene Domäne bewusst sein muss. Es ist eher als Rückschritt zu bewerten, dies dem Anwender gegenüber explizit zu machen. Hinzu kommt, dass SystemC-AMS in die Sprache C++ eingebettet ist, was im Vergleich zu den anderen genannten Sprachen eine recht aufwändige Syntax für analoge Modelle bewirkt. SystemC-AMS ist derzeit auf die elektrische Domäne beschränkt.

## 3.2.5 SPICE

Simulation Program with Integrated Circuit Emphasis (SPICE) ist eine der ältesten Software-Implementierungen zur Simulation gemischt analoger und digitaler elektrischer Schaltungen. Im ursprünglichen Sinn bezeichnet SPICE sowohl die Beschreibungssprache als auch das Simulationswerkzeug. Seit der Veröffentlichung im Jahr 1973 [Nag73] entstanden zahlreiche Derivat-Implementierungen mit grafischer Benutzeroberfläche, die bis heute weiterentwickelt werden. Als Beispiele sind PSpice (Cadence)[1] und Altium Designer[2] zu nennen. Diese Werkzeuge werden oft mit "SPICE-Simulatoren" bezeichnet. Mit der Beschränkung auf die elektrische Domäne generalisiert SPICE nicht für Multiphysics-Simulationen.

## 3.2.6 Saber/MAST und SystemVision

Saber[3] (Synopsys) ist eine Simulationsumgebung für physikalische Systeme mit Fokus auf analoge Elektronik, insbesondere Leistungselektronik. Die Software unterstützt die Synopsys-eigene Modellbeschreibungssprache MAST sowie VHDL-AMS. Zusätzlich können SPICE- und Simulink-Modelle integriert werden. Einen ähnlichen Ansatz verfolgt SystemVision[4] (Mentor) als interoperative Simulationsumgebung zur Integration und

---

1  `www.cadence.com/products/orcad/pspice_simulation` (16.3.2013)

2  `www.altium.com` (16.3.2013)

3  `www.synopsys.com/Systems/Saber/` (16.3.2013)

4  `www.mentor.com/products/sm/system_integration_simulation_analysis/systemvision/` (5.4.2013)

Kopplung von SPICE, VHDL-AMS, LabVIEW und Simulink-Modellen (unter anderen). Die Hauptanwendung beider Werkzeuge liegt in der Modellierung und Analyse virtueller Prototypen, womit Saber und SystemVision hauptsächlich im linken Zweig des V-Modells anzutreffen sind. Die Synthese echtzeitfähiger Simulationen ist in keinem der Werkzeuge vorgesehen.

## 3.3 Beschleunigung physikalischer Simulationen

Simulationsdauer wird zunehmend zum begrenzenden Faktor beim Entwurf komplexer Systeme. Bereits bei Modellen einfacher analoger Filter übersteigt die Simulationsdauer die simulierte Systemlaufzeit um ein bis drei Größenordnungen [Nar08]. Bei der Simulation eines Fensterhebersystems in VHDL-AMS/VHDL wurde eine Verlangsamung um einen Faktor $10^5$ bis $10^6$ gegenüber Echtzeit festgestellt, bei Simulation auf Transistorebene gar um $10^9$ [Ein09]. Diesem Trend wird einerseits durch abstraktere Modelle entgegengewirkt, beispielsweise TLM [Shi06]. Andererseits ist dies nicht immer praktikabel. Muss die Detailtreue der Simulation erhalten bleiben, benötigt man Methoden zur Simulationsbeschleunigung. Die nachfolgenden Abschnitte geben einen Überblick, wobei die Betrachtung auf die Simulation von DAE-Systemen eingeschränkt wird.

### 3.3.1 Parallelisierung

Ansätze zur Parallelisierung von DAE-Simulationen lassen sich grob danach einteilen, auf welcher Ebene die Parallelisierung stattfindet.

#### Parallelisierung auf Modellebene

Bei dieser Klasse von Ansätzen wird Nebenläufigkeit mit Mitteln der Modellierungssprache explizit im Modell ausgedrückt. Transmission Line Modeling [Nys05] beispielsweise ist eine Technik, bei der Verbindungen im Blockdiagramm des Modells künstlich durch totzeitbehaftete Übertragungsglieder (transmission lines) ersetzt werden. Zwar wird die Simulation hierdurch verfälscht, doch lässt sich der eingeführte Fehler mathematisch handhaben (aber nicht ganz eliminieren). Datenabhängigkeiten werden aufgehoben, und das in Teilmodelle zerfallene Modell kann verteilt berechnet werden. Bei einer verteilten Simulation mit einem Ethernet-basierten Rechnercluster wurden Speedups von 0,5 (Verlangsamung) bis 2,3 gemessen [Nys06]. Eine auf Mehrkern-Prozessoren abzielende Umsetzung wird in [Sjö10] entwickelt.

Beim „weak connections" Ansatz [Nys05, Cas05] werden vom Modellierer Schneidestellen ausgedeutet, an Hand derer das Modell in nebenläufige Teilmodelle partitioniert wird. Ähnlich zum Transmission Line Modeling werden Datenabhängigkeiten durch Schneidestellen künstlich aufgetrennt, denn Kommunikation über Schneidestellen hinweg wird um einen Zeitschritt verzögert. Man nimmt somit eine Verfälschung der Simulation zu Gunsten von Parallelisierbarkeit in Kauf. Die Identifikation geeigneter Schneidestellen obliegt dem Modellierer. Sie kann beispielsweise so gewählt werden, dass das Modell in Subsysteme mit stark unterschiedlichen Zeitkonstanten zerlegt wird [Cas05]. Die in

[Cas05] vorgeschlagene Spracherweiterung „`weak` Modifier" ist zumindest bis Version 3.3 noch nicht in die Modelica Sprachspezifikation aufgenommen worden. Da mit Version 3.3 synchrone Spracherweiterungen (siehe Abschnitt 2.4) eingeführt wurden, ist ohnehin ein mächtigeres Konzept verfügbar: Mit dem `Clock`-Schlüsselwort lässt sich ein Modell explizit in Takt- und Solver-Domänen partitionieren.

NestStepModelica [Kes07] ist eine Spracherweiterung für Modelica, die konzeptionell auf dem Bulk-Synchronous Parallel (BSP)-Berechnungsmodell beruht. Es werden Sprachkonstrukte zur Spezifikation und Koordination von Prozessen und gemeinsam genutzten Speicherbereichen eingeführt. Parallelität wird durch *Single Program, Multiple Data* (SPMD) erreicht: Mehrere Rechenkerne führen denselben Programmcode aus, arbeiten jedoch auf verschiedenen Datenbereichen. Ebenfalls auf dem SPMD-Prinzip beruht ParModelica [Geb12], eine datenparallele Erweiterung für heterogene Multi-Core-Plattformen. Die eingeführten Sprachkonstrukte umfassen parallele Variablen, parallele Funktionen und Kernel-Funktionen, sowie eine parallele `for`-Schleife. Die letzten beiden Ansätze [Kes07, Geb12] eignen sich zum Parallelisieren der algorithmischen Teile eines Modells. Auf die im Kontext dieser Arbeit besonders wichtigen, rein gleichungsbasierten DAE-Modelle lassen sie sich nicht anwenden.

### Parallelisierung auf Solver-Ebene

Ansätze, die auf Solver-Ebene parallelisieren, haben einen besonderen Vorteil: Es ist keine Modifikation des Modells notwendig. Sie können automatisiert durch die Simulationsumgebung angewendet werden. Nach [Aro06] werden die drei Subkategorien Parallelität über der Methode, Parallelität über der Zeit und Parallelität über dem Gleichungssystem unterschieden.

**Parallelität über die Methode**   bezeichnet den Einsatz parallelisierbarer Diskretisierungsverfahren. Speziell Runge-Kutta-Verfahren höherer Ordnung eignen sich, da die Systemgleichungen pro Integrationsschritt an mehreren Stellen ausgewertet werden [Aro06]. Erfolgreich angewandt wurde der Ansatz in [Rau95, Zho05, Che09]. Streng genommen keine Parallelisierung, sondern eine Optimierung, ist der in [Sch00a] vorgestellte Ansatz „Mixed Mode Integration". Grundidee ist es, die guten Stabilitätseigenschaften des Rückwärts-Eulerverfahrens mit der einfachen Berechnung des Vorwärts-Eulerverfahrens zu kombinieren. Im ODE-System des Modells werden mit Hilfe einer Heuristik Zustände selektiert, die betragsmäßig große Eigenwerte der Jacobi-Matrix verursachen. Diese Zustände („schnelles" Subsystem) müssen mit dem Rückwärts-Eulerverfahren integriert werden, um Stabilität zu garantieren. Die restlichen Zustände („langsames" Subsystem) werden mit dem einfacheren Vorwärts-Eulerverfahren integriert. Der Geschwindigkeitsvorteil beruht somit auf reduziertem Rechenaufwand.

**Parallelität über der Zeit**   bezeichnet Verfahren, die mehrere Zeitschritte der Simulation parallel auswerten [Aro06]. Für zeitkontinuierliche Modelle ist dies wegen der Datenabhängigkeiten zwischen Integrationsschritten nur schwer realisierbar, wohl aber für diskrete Ereignissimulationen [Aro06]. Optimistische Simulationsverfahren für diskrete Ereignissysteme nutzen diese Form der Parallelität erfolgreich aus [Sch98]. Für

HiL-Emulationen ist diese Verfahrensklasse aber prinzipbedingt nicht geeignet, da die E/A-Größen der emulierten Prozessstrecke in einem festen Zeitraster abgetastet bzw. ausgegeben werden müssen.

**Parallelität über dem Gleichungssystem** meint Verfahren, welche die Auswertung der diskretisierten Modellgleichungen (oder eines Teils davon) parallelisieren [Aro06]. In [Aro06] wird ein Parallelisierungsverfahren für Symmetric Multiprocessing (SMP)- und Cluster-Plattformen vorgeschlagen. Ausgehend vom Datenflussgraphen der Modellgleichungen wird durch wiederholtes Verschmelzen benachbarter Knoten ein „Task Graph" mit höherer Granularität erzeugt. Die Knoten des Task Graph werden durch ein Scheduling-Verfahren dedizierten Prozessoren zugeordnet. Die als C-Code generierten Tasks kommunizieren per Message Passing Interface (MPI). Bei der Simulation einer flexiblen Welle, diskretisiert aus 150 Abschnitten, wurde ein Speedup bis zu 4,8 auf 16 Prozessoren eines Altix 3700 Bx2 Supercomputers gemessen, auf 12 Prozessoren eines Rechner-Clusters 2,2. Im praxisnäheren Fall eines Robotermodells wurde ein theoretischer Speedup zwischen 0,75 und 1,25 (in Abhängigkeit der Kommunikationskosten) ermittelt. Dieses eher moderate Ergebnis suggeriert, dass sich eine Parallelisierung auf mehrere Prozessoren nur bei sehr großen Modellen lohnt. In den von [Aro06] untersuchten Modellen wird der Geschwindigkeitsvorteil durch Kommunikationskosten zunichte gemacht.

Bei impliziten Integrationsverfahren oder algebraischen Schleifen im Modell müssen während der Simulation lineare oder nichtlineare Gleichungssysteme gelöst werden. Entsprechende Lösungsalgorithmen sind gut parallelisierbar. Beispielsweise ScaLAPACK [Cho96] ist eine numerische Softwarebibliothek, die parallelisierte Routinen für Probleme der linearen Algebra implementiert. Durch Auslagern der Routinen auf Grafikprozessoren konnten im Vergleich zu x86/x64-Prozessoren Beschleunigungsfaktoren bis zu 33 erzielt werden [D'A12]. Generell sind diese Ansätze erst für hinreichend große Matrizen effizient, ungefähr ab einer Größenordnung von $10^4$ Matrixelementen. Weitere Arbeiten existieren in Form FPGA-basierter Solver für lineare Gleichungssysteme [Wan04, Gon09, Fis12]. Beim Einsatz heterogener Plattformen müssen die Kommunikationskosten zwischen Beschleuniger und Solver berücksichtigt werden: Dauert die Übertragung der Matrixelemente genauso lange, wie die Berechnung auf dem Zentralprozessor dauern würde, ist keine Beschleunigung mehr zu erzielen.

## 3.3.2 GPGPU

Wegen ihres hohen Rechendurchsatzes und ihrer inhärenten Parallelität wurden in den letzten Jahren zunehmend Grafikprozessoren für numerische Berechnungen attraktiv. Was als Zweckentfremdung herkömmlicher Grafikkarten begann, wurde zu einem neuen Paradigma, das mit *General-Purpose Computing on Graphics Processing Units* (GPGPU) bezeichnet wird. Der Grafikkartenmarkt wird von den Herstellern AMD und NVIDIA beherrscht, die mit ATI-Stream bzw. Compute Unified Device Architecture (CUDA) jeweils proprietäre GPGPU Programmierschnittstellen bereitstellen. Mit

Open Computing Language (OpenCL) wurde eine standardisierte Programmierschnittstelle für heterogene Parallelrechner geschaffen, die von beiden Herstellern zusätzlich unterstützt wird.

In [Mag09] wird paralleler CUDA Code aus Modelica erzeugt. Das ODE-System wird mit dem Quantized State System (QSS) Algorithmus diskretisiert. Die Autoren argumentieren, dass QSS im Vergleich zu herkömmlichen Diskretisierungen ein besonders hohes Parallelisierungspotential hat. Für ein Beispielmodell, das aus einem Netz von RC-Gliedern[1] besteht, kommen die Autoren auf Speedup-Werte bis zu 5,4.

Auch in [Ö09] wird CUDA Code aus Modelica generiert, allerdings erfolgt die Diskretisierung mit dem RK-Verfahren vierter Ordnung. Um Parallelität auf einer geeigneten Granularitätsstufe zu gewinnen, wird eine zu [Aro06] verwandte Technik der Task-Verschmelzung angewandt. Als Benchmark-Modelle dienen ein RC-Netz (wie in [Mag09]), eine Druckwellensimulation (1 D) in einem Rohr und eine Simulation von Wärmeausbreitung (2 D). Durch die GPU-Beschleunigung konnte ein Speedup von bis zu 4,6 im Vergleich zu einem einzelnen Kern eines x64-Prozessors ermittelt werden.

Die Ergebnisse in [Mag09] und [Ö09] legen nahe, dass der Einsatz von GPGPU erst ab einer gewissen Mindestkomplexität des Modells lohnt, insbesondere bei gleichartigen Berechnungen, die sich auf einen Großteil der Daten anwenden lassen. Stavåker [Sta11] kommt gar zum Schluss, dass GPGPU ein höheres Maß an Datenparallelität erfordert, als es in diskretisierten ODE-/DAE-Systemen üblicher Weise gegeben ist.

Graphics Processing Units (GPUs) sind für hohen Datendurchsatz optimiert. GPGPU ist insbesondere schlecht für Echtzeitsimulationen mit sehr kurzen Zykluszeiten geeignet: In einer 2008 durchgeführten Studie [Hov08] wurden für NVIDIA Tesla-Karten der Familien G80, G90 und G200 konsistent Latenzen zwischen 9 und 11 µs ermittelt. Jede Transaktion von Daten in den bzw. aus dem Grafikkartenspeicher dauerte also rund 10 µs. Die Beochbachtung bleibt auch für neuere GPU-Generationen bestehen, für die eher schlechtere Werte gemessen wurden [Bak10, Ket12].

### 3.3.3 FPGA

In [Kap09b, Kap09a] wird eine Methodik zur Beschleunigung von SPICE-Simulationen mit Hilfe von FPGAs dargestellt. Die Auswertung der Modellgleichungen wird parallelisiert und auf ein FPGA ausgelagert. Die restlichen Elemente des SPICE-Simulators (linearer Solver, Newton-Raphson-Iterationen, Transienten-Iterationen) werden von der Arbeit nicht adressiert und bleiben in Software bestehen. Die Autoren haben einen Compiler entwickelt, der Verilog-AMS Modelle in einen synthetisierbaren Entwurf übersetzt. Dem FPGA wird eine Architektur aus mehreren einheitlichen *Processing Elements* (PEs) aufgeprägt, wobei jedes PE einen Datenpfad aus arithmetischen Fließkommaoperatoren realisiert, die über eine Butterfly Fat-Tree (BFT)-Topologie vernetzt sind. Pro PE dirigiert ein Datenpfad-Controller mit Programmspeicher die Datenflüsse. Je nach Modell wurden in [Kap09b] Beschleunigungen um einen Faktor 2 bis 18 für Entwürfe

---

1　Ein RC-Glied ist in der Elektrotechnik eine Serien- oder Parallelschaltung aus einem Ohm'schen Widerstand (engl. Resistor) und einem Kondensator (engl. Capacitor).

auf einem einzelnen FPGA gegenüber einem einzelnen x64 Prozessorkern ermittelt. Dabei wurde auf dem FPGA mit Fließkommaarithmetik doppelter Genauigkeit (64 Bit) gerechnet. In [Kap09a] wurden unter Einsatz von Fließkommaarithmetik einfacher Genauigkeit (32 Bit) gar Beschleunigungsfaktoren von 3 bis 182 ermittelt.

DEPE (Differential Equation Processing Element) [Hua11] ist ein FPGA-basierter Rechenkern, der anwendungsspezifisch für ODE-Systeme entwickelt wurde. Die Autoren nutzen aus, dass zur Auswertung der vorkommenden arithmetischen Ausdrücke nur Grundrechenarten benötigt werden. Ferner müssen keine bedingten Sprünge unterstützt werden, da die betrachteten Gleichungen sequentiell abgearbeitet werden und keine Fallunterscheidungen enthalten. DEPE wurde als No Instruction Set Computer (NISC)-Architektur ausgelegt, so dass die Komplexität des Rechenkerns gegenüber einem Universalprozessor drastisch reduziert werden konnte. Im Vergleich zu einem MicroBlaze benötigt DEPE nur einen Bruchteil der Hardware-Ressourcen und erzielt für die betrachteten Modelle Beschleunigungen zwischen $5\times$ und $17\times$. Allerdings liegt die Performanz von DEPE um ca. eine Größenordnung unter der einer anwendungsspezifischen Digitalschaltung, die mit einem HLS-Werkzeug synthetisiert wurde. Dafür lag der Ressourcenbedarf der Digitalschaltung beim größten betrachteten Modell um zwei Größenordnungen über DEPE.

## 3.4 High-Level Synthese

Die in Abschnitt 2.6.3 erläuterten Prinzipien der HLS sollen nun aus algorithmischer und technologischer Sicht beleuchtet werden.

### 3.4.1 Ansätze

Das Überführen eines Algorithmus in einen funktional äquivalenten Hardware-Entwurf beinhaltet mehr Freiheitsgrade, als es von Übersetzern für Software her bekannt ist. Der zu übersetzende Algorithmus alleine bestimmt noch nicht eindeutig die Hardware. Die Herausforderung liegt darin, eine geeignete Architektur zu synthetisieren, die unter Berücksichtigung weiterer Kriterien, wie Ressourcenbedarf, Timing oder Energieverbrauch, den Eingabealgorithmus optimal reproduziert. HLS ist demnach als multikriterielles Optimierungsproblem aufzufassen. In den letzten Jahrzehnten wurde der Problemkomplex HLS durch unzählige Forschungsarbeiten adressiert, wobei sich fünf Grundaspekte herauskristallisiert haben, die von einem HLS-Werkzeug zu lösen sind:

- *Scheduling* bezeichnet die zeitliche Festlegung der Verarbeitungsschritte im Eingabealgorithmus. Ein Scheduling-Algorithmus ordnet diese Verarbeitungsschritte individuellen Taktschritten (c-steps von engl. *control steps*) zu.

- *Allokation* bezeichnet die Auswahl und Instanziierung funktionaler Einheiten (FUs von engl. *Functional Units*). Für jede im Eingabealgorithmus vorkommende Operation wird eine geeignete FU aus einem Katalog existierender Hardware-Makros gesucht. Am Ende muss sichergestellt sein, dass für jeden Operationstyp mindestens eine passende Functional Unit (FU)-Instanz existiert.

- *Binding* meint das Zuordnen von Operationen zu FU-Instanzen. Zeitlich versetzte Operationen dürfen eine FU-Instanz wiederverwenden, was auch mit *resource sharing* bezeichnet wird.

- *Interconnect-Allokation* bezeichnet die Konstruktion von Transportlogik zwischen funktionalen Einheiten. Sie dient dazu, berechnete Zwischenergebnisse als Operanden an weitere Einheiten weiterzuleiten oder ggf. zwischenzuspeichern.

- *Kontrollpfad-Synthese* bezeichnet die Synthese eines geeigneten Datenpfad-Controllers. Dieser steuert die Daten- und Kontrollflüsse.

Diese fünf Aspekte verstehen sich als komplementär zu den ohnehin im Very Large Scale Silicon Integration (VLSI)-Entwurf bekannten Disziplinen Technologie-Mapping (Abbilden einer generischen Netzliste auf Zieltechnologie-spezifische Ressourcen) und Floorplanning (optimale Platzierung von Ressourcen und Auswahl von Verdrahtungs-kanälen). Offensichtlich stehen alle Aspekte in einer engen kausalen Abhängigkeit: Die Lösung des einen Aspekts beeinflusst den Lösungsraum der jeweils anderen. Zum Finden einer optimalen Gesamtlösung wäre es notwendig, alle fünf Aspekte in einem ge-meinsamen Optimierungsverfahren zu bearbeiten. Dagegen spricht, dass entsprechende Verfahren äußerst rechenintensiv und in ihrer Komplexität kaum mehr beherrschbar sind. Es ist praktikabler, getrennte Heuristiken zu entwickeln und diese sequentiell zu einem Gesamtlauf zu kombinieren.

## Scheduling

Die in der Hardware-Synthese eingesetzten Scheduling-Verfahren sind statisch, da sowohl der ausgeführte Algorithmus, als auch der (noch zu synthetisierende) Daten-pfad zur Systemlaufzeit konstant bleiben. Formal wird der Eingabealgorithmus als Kontroll-/Datenflussgraph (CDFG von engl. *Control/Data Flow Graph*) repräsentiert. Abbildung 3.3 zeigt beispielhaft den CDFG einer Gleichstrommotorsimulation. Dün-ne durchgezogene Kanten repräsentieren Datenflüsse. Gestrichelte Kanten stehen für Datenabhängigkeiten, die sich durch das Zwischenspeichern von Werten in Variablen ergeben. Im vorliegenden Beispiel wird die gesamte Berechnung iteriert, und alle Knoten des CDFG gehören demselben schraffiert hinterlegten Grundblock an. Daher gibt es eine einzige Kontrollflusskante (dicke durchgezogene Linie) des Grundblocks auf sich selbst.

Die Aufgabe des Scheduling-Verfahrens besteht darin, die Knoten des CDFG auf Ausführungszeitpunkte (c-steps) zu setzen. Die mit Ausführungszeitpunkten annotierten Knoten werden mit Schedule bezeichnet. Scheduling erfolgt feingranular auf der Ebene einzelner Instruktionen. Es gilt die Grundannahme, dass jede Instruktion eine vorab bekannte, konstante Ausführungszeit hat. Diese wird entweder kontinuierlich als Gat-terlaufzeit angegeben oder diskret als Vielfache der Taktperiode. Scheduling-Verfahren können diesbezüglich unterschiedliche Fähigkeiten haben:

- Unterstützung von *operation chaining* bedeutet, dass mehrere Instruktionen hin-tereinander im selben c-step angeordnet werden können, sofern deren akkumulierte Gesamtlaufzeit die Taktperiode nicht überschreitet.

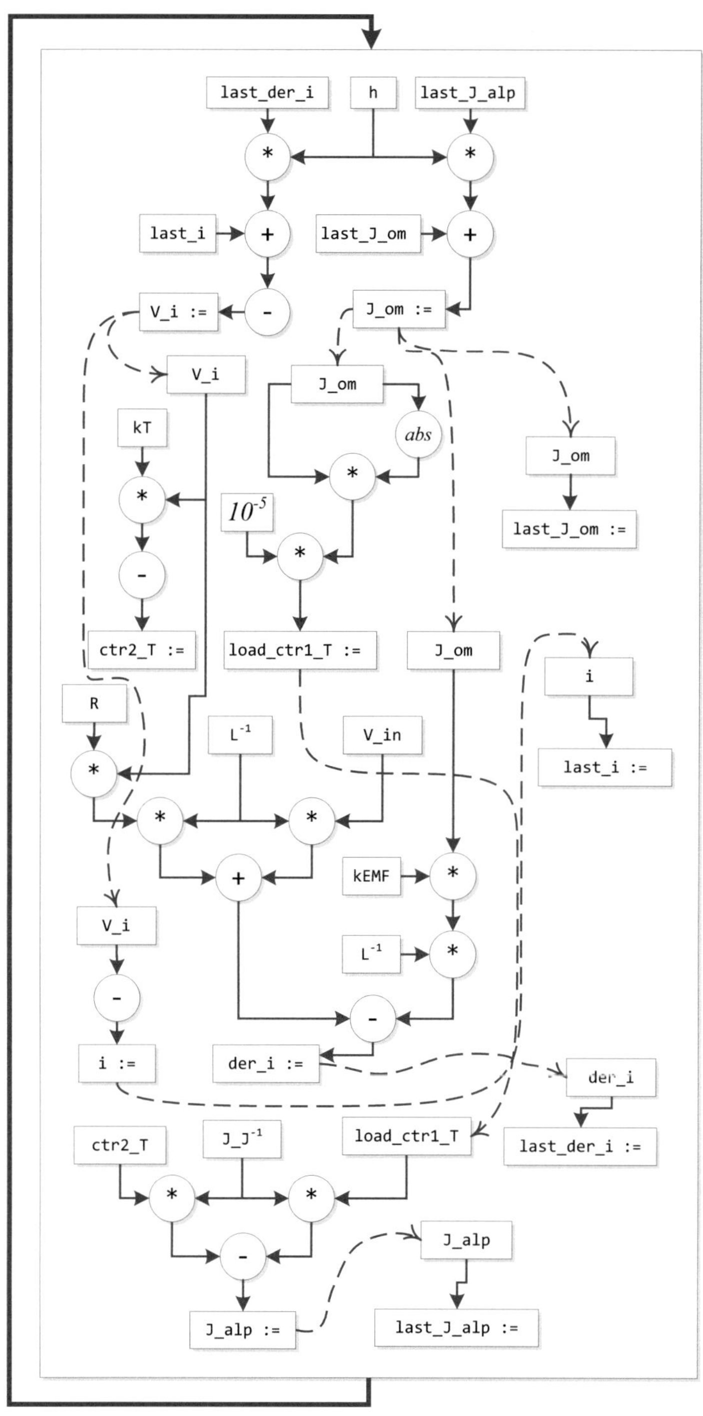


**Abbildung 3.3:** Exemplarischer CDFG einer Gleichstrommotorsimulation [E/Köl12b]

- Unterstützung von *multi-cycle*-Operationen bedeutet, dass sich die Ausführung einer Instruktion über mehrere Taktschritte (und damit c-steps) erstrecken darf.

Ein korrekter Schedule erfüllt mindestens folgende Invariante: *Jede Instruktion wird erst dann ausgeführt, wenn alle abhängigen Vorgänger abgeschlossen sind.* Die Relation der abhängigen Vorgänger wird über die Kanten des CDFG definiert. Muss lediglich die Invariante erfüllt sein, kann mit Hilfe der graphentheoretischen Algorithmen As Soon As Possible (ASAP)-Scheduling und As Late As Possible (ALAP)-Scheduling in linearer Laufzeit (in Anzahl der Knoten plus Kanten des CDFG) ein Schedule minimaler Länge bestimmt werden. Dieser ist im Allgemeinen nicht eindeutig bestimmt. ASAP-Scheduling findet einen minimalen Schedule, der jeder Instruktion den frühestmöglichen Ausführungszeitpunkt zuordnet. ALAP-Scheduling ordnet jeder Instruktion den spätestmöglichen Ausführungszeitpunkt zu, ohne dass die Minimalität des Schedule verletzt wird.

In der Praxis ist die Länge des Schedule nicht das einzige Optimierungskriterium. Stattdessen möchte man zusätzlich den Bedarf an funktionalen Einheiten minimieren, der durch den Schedule impliziert wird. Entsprechend unterscheidet man zwei Varianten von Scheduling-Verfahren:

- *Zeitbeschränkt:* Die Gesamtlänge des Schedule ist vorgegeben. Gesucht ist ein Schedule, der den Bedarf an funktionalen Einheiten minimiert.

- *Ressourcenbeschränkt:* Die Menge an funktionalen Einheiten ist vorgegeben. Gesucht ist ein Schedule minimaler Länge, der mit den vorgegebenen Einheiten auskommt.

Beide Optimierungsprobleme sind NP-schwer [Ber89]. In Form von Integer Linear Programing (ILP)-Formulierungen [Lee89, Rim92, Ach93] und Branch-and-Bound-Verfahren [Gra90] existieren zwar exakte Verfahren, doch sind diese wegen ihrer im Allgemeinen exponentiellen Laufzeitkomplexität nicht praxistauglich. Stattdessen wurde eine Vielzahl von Heuristiken entwickelt, beispielsweise List Scheduling [Sch96], List Scheduling mit Priorisierung [Par86, Par88], Force Directed Scheduling (FDS)/Force Directed List Scheduling (FDLS) [Pau87, Pau89], Perlocation Scheduling [Pot90], Path-based Scheduling [Cam91], Simulated Annealing [Dev89], genetische Algorithmen [Hei95], Ant Colony Optimization (ACO) [Wan07] und SDC-Scheduling [Con06a]. Ein guter Überblick wird in [Wan08] vermittelt. Darüber hinaus wurden für schleifenbehaftete Programme, wie sie oft in DSP-Anwendungen für die Verarbeitung von Wertesequenzen vorkommen, spezielle Pipelining-Techniken entwickelt [Aik88, Pot90, Wan92, All95, Wan95, Tog98, Hay01, Mor11]. Sie beruhen auf dem konzeptionellen „Ausrollen" von Schleifenkörpern: Der Schleifenkörper wird mehrfach repliziert, so dass Parallelität über Schleifengrenzen hinweg entsteht.

### Allokation

Die Auswahl einer optimalen Menge funktionaler Einheiten (FUs) findet unter zwei sich teilweise widersprechenden Objektiven statt: Flächenbedarf und Performanz. Weniger

FUs benötigen weniger Hardware-Ressourcen, beeinträchtigen aber die Parallelisierbarkeit des Eingabealgorithmus' und verlängern somit möglicherweise die Länge des Schedule. Offensichtlich stehen Scheduling und Allokation in einem besonders engen Bezug: Ein gegebener Schedule legt Mindestquantitäten funktionaler Einheiten fest (maximale Anzahl gleichartiger Operationen in einem c-step). Umgekehrt limitiert eine gegebene Allokation (d.h. die Menge funktionaler Einheiten) die maximale Parallelität im Schedule. Viele Ansätze kombinieren daher Scheduling und Allokation in einem gemeinsamen Verfahren, beispielsweise durch genetische Algorithmen [Ahm95, Pap00], iterative Verfeinerung [Wan95, Fan96], symbolische Methoden [Cab02] oder Simulated Annealing [Kol97].

In [Gut92a] wird Allokation explizit durch eine Hill-Climbing-Heuristik angegangen. Ausgehend von einer initialen Lösung werden iterativ funktionale Einheiten hinzugefügt oder entfernt. In jeder Iteration wird die aktuelle Allokation bezüglich ihres Flächenbedarfs und ihrer Performanz bewertet. Ersteres geschieht durch eine Abschätzung des Gatterbedarfs, der für jede funktionale Einheit in einer Komponentenbibliothek abgelegt ist. Letzteres geschieht durch eine Rating-Funktion, welche die Länge des Schedules unter Annahme der aktuellen Allokation abschätzt. Sowohl Flächen-, als auch Zeitbeschränkungen können in Form einer Straffunktion hinzugefügt werden.

### Binding

Beim Binding werden die Instruktionen des Eingabealgorithmus' konkreten FU-Instanzen zugeordnet. Die Invariante jedes Binding-Verfahrens liegt im Vermeiden von Ressourcenkonflikten: *Keine zwei Operationen dürfen zum selben Zeitpunkt derselben funktionalen Einheit zugeordnet werden.* Darüber hinaus gibt es Nebenziele, beispielsweise Performanz oder Energieverbrauch. Die Zuordnung zwischen Instruktionen und FUs beeinflusst die Komplexität des Verbindungsnetzwerks sowie die optimale geometrische Anordnung der Einheiten auf dem Chip. Wird eine FU-Instanz für viele (zeitlich versetzte) Instruktionen wiederverwendet, sind möglicherweise große Multiplexer an den Operandeneingängen notwendig. Insbesondere bei FPGAs verursachen Multiplexer zusätzliche kombinatorische Pfade, so dass die erzielbare Taktrate des Entwurfs sinken kann. Müssen FUs auf Grund von Datenabhängigkeiten untereinander stark verdrahtet werden, so leidet die Taktrate ebenfalls: Selbst bei optimaler geometrischer Anordnung müssen Leitungen zwischen weit entfernten FUs gezogen werden, wodurch sich die Signallaufzeiten erhöhen.

Da sich Allokation, Binding und Floorplan maßgeblich beeinflussen, müsste man idealer Weise die Floorplanning-Phase der Logiksynthese in die Optimierung mit einbeziehen. Tatsächlich konnte gezeigt werden, dass mit einer Kombination aus Allokation, Binding, Interconnect-Allokation und Floorplanning bessere Ergebnisse gefunden werden können [Xu96, Pra98, Pap00, Jeo01, Sta03]. Nachteilig ist einerseits der extreme Rechenaufwand, da die ohnehin rechenintensive Floorplanning-Phase im Rahmen der Optimierung zusätzlich iteriert wird. Andererseits ist der Ansatz technisch kaum praktikabel, da HLS und Logiksynthese klassisch in getrennten Werkzeugen realisiert sind und es keine einheitliche Schnittstelle zum Zugriff auf Floorplan-Informationen gibt.

Die meisten Binding-Verfahren schätzen die Kosten des verursachten Floorplan daher mit Heuristiken ab. Die eingesetzten Heuristiken gehen von einfachen Metriken wie Anzahl der FU-Instanzen, Anzahl/Komplexität der benötigten Multiplexer/Busse/Register [Tse86, Dev89, Hua90, Rim92] bis hin zu approximativem Floorplanning [McF90, Wen91, Jan93, Muj94, Hal98, Um02, Sun06].

## Scheduling, Allokation und Binding in historischen HLS-Umgebungen

Im Folgenden wird auf einige historische HLS-Systeme eingegangen. Ihre Betrachtung ist nach wie vor aktuell, da fundamentale Algorithmen erarbeitet wurden, die in späteren abgeleiteten Werken oft nur in Teilaspekten modifiziert wurden.

MAHA [Par86] wendet eine regelbasierte Heuristik an, um Scheduling, Allokation und Binding gemeinsam zu lösen. Kern des Verfahrens ist Mobilitäts-basiertes List Scheduling. Die Mobilität einer Instruktion ist definiert als Zeitspanne zwischen dem Zeitpunkt, zu dem die Operanden frühestmöglich zur Verfügung stehen und dem Zeitpunkt, zu dem das Ergebnis spätestens benötigt wird, abzüglich der eigenen Verarbeitungszeit. Instruktionen mit einer Mobilität von 0 liegen auf dem kritischen Pfad – sie können nicht zeitlich verschoben werden, ohne dass der gesamte Schedule verlängert werden muss. Beim Scheduling in MAHA werden Instruktionen mit aufsteigender Mobilität verarbeitet, so dass kritische Instruktionen früher zugeordnet werden. Allokation und Binding erfolgen gemeinsam mit jeder zugeordneten Instruktion: Eine bereits allokierte FU-Instanz wird bevorzugt wiederverwendet. Falls keine solche zur Verfügung steht, wird entweder eine weitere Instanz allokiert oder der Schedule erweitert. In einer neueren Arbeit [Cas09] wird das Grundprinzip auf die Anforderungen FPGA-basierter DSP-Anwendungen spezialisiert. Die Autoren argumentieren, dass Multiplexer in FPGAs-Entwürfen einen im Vergleich zu ASIC-Entwürfen höheren Kostenfaktor beitragen. Dieser Umstand wird durch Kostentabellen berücksichtigt. Ferner können FPGA-basierte DSP-Anwendungen von Arithmetik mit nicht-uniformen Wortlängen profitieren, was durch die eingesetzte Prioritätsfunktion berücksichtigt wird: Für arithmetische Operationen auf großen Datenwörtern werden bevorzugt FU-Instanzen allokiert, so dass diese später für kleinere Datenbreiten wiederverwendet werden können.

In FACET [Tse86] werden Allokation und Binding auf das Cliquenpartitionierungsproblem reduziert. Eine Clique bezeichnet in der Graphentheorie einen vollständigen Teilgraphen. Das Cliquenpartitionierungsproblem verlangt, einen Graphen in eine minimal mögliche Anzahl von Cliquen zu partitionieren. Die Instruktionen bilden die Knoten eines Graphen, und eine Kante existiert genau dann, wenn die inzidenten Instruktionen verschiedenen c-steps zugeordnet sind und somit potentiell derselben FU-Instanz zugeordnet werden dürfen. Eine Partitionierung des Graphen in Cliquen ist offensichtlich eine gültige Lösung, wobei jede Partition eine FU-Instanz mitsamt ihrer zugeordneten Instruktionen repräsentiert. Obwohl das Cliquenpartitionierungsproblem NP-vollständig ist, existieren effiziente Heuristiken. FACET setzt ein Greedy-Verfahren ein, das auf der inkrementellen Verschmelzung benachbarter Knoten beruht. Durch eine Prioritätsfunktion, die indirekt Multiplexer- und Verdrahtungskosten berücksichtigt, werden „besonders kompatible" Instruktionen zuerst verschmolzen. Das Grundprinzip wurde auch in weiteren Arbeiten [Hit83, Tri87] angewandt.

Dual zum Cliquenpartitionierungsproblem kann das Knotenfärbungsproblem betrachtet werden: Man färbe die Knoten eines Graphen derart ein, dass keine zwei adjazenten Knoten dieselbe Farbe haben. Sucht man nach einer Lösung, die eine minimale Anzahl von Farben benötigt, ist das Problem NP-vollständig. Die Dualität zwischen Cliquenpartitionierungsproblem und Knotenfärbungsproblem erschließt sich über den Komplementärgraphen $\bar{G}$ eines Graphen $G$. $\bar{G}$ ist definiert als derjenige Graph, der sich ergibt, wenn man aus der Knotenmenge von $G$ einen vollständigen Graphen bildet und danach sämtliche in $G$ vorhandenen Kanten entfernt. $\bar{G}$ enthält genau diejenigen Kanten, die in $G$ fehlen. Offensichtlich ist eine Cliquenpartitionierung über $G$ eine gültige Knotenfärbung über $\bar{G}$, indem man die Knoten von $\bar{G}$ entsprechend ihrer Partitionszugehörigkeit in $G$ einfärbt. Umgekehrt ist eine gültige Knotenfärbung über $\bar{G}$ eine gültige Cliquenpartitionierung über $G$, indem man Knoten gleicher Farbe in einer Partition zusammenfasst. Es folgt sogar, dass eine *optimale* Cliquenpartitionierung von $G$ einer *optimalen* Knotenfärbung von $\bar{G}$ entspricht und umgekehrt [Kar72]. Für bestimmte Klassen von Graphen existieren optimale Algorithmen mit polynomieller Laufzeitkomplexität: Der Left-Edge-Algorithmus [Has88] löst das Knotenfärbungsproblem optimal für Intervallgraphen. Da der Komplementärgraph eines Intervallgraphen eine Halbordnung definiert (und umgekehrt) [Hab00], kann mit Left-Edge analog eine optimale Cliquenpartitionierung auf einer Halbordnung gefunden werden. Man betrachte nun folgende Relation: Zwei Instruktionen sind genau dann *inkompatibel*, wenn sie demselben c-step zugeordnet sind. Offensichtlich handelt es sich um eine Äquivalenzrelation, und somit auch um eine Halbordnung. Folglich löst Left-Edge das Binding-Problem unter dieser Formalisierung optimal, allerdings noch unter Vernachlässigung der verursachten Interconnect-Kosten. Den Ansatz in [Kim07] zur Lösung des Allokation/Binding-Problems kann man als Variante des Left-Edge-Algorithmus auffassen. Aus der Präzedenzrelation des Schedule wird ein gewichteter, sortierter Kompatibilitätsgraph (WOCG von engl. *weighted and ordered compatibility graph*) abgeleitet. Kantengewichte modellieren die Kompatibilität zweier Instruktionen in Form gemeinsamer Operanden und Kontrollflussabhängigkeiten, so dass Interconnect-Kosten indirekt berücksichtigt werden. Eine Heuristik wählt den längsten Pfad im WOCG und ordnet sämtliche Pfadknoten derselben FU-Instanz zu. Der Pfad wird aus dem WOCG entfernt und der Vorgang wiederholt, bis keine Knoten mehr übrig sind. In [Sin11] wird der Ansatz um eine Heuristik zur Vermeidung großer Multiplexer erweitert, so dass der kritische Pfad verkürzt wird.

Methodisch ähnlich zur inkrementellen Verschmelzung sind Ansätze, die hierarchisches Clustering (HC) [Joh67] verwenden [McF83, Raj85, McF90, Lag91]. Zwischen Instruktionen wird eine Distanzmatrix aufgestellt, welche deren Kompatibilität z.B. in Bezug auf die Art der Operationen, deren Kontrollflussabhängigkeiten oder gemeinsame Operanden berücksichtigt. In [McF90] wird agglomeratives HC angewandt, um Partitionen ähnlicher Instruktionen zu bilden. In einem iterativen Vorgang werden aus einem nachgeschalteten, approximativen Floorplanning gewonnene Informationen in das Distanzmaß rückannotiert und die Partitionierung wiederholt, bis ein akzeptabler Entwurf gefunden ist. Ein wesentlicher Unterschied zwischen HC und der Cliquen-Formalisierung liegt darin, dass das Distanzmaß bei HC die Voraussetzungen einer Metrik erfüllen muss. HC kann nicht appliziert werden, wenn Scheduling vor Binding erfolgt. Dies zeigt folgendes Beispiel: Angenommen, Instruktionen A, B und C können prinzipiell von derselben FU-Instanz ausgeführt werden. B sei auf c-step 1 festgelegt, A und C jeweils auf c-step 2. Dann sind A und B kompatibel, genauso wie B und C. Der transitive Schluss gilt aber nicht, da A und C gleichzeitig ausgeführt werden und somit nicht derselben FU-Instanz zugeordnet werden dürfen. Entsprechend müsste man die Distanz A — C als unendlich festlegen, während A — B bzw. B — C jeweils endliche Distanzen haben. Offensichtlich wäre die Dreiecksungleichung verletzt. Bei Clustering-basierten Binding-Verfahren muss Scheduling daher immer im Nachgang erfolgen.

LYRA [Hua90] modelliert Binding als Matching-Problem über einem gewichteten bipartiten Graphen. Eine Knotenpartition repräsentiert die auszuführenden Instruktionen, die andere repräsentiert die verfügbaren FU-Instanzen. Eine Kante existiert, falls die inzidente FU-Instanz die inzidente Instruktion ausführen kann. Das Kantengewicht wird aus einer Kostenfunktion berechnet, welche die Größe der aus der hypothetischen Zuordnung resultierenden Multiplexer abschätzt. Gelöst wird das Matching-Problem mit der ungarischen Methode [Mun57].

In [Kim95] wird List Scheduling mit Binding und Interconnect-Allokation kombiniert. Pro c-step wird ein tripartiter Graph gebildet, dessen Knoten die Menge der aktuell aktiven Instruktionen (1. Partition), die Menge der verfügbaren FU-Instanzen (2. Partition), sowie die Menge der verfügbaren Register (3. Partition) repräsentieren. Kantengewichte bewerten die Kosten einer Zuordnung in Form zusätzlich benötigter Verdrahtungskanäle. Darüber hinaus geht die „Wichtigkeit" einer Instruktion in Bezug auf den kritischen Pfad in die Gewichte zwischen Instruktionen und FU-Instanzen ein. Ein maximaler Fluss durch den Graphen, der die Summe der negierten Kosten maximiert (Kosten sollen schließlich minimiert werden), entspricht einer günstigen Zuordnung. Ein ähnlicher Ansatz wird in [Muj94] verfolgt, wobei die Kosten für Zuordnungen zwischen Instruktionen, FU-Instanzen und Registern aus Leitungslängen des rückannotierten Floorplans berechnet werden.

In [Rim92] wird eine ILP-Formulierung vorgeschlagen, welche die Aspekte Allokation und Binding gemeinsam modelliert. Berücksichtigt werden Flächenbedarf der Allokation, Registerkosten, Multiplexer-Kosten und Verdrahtungskosten. Die Kosten eines Multiplexers werden proportional zur Anzahl seiner Eingänge modelliert. Verdrahtungskosten werden als gewichtete Summe über die Adjazenzmatrix der miteinander verdrahteten Einheiten gebildet. Die Summengewichte werden aus dem Floorplan entnommen, falls dieser bereits existiert, oder alternativ mit einer Heuristik abgeschätzt. Weitere ILP-Formulierungen sind in [Mar86, Pap90, Wil94, Con00, Dav03, Che07, HA12, Yeh12] zu finden. In [Mem02] wird gezeigt, dass Scheduling, Allokation und Binding auch als Erfüllbarkeits- (SAT-) Problem formuliert werden können.

In [Dev89] wird Simulated Annealing (SA) angewandt, um die Aspekte Scheduling, Allokation und Binding gemeinsam zu lösen. Es wird ein zweidimensionales Platzierungsproblem formuliert, so dass jede Instruktion in den Dimensionen Zeit und Ort platziert wird. Eine Kostenfunktion kombiniert Länge des Schedule, Anzahl funktionaler Einheiten, Anzahl benötigter Register, sowie Anzahl benötigter Busse. Harte Beschränkungen können über eine Straffunktion realisiert werden. In [Sto90] wird das Binding-Problem durch einen dreidimensionalen Adjazenzvektor („connection cube") formalisiert. Die

Dimensionen werden durch Ein-/Ausgänge von FU-Instanzen, Busse und c-steps aufgespannt. Die Projektion des Adjazenzvektors entlang der Zeitdimension ergibt eine Abschätzung der Multiplexer- und Verdrahtungskosten (ohne Berücksichtigung der Leitungslänge). Während einer SA-Optimierung werden Zeilengruppen vertauscht, um diese Kosten zu minimieren. Eine ähnliche SA-basierte Formalisierung ist in [Dun95] anzutreffen, wo in den Dimensionen „Zeit", „Spalte" und „Variable" ein dreidimensionaler Optimierungsraum („dp-space" von datapath space) betrachtet wird. Ein modifiziertes SA-Verfahren zur gemeinsamen Behandlung von Allokation, Binding und Interconnect-Allokation wird in [Kri92] und [Rhi93] eingesetzt. Gegenüber klassischem SA wird die Akzeptanzfunktion in Bezug auf Verschlechterungen modifiziert: Pro Iteration wird eine konstante Maximalzahl von Verschlechterungen akzeptiert. Die Autoren ermitteln experimentell bessere Ergebnisse für ihr modifiziertes Verfahren. Neuere Arbeiten betreffen die Spezialisierung von SA auf die Energieaufnahme von FPGA-Entwürfen [Che03, Che10], sowie die Minimierung von Crosstalk [San08].

Weitere Ansätze involvieren genetische Algorithmen für Allokation und Binding [Man00] bzw. die gemeinsame Behandlung von Scheduling, Allokation und Binding [Gre97, Zha97, Tor98, Gre03, Fer07, Sen11]. Neuere Arbeiten wenden die methodisch verwandte Partikelschwarmoptimierung an und berichten von schnelleren Konvergenzgeschwindigkeiten [Has12]. In [Ran06] wird eine spieltheoretische Formalisierung vorgeschlagen. Eine weitere Klasse von Ansätzen versucht, Ähnlichkeiten im CDFG für die Datenpfadsynthese auszunutzen: Die Autoren von [Par06] suchen im CDFG nach Isomorphismen. In [Con08] wird eine Editierdistanz für Graphen als Metrik verwendet, um möglichst große, ähnliche Teilgraphen aufzufinden. Gleiche bzw. ähnliche Teilgraphen definieren eine Struktur von zusammenhängenden funktionalen Einheiten des Datenpfads. Resource Sharing kann über diese Makro-Einheiten hinweg geschehen, so dass die totalen Multiplexer-Kosten verringert werden.

### Interconnect-Allokation

Interconnect-Allokation bezeichnet die Konstruktion eines Netzwerks, das die durch Schedule, Allokation und Binding implizierten Datentransfers zwischen FU-Instanzen realisiert. Datentransfers können zeitbehaftet sein im Sinne, dass ein in c-step $i$ an Stelle $A$ erzeugtes Zwischenergebnis genau in c-step $j > i$ an Stelle $B$ zur Verfügung stehen muss. In diesem Fall werden Speicherelemente benötigt. Interconnect-Allokation ist abermals ein multikriterielles Optimierungsproblem, da verschiedene Kostenfaktoren, beispielsweise Chipfläche, Verdrahtungsebenen, Performanz und Energieaufnahme, berücksichtigt werden müssen. Existierende Formalismen unterscheiden sich hinsichtlich der vorausgesetzten Netztopologie sowie Speicherprimitiven. Bei Bus-basierten Topologien werden Verbindungen ausschließlich über On-Chip-Busse hergestellt. Anzahl der Busse, sowie die Zuordnung von Datentransfers auf Busse sind dabei Freiheitsgrade. Bei Punkt-zu-Punkt-Topologien werden die Verbindungen direkt zwischen E/A-Ports von FU-Instanzen bzw. Speicherprimitiven gezogen. Sobald ein Pin mehrere eingehende Verbindungen hat, wird ein Multiplexer impliziert. Als Speicherprimitiven kommen prinzipiell folgende Elemente in Frage:

- Register

- Registerbänke mit einem oder $N$ Lese-/Schreibports (Multiport-Speicher)

- FIFO (First In, First Out)-Primitiven

- Schieberegister

Grundsätzlich kann man die Zuordnung von Datentransfers auf Speicherprimitiven und logische Verbindungen wiederum als Allokation/Binding-Problem auffassen, so dass sich die bekannten Verfahren anwenden lassen. Im Folgenden werden einige Arbeiten zusammengefasst, die sich auf den Aspekt Interconnect-Allokation spezialisiert haben.

In [Kur87] wird der Left-Edge Algorithmus [Has88] auf das Problem der Registerallokation angewandt. Das Modell geht von Registern als Speicherprimitiven aus. Ziel ist es, die Gesamtzahl der benötigten Register zu minimieren. Jeder Datentransfer wird bezüglich seines Startzeitpunkts und seines Endzeitpunkts („life time") charakterisiert. Left-Edge partitioniert den entstandenen Intervallgraphen in Cluster, die jeweils demselben Register zugeordnet werden. In [Ara93] wird der „Scanline sweep" Algorithmus zur Partitionierung vorgeschlagen.

Die Autoren von [Sto90] nutzen Registerbänke mit jeweils einem Lese-/Schreibport als Speicherprimitiven. Eine Registerbank enthält mehrere Register, auf die wahlfrei aber nicht gleichzeitig zugegriffen werden kann. Die Zuordnung zwischen Datentransfers und Registerbänken wird als Kantenfärbungsproblem über einem Zustandsgraphen formalisiert: Die Knoten des Graphen repräsentieren c-steps, während eine Kante $(i, j)$ einen Datentransfer darstellt, der in c-step $i$ beginnt (Schreiben) und in c-step $j$ endet (Lesen). Eine Kantenfärbung, die keinen zwei inzidenten Kanten dieselbe Farbe zuweist, definiert eine Partitionierung aller Datentransfers in Registerbänke. Da das allgemeine Kantenfärbungsproblem (d.h. beliebiger Graph, minimale Anzahl von Farben) NP-vollständig ist [Hol81], wird eine Heuristik angewandt. Der Ansatz wird auf Registerbänke erweitert, die einen Lese- und einen Schreibzugriff im selben c-step zulassen, sowie mehrfache (aber zeitlich versetzte) Lesezugriffe auf dieselbe Variable.

In [Ahm91] wird eine ILP-Formulierung angegeben, die Variablen auf eine minimale Anzahl von Multiport-Speichern allokiert. Die (maximalen) Quantitäten der Speichermodule, sowie deren Charakterisierungen durch Lese-, Schreib- und Lese-/Schreibanschlüsse werden vorgegeben. Eine weitere ILP-Formulierung ordnet unter einer gegebenen Allokation Anschlüsse der FU-Instanzen auf Speicheranschlüsse zu und minimiert dabei die Anzahl der logischen Verbindungen.

In [Bal00] wird die Möglichkeit betrachtet, Einzelregister zu FIFOs oder Schieberegistern zusammenzufassen. In Abhängigkeit der Speicherprimitive werden formale Randbedingungen über den Lebensintervallen der Variablen und der Speichertiefe aufgestellt. Eine ILP-Formulierung minimiert eine Kostenfunktion über den benötigten Speicherelementen.

Während die klassischen Ansätze versuchen, Anzahl und Größe der benötigten Speicherelemente zu minimieren, ist diese Objektive für FPGA-Entwürfen nur eingeschränkt sinnvoll. Einerseits sind Register auf FPGAs keine knappe Ressource. Andererseits können große Multiplexer auf FPGAs nicht besonders effizient realisiert werden – sowohl in Bezug auf Fläche als auch auf Gatterlaufzeiten. Folglich kann die Wiederverwendung eines Registers die Kostenbilanz wegen der dazu nötigen Multiplexer und Verdrahtungen verschlechtern. Auf FPGAs spezialisierte Verfahren minimieren deshalb Multiplexer- und Verdrahtungskosten statt Register. In [Che03] wird die Zuordnung zwischen Variablen und Registern als bipartites Matchingproblem formuliert. Kantengwichte modellieren die Multiplexer-Kosten unter der jeweiligen Zuordnung. In [Che10] wird das Problem als Suche von Kofamilien minimalen Gewichts über einer partiell geordneten Menge formalisiert. Kantengewichte modellieren explizit Multiplexer-Kosten. In [Ava05] konnte durch Anwenden von Simulated Annealing (SA) eine Reduktion der Multiplexer-Kosten für FPGA-Entwürfe erreicht werden.

Offensichtlich bieten kommutative Operationen einen weiteren Freiheitsgrad für Optimierungen: Durch Vertauschen der Operanden können möglicherweise Multiplexer und Verdrahtungen eingespart werden. Dieser Aspekt wird beispielsweise in [Pan88a] und [Sta03] explizit diskutiert. In [Con12] wird für das optimale Ausnutzen kommutativer Operatoren ein eigenständiges Optimierungsproblem im Sinne einer Nachverarbeitung aufgestellt. Sowohl eine exakte ILP-Formulierung als auch eine Heuristik werden gegeben.

Manche Arten funktionaler Einheiten, z.B. ALUs, lassen sich dynamisch auf das Durchleiten eines Operanden konfigurieren („pass through"). Der Gedanke liegt nahe, temporär unbenutzte FU-Instanzen zum Durchleiten eines Datentransfers zu nutzen, sofern dadurch eine separate Verbindung eingespart wird. In [Kri92] wird diese Möglichkeit explizit durch „slack nodes" im Schedule modelliert. Ein „slack node" bezeichnet einen zeitbehafteten Datentransfer im CDFG und kann als Leerinstruktion aufgefasst werden. In [Kim10] werden temporär ungenutzte FU-Instanzen gesucht und in die Routenplanung für Datentransfers mit einbezogen, wobei zur Bewertung von Leitungslänge und Verzögerung Floorplan-Informationen genutzt werden.

### Kontrollpfad-Synthese

Die Aufgabe des Datenpfad-Controllers besteht darin, die Datentransfers sowie die Operationen des Datenpfads zu steuern. Konzeptionell ist der Datenpfad-Controller ein endlicher Automat, dessen Ausgaben aus Kontrollwörtern für Multiplexer (Eingangsselektion) und FU-Instanzen (Operationsauswahl) bestehen. In der Praxis wird der Controller als Finite State Machine (FSM) oder Horizontal Mikrobefehlskodierte Architektur (HMA) ausgelegt. FSM-basierte Controller sind sehr einfach zu generieren. Die Wahl der Zustandskodierung liefert zusätzlichen Spielraum für Optimierungen [Rie90, Cha98, Cha04, Pop04]. FSM-basierte Controller skalieren schlecht mit der Länge des Schedule: Je mehr Zustände es gibt, desto komplexer werden Transitions- und Ausgabelogik. Die Autoren von [Men02] zeigen, dass die vom Controller benötigte Fläche exponentiell mit der Anzahl von Flip-Flops steigt. Zwar gilt das Ergebnis nur für FSMs mit binärer Zustandskodierung, doch liegt es nahe, dass zwischen Anzahl Flip-Flops und Komplexität der kombinatorischen Logik zumindest ein superlinearer Zusammenhang besteht.

Abhilfe schaffen HMA. Sie verfügen wie ein Prozessor über einen Programmspeicher, der die Kontrollwörter enthält. Die Länge des Schedule wirkt sich somit lediglich auf die

Größe des Programmspeichers aus. Charakteristisch für HMA sind die Eigenschaften der Kontrollwörter:

- Im Gegensatz zu Prozessor-Architekturen gibt es keinen vorab definierten Instruktionssatz. Die Kontrollwörter sind als „Mikro-Instruktionen" auf Register-Transfer (RT)-Ebene zu verstehen, die direkt den steuerbaren Einheiten im Datenpfad (Multiplexer/funktionale Einheiten) zugeführt werden. Ein Instruktionsdekoder ist somit nicht notwendig. HMA eignen sich auch für applikationsspezifische Rechenkerne, was im NISC-Ansatz [Res07] verfolgt wird. Im Gegensatz zu HLS wird bei NISC die Datenpfadarchitektur nicht von Grund auf neu synthetisiert. Stattdessen wird eine Architektur aus einem Katalog von Standardarchitekturen problemspezifisch ausgewählt und optimiert. Der Fokus von NISC liegt eher auf der optimalen Kompilierung eines Programms für eine gegebene Architektur als auf Architektursynthese.

- Kontrollwörter sind gegenüber Instruktionswörtern eines klassischen Befehlssatzes sehr breit (oftmals > 100 Bits). Daher werden HMA oft mit Very Long Instruction Word (VLIW)-Architekturen [Fis09] in Zusammenhang gebracht. Tatsächlich sind VLIW-Architekturen und HMA eng verwandt. VLIW unterscheidet sich von HMA aber durch die Existenz eines wohldefinierten Instruktionssatzes, der auf die Technologie (z.B. Trace Scheduling [Fis81]) des parallelisierenden Compilers abgestimmt ist.

Bei HMA ist die Breite der Kontrollwörter ein kritischer Faktor. Einerseits fällt der Bedarf an Programmspeicher im Vergleich zu Prozessoren um ein Vielfaches höher aus. Andererseits müssen die Kontrollwörter an verschiedene Stellen des Datenpfads herangeführt werden, so dass eine hohe Verdrahtungsdichte am Datenausgang des Programmspeichers entsteht. Kontrollwort-Kompressionstechniken [Bor06, Gor07, Bor11] können das Problem lindern, indem gemeinsame Muster in Kontrollwörtern identifiziert werden und eine effizientere Kodierung gewählt wird.

### Vorpartitionierung

Bei umfangreichen Verhaltensbeschreibungen können die synthetisierten Datenpfade einen hohen Vernetzungsgrad aufweisen, was sich negativ auf den kritischen Pfad und die Energieaufnahme des Entwurfs auswirkt. Mit einer Vorpartitionierung versucht man, die Eingabeinstruktionen in Gruppen zu zerlegen, so dass die zwischen den Gruppen notwendige Kommunikation minimiert wird. In [Meh97] wird beispielsweise ein auf approximativem Floorplanning basierendes Clustering eingesetzt, das die Energieaufnahme des Entwurfs minimiert.

Bei Taktraten in Gigahertz-Bereich benötigt ein elektrischer Impuls mehrere Taktzyklen, um die Chipfläche zu überqueren. Daher müssen Module, die einen schnellen Datenaustausch untereinander erfordern, nah beieinander platziert werden, und umgekehrt muss bei weit entfernten Modulen sichergestellt sein, dass deren Kommunikation mit einer angemessenen Latenz erfolgt. Die in HLS-Verfahren eingesetzten Heuristiken können meist nicht garantieren, dass der synthetisierte Entwurf diesen Anforderungen gerecht wird. Einige Lösungsansätze bestehen darin, dem Zielbaustein eine makroskopische Struktur aufzuprägen, die eine schnelle lokale mit einer langsameren globalen Kommunikation kombiniert. Das Globally Asynchronous, Locally Synchronous (GALS) Paradigma [Cha84] strukturiert die Chipfläche beispielsweise in Inseln, die intern taktsynchron und global asynchron kommunizieren. CASS (Column Architecture Synthesis System) [Dun93] unterteilt die Chipfläche in Spalten, die jeweils einen Bereich für globale Kommunikationsregister, funktionale Einheiten, Registerbank und Read-Only Memory (ROM) enthalten. Datenaustausch über Spalten hinweg geschieht mit globalen Bussen. Die Regular Distributed Register (RDR)-Architektur [Con04] besteht aus Inseln mit jeweils lokalem Datenpfad, lokaler Zustandsmaschine und lokaler Registerbank, die über ein globales synchrones, aber mit mehreren Taktschritten Latenz behaftetes Kommunikationsnetzwerk verbunden sind.

## 3.4.2 Werkzeuge

In den letzten Jahrzehnten wurde eine Vielzahl sowohl akademischer als auch kommerzieller HLS-Werkzeuge entwickelt. Frühe, weitestgehend akademische Werkzeuggenerationen akzeptierten zumeist proprietäre Eingabesprachen [Hit83, DM86, Mar86, Wei88, Tse88, Rao93]. Einige wenige setzten auf allgemein bekannte Sprachen wie Pascal [Tri87] oder VHDL [Pau88, Gut92b, Sep95]. Hercules [dM88] war eines der ersten Werkzeuge, welches Hardware aus einer C-artigen Sprache (HardwareC) synthetisierte. Bis heute haben sich C/C++, C-artige Sprachen und SystemC durchgesetzt, was wohl vornehmlich C's Popularität zu verdanken ist. Mit SystemC wird C++ um strukturelle und Hardware-lastige Beschreibungsmittel ergänzt, so dass sich das zu synthetisierende Gesamtsystem holistisch modellieren lässt. Aktuelle alternative Ansätze synthetisieren Esterel [Edw02] oder C# [Sin08, Gre10], [E/Köl12c].

Zu den wichtigsten kommerziellen HLS-Werkzeugen im Zeitraum dieser Arbeit zählten Bluespec HLS (Bluespec), C2H Compiler (Altera), Catapult C (Mentor Graphics) [Bol08], C-to-Silicon Compiler (Cadence), Cynthesizer (Forte) [Mer08], Cyber Workbench (NEC) [Wak08], DIME-C (Nallatech), DK Design Suite (Mentor Graphics), Impulse C (Impulse Accelerated Technologies), Synphony (Synopsys) und Vivado HLS[1] (Xilinx) [Con11]. Beispiele für Open Source HLS-Werkzeuge sind CEC[2] (Columbia Esterel Compiler) [Edw02], Streams-C [Gok00], SPARK[3] [Gup03], Trident[4] [Tri05], GAUT[5] [Cou08a], ROCCC[6] [Vil10] und LegUp[7] [Can11].

Studien, welche die Fähigkeiten dieser Werkzeuge, vor allem auch die Qualität der Syntheergebnisse, objektiv vergleichen, sind äußerst selten zu finden und mit Vorsicht

---

1  ehemals AutoPilot (AutoESL) [Zha08]. AutoPilot ging aus dem UCLA xPilot-Projekt hervor. Xilinx akquirierte AutoESL im Jahr 2011.
2  `http://www.cs.columbia.edu/~sedwards/cec/` (18.12.2012)
3  `http://mesl.ucsd.edu/spark/` (18.12.2012)
4  `http://trident.sourceforge.net/` (18.12.2012)
5  `http://www.ecs.umass.edu/ece/labs/vlsicad/ece667/links/gaut.html` (18.12.2012)
6  `http://www.jacquardcomputing.com/roccc/` (18.12.2012)
7  `http://legup.eecg.utoronto.ca/` (18.12.2012)

zu genießen. Einerseits machen die hohen Anschaffungskosten den Kauf mehrerer kommerzieller Werkzeuge zu Vergleichszwecken wirtschaftlich unattraktiv. Andererseits werden Evaluationslizenzen oft an eine Vertragsklausel geknüpft, welche die Veröffentlichung vergleichender Studien untersagt. Letztlich hängt die Qualität der Ergebnisse bei HLS-Werkzeugen stark vom Programmierstil der Eingabebeschreibung ab: Zwei unterschiedlich implementierte Programme mit identischer Semantik können post HLS zu vollkommen unterschiedlichen Qualitätsmerkmalen führen [Fin10]. Deshalb existieren für fast jedes Werkzeug eigene Programmierrichtlinien und ggf. proprietäre Spracherweiterungen. Zur Interpretation einer Studie wäre zu hinterfragen, ob dieselbe Eingabebeschreibung für jedes Werkzeug verwendet wurde (was die ermittelten Kennzahlen ggf. unrealistisch verschlechtert) oder ob werkzeugspezifische Optimierungen vorgenommen wurden (was Transparenz und Objektivität der Studie gefährdet). Bei freien HLS-Werkzeugen wirken sich wiederum oft mangelnde Dokumentation, fehlende Interoperabilität mit FPGA-gerichteten Werkzeugketten und hoher Aufwand zur Inbetriebnahme hinderlich aus. Im Rahmen der Recherchen zu dieser Arbeit wurden keine Veröffentlichungen gefunden, die sich (wenn auch nur annäherend) themenbezogen mit der Anwendung der genannten Werkzeuge auf physikalische Simulationen befassen. Daher kann keine differenzierte Aussage zur Eignung der Werkzeuge im betrachteten Kontext getroffen werden. Einige grundsätzliche Überlegungen werden jedoch in Unterabschnitt 4.2.4 erörtert.

# 4 Analyse

Ziel dieser Arbeit ist es, einen durchgängigen Entwurfsfluss von der Multiphysics-Modellierung bis hin zur Logiksynthese für ein FPGA zu etablieren. In diesem Kapitel wird zunächst geklärt, welche Entwurfsunterstützung durch bereits existierende Werkzeuge gegeben ist. Die Betrachtung wird dabei auf den Anwendungsfall HiL-Emulation elektrifizierter Antriebsstränge im Fahrzeug bezogen.

## 4.1 Anforderungen

### 4.1.1 Modellierungsanforderungen

Neben vollelektrischen Antrieben spielen Hybridantriebe eine wichtige Rolle. Man kann sie nach Anteil der elektrischen Leistung am Vortrieb in Mikrohybride, Mildhybride, Vollhybride und Plugin-Hybride [Dop12] bzw. nach ihrem strukturellen Aufbau in serielle Hybride, parallele Hybride und Mischhybride klassifizieren [Nau07].

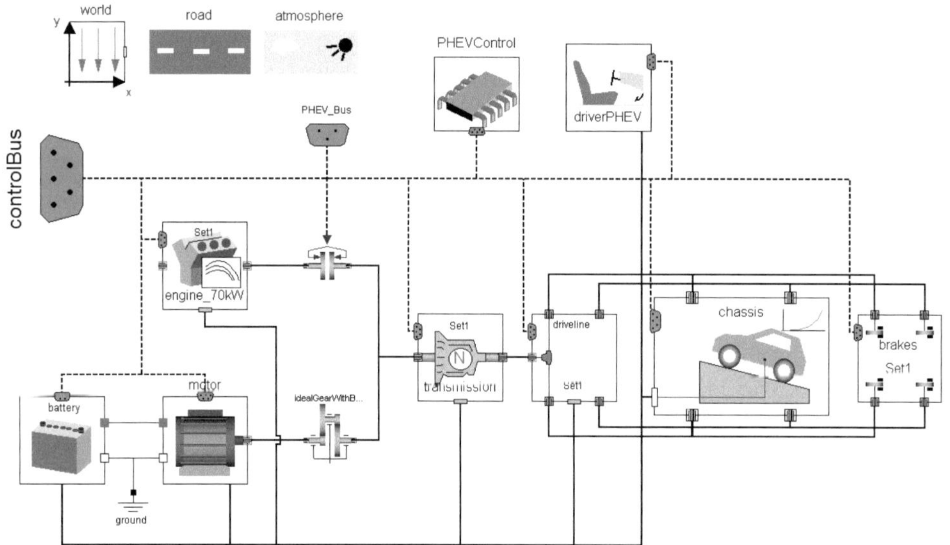


**Abbildung 4.1:** Modell eines parallelen Hybridantriebs. Quelle: [Tob07]

Abbildung 4.1 zeigt exemplarisch das in Modelica erstellte Modell eines parallelen Hybridantriebs. Vergleichbare Modelle finden sich in [Hel02] (vollelektrischer Antrieb), [Eri03]

(reiner Verbrenner), [Wal04] (Parallelhybrid), [Win06] (Mikrohybrid) und [Sim08] (voll-
elektrisch, Serienhybrid und Parallelhybrid). Die Komposition verschiedener Antriebss-
trangvarianten erfolgt in Modelica nach dem Baukasten-Prinzip: Es existieren freie
und kommerzielle Bibliotheken, die Standardkomponenten zur Antriebsstrangmodel-
lierung bereitstellen. Tabelle 4.1 gibt einen Überblick. Für eine detaillierte Bespre-
chung der Modellierungsaspekte und Baugruppen sei an die weiterführende Literatur
[Pow98, Sil01, New02, Hel02, Eri03, Wal04, Win06, Sim08, Bat08, Hof10] verwiesen. Im
Kontext dieser Arbeit stand die Fragestellung im Vordergrund, welche Anforderungen
aus der Modellierung von Antriebssträngen an Modellierungssprache und Werkzeugkette
erwachsen. Dies soll in den nächsten Abschnitten systematisch geklärt werden.

| Bibliothek | Anbieter | Inhalt |
|---|---|---|
| Engine Dynamics | Modelon | Modellierung von Verbrennungsmotoren |
| Electric Power | Modelon | Leistungselektrische Komponenten |
| FuelCell Lib | *frei* | Modellierung von Brennstoffzellen |
| PowerTrain | Dassault | Schaltgetriebe, Differentialgetriebe, stufenlose Automatikgetriebe, Kupplungen, Fahrermodelle, Chassis Steuergeräte, Reifenmodelle |
| Smart Electric Drives | Dassault | Elektrische Maschinen, Regler, Gleichrichter Umrichter, Inverter, Akkumulatoren, Supercaps, Brennstoffzellen |
| Vehicle Dynamics | Modelon | Fahrdynamiksimulation, insbesondere Reifenmodelle |

**Tabelle 4.1:** Bibliotheken rund um den Antriebsstrang im Fahrzeug

### Akausale Modellierung

Die Vorteile des akausalen Modellierungsprinzips (siehe auch Abschnitt 2.4) werden
insbesondere bei hybriden Antriebssträngen offenbar; In Abbildung 4.1 betrachte man
das Netz aus Verbrennungsmotor, Kupplung, Elektromotor, Getriebe, Schaltgetriebe,
Differentialgetriebe, Antriebsachse, Radaufhängung und Reifen. Diese Komponenten
sind allesamt rotatorisch gekoppelt, wobei die Kopplung i.d.R. durch die Schnittgrößen
Lagewinkel (alternativ Winkelgeschwindigkeit) und Drehmoment beschrieben wird. Bei
einer signalflussorientierten Modellierung müsste man den Koppelgrößen willkürlich eine
Kausalität zuweisen, z.B. Lagewinkel „links" immer Signalsenke, „rechts" immer Signalquelle, Drehmoment „links" immer Signalquelle, „rechts" immer Signalsenke. Verstößt
man gegen die Konvention, kann man die betroffenen Komponenten nicht mehr ohne
Weiteres verbinden. Wenn man bedenkt, dass Modelle von Antriebsstrangkomponenten
oft in mehreren Projekten wiederverwendet werden und von verschiedenen Zulieferern
beigesteuert werden, ist der Kausalitätskonflikt vorprogrammiert. Mit einem akausalen
Ansatz wird das Problem vermieden.

## DAE-Systeme

In der Fahrdynamik entstehen insbesondere durch Modelle der Radaufhängungen kinematische Ketten, die für algebraische Zwangsbedingungen im Modell sorgen [Ott03]. Dies hat zur Folge, dass Fahrdynamiksimulationen im Allgemeinen zu echten DAE-Systemen führen. Löst man den elektrischen Antriebsmotor (ggf. mit weiteren Komponenten wie Reibstellen) jedoch aus dem Gesamtmodell heraus und betrachtet diesen isoliert, so sind ODE-Systeme hinreichend.

## Ereignisiterationen

Ereignisiterationen (vgl. Abschnitt 2.3.4) werden unter anderem durch Achslager verursacht: Für Haft- bzw. Gleitreibung gelten unterschiedliche Reibkoeffizienten. Beim Übergang zwischen Haft- und Gleitreibung (d.h. Anlaufen bzw. Stillstand der Welle) entsteht eine Unstetigkeit, die ein Ereignis auslöst. Bei sehr kleinen Schrittweiten kann man in guter Näherung auf die sonst übliche Nullstellensuche und Ereignisiteration verzichten [E/Köl12b].

## Komplexität der Simulation

In [Ott03] wird die objektorientierte Modellierung und Echtzeitsimulation von Fahrzeugkomponenten diskutiert. Für ein Antriebsstrangmodell, bestehend aus Verbrennungsmotor, Kupplung, Getriebe, Antriebsachse und Chassis (Radaufhängung über ideale Gelenke, Reifenmodell nach Rill), kommen die Autoren auf gut 3000 nichttriviale Gleichungen, 53 kontinuierliche Zustände und ein lineares Gleichungssystem, das durch symbolische Vereinfachungen auf die Dimension 18 reduziert werden kann. Die Komplexität eines Modells variiert stark je nach Geltungsbereich und Detailtreue. Um weitere Anhaltspunkte zu erhalten, wurden Modelle aus dem Bereich automotiver Antriebsstränge untersucht. Hierzu wurde mit dem Werkzeug SimulationX C Code erzeugt und charakterisiert. Die Ergebnisse sind in Tabelle 4.2 zusammengefasst. Es wurden folgende Kennzahlen erfasst:

| Spalte | Bedeutung |
|---|---|
| #S | Anzahl kontinuierlicher Zustände |
| #V | Anzahl weiterer Variablen (diskret, algebraisch) |
| #N | Anzahl der Nulldurchgangsfunktionen. Diese müssen von Integrationsschritt zu Integrationsschritt auf Vorzeichenwechsel geprüft werden. Pro Nulldurchgang wird die Ereignisiteration ausgelöst. |
| Gl.-Systeme | Lineare und nichtlineare Gleichungsblöcke. $n \times m$ bedeutet $n$ Gleichungen für $m$ Unbekannte |

Durch Verbesserungen an der symbolischen Modellverarbeitung bleiben die ermittelten Zahlen nicht notwendig über Werkzeugversionen hinweg konsistent. In diesem Fall wurde

| Modell | #S | #V | #N | Gl.-Systeme |
|---|---|---|---|---|
| Asynchronmotor, Trägheit & Reibstelle | 6 | 127 | 18 | 1 × 1 linear, 1 × 5 nichtlinear |
| Asynchronmotor, Trägheit | 6 | 75 | 0 | keine |
| Gleichstrommotor, Trägheit & Reibstelle | 3 | 51 | 8 | 1 × 1 linear, 1 × 5 nichtlinear |
| Gleichstrommotor, Trägheit | 3 | 25 | 0 | keine |
| Permanenterregte Synchronmaschine, Momentenregelung | 5 | 82 | 5 | keine |
| Dieselmotor, PI-Regler | 6 | 71 | 2 | keine |
| Verbrennungsmotor, Torsionsdämpfer | 4 | 122 | 41 | keine |
| Antriebsstrang: Verbrennungsmotor, Allradantrieb (Abbildung 4.2) | 28 | 359 | 43 | 2 × 1 linear, 3 × 1 linear, 2 × 2 linear |

**Tabelle 4.2:** Kennzahlen einiger Modelle aus dem Bereich des Fahrzeugantriebsstrangs

mit SimulationX Version 3.5 gearbeitet. Für die Modelle eines Asynchronmotors und eines Gleichstrommotors wurde die Charakterisierung einmal mit und ohne Reibstelle vorgenommen. Um den Übergang zwischen Haft- und Gleitreibung richtig erfassen zu können, muss die Simulation kontinuierlich mehrere Nulldurchgangsfunktionen überwachen. Außerdem entstehen Gleichungsblöcke im Modell, die wegen ihrer geringen Dimension aber auch analytisch gelöst werden könnten.

Ein spezifischeres Bild erhält man durch die genauere Analyse eines konkreten Anwendungsszenarios – der Simulation elektrischer Maschinen. Dynamische Gleichungen für Gleichstrom-, Asynchron- und Synchronmaschinen werden in Abschnitt 2.5 gegeben. Da unter diesen die fremderregte Synchronmaschine offensichtlich die komplexesten Rechenflüsse verursacht, soll an ihrem Beispiel eine grobe Abschätzung des zu erwartenden Rechenaufwands zur Simulation gegeben werden. Fortgeschrittene Modellfeatures wie z.B. Sättigungseffekte, Temperaturdrift, Wirbelstromverluste, Zusatzverluste und Reibungsverluste werden dabei nicht betrachtet. Unter diesen Voraussetzungen beschreiben Gleichungen 2.54 bis 2.65 vollständig die Dynamik der Maschine. Mit wenigen

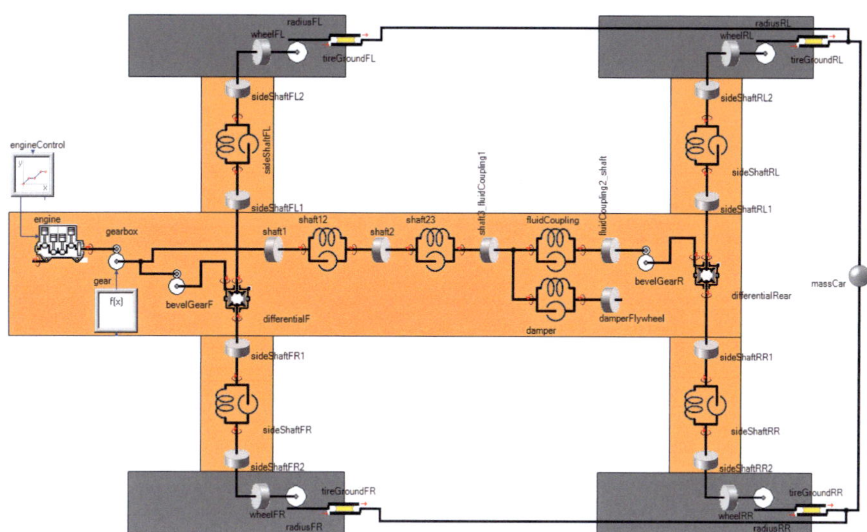

**Abbildung 4.2:** Antriebsstrang eines PKW mit Allradantrieb aus der SimulationX Beispielbibliothek

Umformungen lässt sich folgende kompakte Darstellung extrahieren:

$$\vec{\dot{I}} = L^{-1}\vec{U} + (\omega L^{-1}PL - L^{-1}R)\vec{I} \tag{4.1}$$

$$\dot{\omega} = \kappa_1 I_d I_q + \kappa_2 I_D + \kappa_3 I_Q + \kappa_4 I_f + \kappa_5 M_L \tag{4.2}$$

$$\dot{\varphi} = \omega \tag{4.3}$$

$$L = \begin{pmatrix} \cdot & \cdot & \cdot & 0 & 0 \\ \cdot & \cdot & \cdot & 0 & 0 \\ \cdot & \cdot & \cdot & 0 & 0 \\ 0 & 0 & 0 & \cdot & \cdot \\ 0 & 0 & 0 & \cdot & \cdot \end{pmatrix} \quad L^{-1} = \begin{pmatrix} \cdot & \cdot & \cdot & 0 & 0 \\ \cdot & \cdot & \cdot & 0 & 0 \\ \cdot & \cdot & \cdot & 0 & 0 \\ 0 & 0 & 0 & \cdot & \cdot \\ 0 & 0 & 0 & \cdot & \cdot \end{pmatrix} \tag{4.4}$$

$$P = \begin{pmatrix} 0 & 0 & 0 & p & 0 \\ 0 & 0 & 0 & 0 & 0 \\ 0 & 0 & 0 & 0 & 0 \\ -p & 0 & 0 & 0 & 0 \\ 0 & 0 & 0 & 0 & 0 \end{pmatrix} \tag{4.5}$$

Die Ströme wurden als Zustandsvariablen selektiert und zu einem Vektor $\vec{I} = (I_d, I_D, I_f, I_q, I_Q)$ zusammengefasst, die Spannungen als Führungsgrößen zu $\vec{U} = (U_d, 0, U_f, U_q, 0)$. Die Reihenfolge der Variablen wurde gegenüber Gleichungen 2.54 bis 2.65 umgestellt, um die Besetzungsstruktur der Induktivitätsmatrix $L$ deutlich zu machen. Besetzte Einträge werden durch einen Punkt ($\cdot$) angedeutet. $R$ ist die diagonale Widerstandsmatrix. $\kappa_1 \ldots \kappa_5$ sind Konstanten, die man per Koeffizientenvergleich erhält. Diskretisiert man mit der Vorwärts-Eulermethode mit Schrittweite $h$, ergibt sich folgende diskrete Rechenvorschrift:

$$\vec{I}^{t+1} = \vec{I}^t + L^{-1}\vec{U}_t + h(L^{-1}R + \omega^t L^{-1}PL)\vec{I}^t \tag{4.6}$$

$$= L^{-1}\vec{U}_t + M_1\vec{I}^t + \omega^t M_2 \vec{I}^t \tag{4.7}$$

$$\omega^{t+1} = \omega^t + \kappa_1' I_d^t I_q^t + \kappa_2' I_D^t + \kappa_3' I_Q^t + \kappa_4' I_f^t + \kappa_5' M_L^t \tag{4.8}$$

$$\varphi^{t+1} = \varphi^t + h\omega^t \tag{4.9}$$

$$M_1 = E + hL^{-1}R = \begin{pmatrix} \cdot & \cdot & \cdot & 0 & 0 \\ \cdot & \cdot & \cdot & 0 & 0 \\ \cdot & \cdot & \cdot & 0 & 0 \\ 0 & 0 & 0 & \cdot & \cdot \\ 0 & 0 & 0 & \cdot & \cdot \end{pmatrix} \tag{4.10}$$

$$M_2 = hL^{-1}PL = \begin{pmatrix} 0 & 0 & 0 & \cdot & \cdot \\ 0 & 0 & 0 & \cdot & \cdot \\ 0 & 0 & 0 & \cdot & \cdot \\ \cdot & \cdot & \cdot & 0 & 0 \\ \cdot & \cdot & \cdot & 0 & 0 \end{pmatrix} \tag{4.11}$$

$$\kappa_i' = h\kappa_i \qquad \text{für } i = 1\dots 5 \tag{4.12}$$

Offensichtlich können $M_1$, $M_2$ sowie $\kappa_1' \dots \kappa_5'$ vorberechnet werden, so dass zur Simulationszeit lediglich Gleichungen 4.7 bis 4.9 ausgewertet werden müssen. Hinzu kommt pro Simulationsschritt der Rechenaufwand für d/q-Hin- und Rücktransformation. Somit erhält man folgende Abschätzung:

1. **d/q-Transformation**: sin / cos werden an den Stellen $p\varphi$, $(p\varphi + \frac{2}{3})$ und $(p\varphi - \frac{2}{3})$ ausgewertet. Zu deren Berechnung fallen eine Multiplikation und zwei Additionen an. Die meisten Plattformen können Sinus und Kosinus eines Werts gleichzeitig berechnen, so dass hierfür lediglich drei zusätzliche Befehle anfallen. Hinzu kommen sechs Multiplikationen und vier Additionen für die Matrix-Vektormultiplikation, sowie zwei Multiplikationen für die Skalierung. *Summe: 18 Operationen*

2. **Gleichung 4.7**: Bei den Matrix-Vektormultiplikationen wirkt sich begünstigend aus, dass $L^{-1}$, $\vec{U}^t$, $M_1$ und $M_2$ allesamt nicht voll besetzt sind. Deshalb fallen zur Auswertung von $L^{-1}\vec{U}^t$ lediglich acht Multiplikationen und drei Additionen an, für $M_1\vec{I}^t$ fallen 13 Multiplikationen und acht Additionen an, und für $M_2\vec{I}^t$ ergeben sich zwölf Multiplikationen und sieben Additionen. Die Skalierung mit $\omega^t$ erfordert fünf Multiplikationen, hinzu kommen zehn Additionen für die Summation der Einzelterme. *Summe: 66 Operationen*

3. **Gleichung 4.8**: Hier fallen sechs Multiplikationen und fünf Additionen an. *Summe: 11 Operationen*

4. **Gleichung 4.9**: Es fallen eine Multiplikation und eine Addition an. *Summe: 2 Operationen*

5. **d/q-Rücktransformation**: Die von der Hintransformation berechneten Matrixkoeffizienten können wiederverwendet werden, so dass keine neuen Sinus-/Kosinus-Auswertungen anfallen. Außerdem kann einer der Strangströme aus der Nullsystemannahme durch $I_c = -(I_a + I_b)$ berechnet werden. Somit fallen vier Multiplikationen und zwei Additionen für die (zweidimensionale) Matrix-Vektormultiplikation an, sowie zwei Multiplikationen für die Skalierung. Hinzu kommen eine Addition und eine Negation zur Berechnung des letzten Strangstroms. *Summe: 10 Operationen*

Ingesamt ergeben sich 107 arithmetische Operationen, die zur Berechnung eines Integrationsschritts notwendig sind.

## 4.1.2 Zeitliche Anforderungen

Das im Rahmen dieser Arbeit prominente Anwendungsszenario liegt in der echtzeitfähigen Emulation elektrischer Maschinen zum Steuergerätetest. Die zeitlichen Anforderungen, die zur Realisierung dieser Anwendung an den Emulator erwachsen, sollen genauer untersucht werden. Gemäß der Einordnung in Abbildung 3.1 bezieht sich die folgende Abschätzung sowohl auf eine Kopplung an der leistungselektrischen Schnittstelle als auch an der Kleinsignalschnittstelle.

### Datenerfassung

Gängige Regelungselektronik steuert den Motor mit pulsweitenmodulierten (PWM-) Signalen an, wobei Periodendauern von $50\,\mu s$ bis $200\,\mu s$ üblich sind [Wag07]. Beim Test an der Kleinsignalschnittstelle werden die Gate-Steuersignale als binäre Größen erfasst und von einem Invertermodell, welches das Schaltverhalten der fehlenden Leistungshalbleiter berücksichtigt, in Strangspannungen umgerechnet. Beim Test an der leistungselektrischen Schnittstelle hingegen müssen die Ausgänge der Leistungsstufen als analoge Größen erfasst werden.

Um das Prüflingsverhalten genau beurteilen zu können, sollten in beiden Fällen die Pulsweiten der Signale vom Messsystem gerade so genau aufgelöst werden, wie diese von der Steuergerätehardware erzeugt werden. Oft werden dort Mikrocontroller verbaut, die über integrierte Module zur PWM-Erzeugung verfügen. Diese unterstützen meist $2^{10}$ Quantisierungsstufen zur Konfiguration der Pulsweite. Folglich muss ein PWM-Signal vom Messsystem mit ca. 1000fach höherer Frequenz abgetastet werden als dessen Grundfrequenz. Je nach Periodendauer ergibt sich eine Mindestabtastfrequenz zwischen $5\,MHz$ und $20\,MHz$.

### Modellschrittweite

Um Anforderungen an Modellschrittweite und Gesamtlatenz aufstellen zu können, müssen zunächst einige Annahmen über die Arbeitsweise des Prüflings aufgestellt werden. Diesbezüglich wird vorausgesetzt, dass dieser mit einer einzigen globalen Abtastrate arbeitet, zu der Eingabe, Verarbeitung und Ausgabe synchron ausgeführt werden. Zu jedem Takt werden Strangströme (und ggf. weitere Größen wie Rotorposition) erfasst, durch einen Regelungsalgorithmus verarbeitet und die resultierenden Strangspannungen gestellt. Dies geschehe im Raster der bereits erwähnten PWM-Periodendauer zwischen 50 µs bis 200 µs. Statt PWM könnten auch andere Modulationsarten zum Einsatz kommen, beispielsweise offline- oder online-optimierte Pulsmuster [Sch09b]. In jedem Fall ergeben sich die gestellten Spannungen als zeitliche Mittelwerte der modulierten Ausgangssignale.

Gemäß Referenz [Wag07] besteht ein kostengünstiger Ansatz darin, die über eine Periodendauer gemittelten Signale an das Motormodell weiterzureichen, um dieses mit einer Modellschrittweite in Höhe der Periodendauer zu berechnen. Da diese im Kilohertz-Bereich liegt, könnte man die Modellrechnung problemlos in Software auf einem Echtzeitrechner durchführen. Dieser Ansatz birgt jedoch einen gravierenden Nachteil: Zur Signalmittelung verstreicht zwangsläufig eine vollständige Modulationsperiode, um welche die Reaktion des Emulators im Vergleich zu einem realen Motor mindestens verzögert wird. Insbesondere bei hochdynamisch rückgekoppelten Stromregelkreisen kann die Stabilität des Systems beeinträchtigt werden [Wag07].

Eine Lösung des Problems verspricht die „quasikontinuierliche" Simulation von Motoren [Wag07]. Die Grundidee liegt darin, die Modellschrittweite wesentlich kleiner als die Periodendauer des Modulationsverfahrens zu wählen. Welche Schrittweite im Speziellen erforderlich ist, kann im Rahmen dieser Arbeit nicht umfassend geklärt werden. Stattdessen werden zur Orientierung die Modellschrittweiten der marktüblichen Emulatoren aus Unterabschnitt 3.1.2 herangezogen. Diese variieren zwischen 100 ns in [Wag07] und 850 ns in [ETA12].

### 4.1.3 Fazit

Die Anforderungsanalyse zeigt, dass sich eine akausale, objekt-orientierte Sprache wie Modelica hervorragend zur Modellbildung in der untersuchten Domäne eignet. Beschränkt man sich auf die Emulation elektrischer Maschinen, sind die Anforderungen an die Rechenleistung des Emulators vergleichsweise gering: Es wurde gezeigt, dass zur Simulation eines einfachen Modells einer fremderregten Synchronmaschine 107 arithmetische Operationen pro Integrationsschritt anfallen. Bei der kleinsten veröffentlichten Integrationsschrittweite von 100 ns ergibt sich eine erforderliche Mindestrechenleistung von 1,07 GFLOPs[1]. Zum Vergleich: Ein Intel Core i7 4-Kern-Prozessor mit 3,2 GHz Taktrate kommt pro Kern auf eine durchschnittliche Rechenleistung von gut 8 GFLOPs [WWW/Vil08]. Dennoch eignet sich die Personal Computer (PC)-Architektur nicht zur anvisierten Echtzeitemulation, denn bei dieser Anwendung dominieren die Echtzeitanforderungen mit Modellschrittweiten im Sub-Mikrosekundenbereich und Latenzen in der Größenordnung von Mikrosekunden. Würde man die Emulation mit einer PC-Architektur realisieren wollen, müsste man Mess- und Stellglieder in Form von E/A-Karten an das Bussystem der Architektur anbinden. Hier gilt es zu bedenken, dass moderne Bussysteme auf hohen Datendurchsatz, nicht jedoch kleine Kommunikationslatenzen optimiert sind. Dies untermauert ein 2012 von National Instruments

---

1   GigaFLOPs: Floating-point operations per second

veröffentlichter Benchmark [WWW/Nat12]: Im Versuch wurde ein einzelner analoger Wert per Messkarte gelesen und von der Anwendung an einen Digital-Analogkonverter auf die Karte zurückgeschickt. Somit wurden die realistischen, reinen Kommunikationskosten zwischen Hardware und Central Processing Unit (CPU) gemessen. Auf der schnellsten evaluierten Karte (PXIe-8108) wurde eine Wiederholungsrate von ca. 160 kHz erreicht, was gut 6 µs Kommunikationslatenz entspricht. Über die für den Echtzeitbetrieb maßgebliche *worst case*-Latenz ist nichts bekannt.

Auch GPGPU ist im anvisierten Szenario weniger geeignet. Der Flaschenhals der Anwendung liegt schließlich nicht in mangelnder Rechenkapazität, sondern in kurzen Kommunikationswegen. Optimaler Weise müsste der Grafikprozessor direkt mit Mess- und Stellgliedern, z.B. E/A-Karten, kommunizieren. Diesbezüglich sind dem Autor keine Arbeiten bekannt, und es ist zweifelhaft, ob dies mit derzeitigen Standardkomponenten überhaupt technisch realisierbar wäre. Folglich wäre der Einsatz von GPGPU sogar nachteilig, da zur Kommunikation zwischen CPU und Peripherie noch diejenige zwischen Grafikprozessor und CPU hinzukommt.

Es folgt, dass die zeitlichen Anforderungen derzeit ausschließlich mit dedizierter Hardware erfüllt werden können. Ferner ist davon auszugehen, dass das Marktvolumen für Motoremulatoren lediglich Kleinserien zulässt und wegen der wechselnden spezifischen Anforderungen zahlreiche Variationen der simulierten Modelle auftreten werden. Somit scheidet der Einsatz von ASICs aus, während sämtliche Anforderungen durch FPGAs abgedeckt werden können. Sie verfügen einerseits über die benötigte Rechenkapazität und erlauben andererseits die direkte Ankopplung von digitalen Mess- und Stellgliedern. Darüber hinaus lässt sich ein vollkommen transparentes und deterministisches Zeitverhalten realisieren, was mit PC-basierten Architekturen nicht der Fall wäre.

## 4.2 Entwurfsunterstützung durch existierende Werkzeuge

Mit Rücksicht auf die Zielsetzung, physikalische Modelle möglichst automatisiert in einen FPGA-Entwurf zu übersetzen, wurden die Fähigkeiten existierender Werkzeuge untersucht. Dabei wurden insbesondere auch Kombinationen mehrerer Werkzeuge in Betracht gezogen.

### 4.2.1 Modelica und Werkzeuge

In zahlreichen Arbeiten wurde Modelica zur Modellierung von vollelektrischen und hybriden Antriebssträngen angewandt [Hel02, Wal04, Win06, Tob07, Sim08]. Es existiert umfassende Infrastruktur freier und kommerzieller Bibliotheken, so dass sich Modelica für die Problemdomäne hervorragend eignet. Praktisch alle Modelica-fähigen Werkzeuge (siehe Abschnitt 3.2.3) sind in der Lage, C Code aus einem Modell zu generieren. Hardwareentwürfe können jedoch mit keinem bekannten Werkzeug erzeugt werden.

## 4.2.2 SimScape

SimScape als Sprache (vgl. Abschnitt 3.2.2) wurde analog zu Modelica als Modellierungssprache für physikalische Systeme entwickelt. Hersteller MathWorks bietet Bibliotheken mit mechanischen, elektrischen, hydraulischen und thermischen Elementen sowie eine Bibliothek mit Antriebsstrangkomponenten („SimDriveline") an. Im Vergleich zu Modelica erscheint die Vielfalt an verfügbaren Bausteinen geringer. Spezialisierte Bibliotheken von Drittanbietern sind nicht bekannt. Aus SimScape-Modellen kann C Code generiert werden, jedoch keine Hardwarebeschreibung.

## 4.2.3 Simulink und HDL Coder

Mit seinem Signalfluss-basierten Ansatz liegt Simulink eine Abstraktionsebene unter Modelica und SimScape. Grundsätzlich ist die Beschreibung hybrider DAE-Systeme zwar möglich, doch werden dem Modellierer dazu fundierte mathematische Kenntnisse abverlangt: Bei einem Kausalitätskonflikt (vgl. Abschnitt 4.1.1) müssen die betroffenen Modellgleichungen händisch umgestellt und neu modelliert werden, was zu einer Neustrukturierung des Gesamtmodells führen kann. Komplexe symbolische Manipulationen wie z.B. Indexreduktion (siehe Abschnitt 2.3.3) sind derzeit nicht im Werkzeug enthalten.

Vorteilhaft ist, dass mit dem Werkzeug HDL Coder ein Simulink-Modell in einen Hardware-Entwurf verwandelt werden kann. Die Anwendbarkeit von HDL Coder unterliegt jedoch Einschränkungen: Es werden keine Modelle unterstützt, die einen numerischen Solver benötigen. Folglich kann ein Modell nicht mehr konvertiert werden, sobald es ein Integrator-Glied oder eine algebraische Schleife enthält. Beides liegt jedoch in der Natur eines ODE- bzw. DAE-Systems. Bevor die HDL-Generierung möglich ist, muss das Modell umfangreichen manuellen Transformationen unterzogen werden. Die notwendigen Schritte werden in [E/Köl11] diskutiert hier zusammengefasst.

### Schritt 1: Diskretisierung

In einem ersten Schritt wird das zeitkontinuierliche Modell in eine zeitdiskrete Variante überführt. Zwar gibt es für diesen Zweck in Simulink einen „Model Discretizer"-Assistenten, doch stellte sich in einem Experiment mit Version 2007b heraus, dass die eingeführten diskreten Blöcke nicht mit HDL Coder kompatibel sind. Auch wenn sich dies mit neueren Versionen geändert haben mag, gelten noch immer folgende Einschränkungen:

- Implizite Integrationsverfahren verursachen algebraische Schleifen. Diese müssen gesondert aufgelöst werden.

- Integrationsverfahren höherer Ordnung – egal ob explizit oder implizit – sind mit dieser Methode nicht mehr beherrschbar.

### Schritt 2: Eliminierung algebraischer Schleifen

Algebraische Schleifen im Modell erfordern eine Nullstellensuche während der Simulation und somit einen Solver. Deshalb ist HDL Coder in solchen Fällen nicht anwendbar. Durch Einfügen eines Delay-Blocks (verzögert ein Signal um einen Zeitschritt) lassen sich algebraische Schleifen zwar aufbrechen, doch wird die Simulation verfälscht. Alternativ kann man die vom Modell implizierten Gleichungen mit einer „Papier-und-Stift"-Methode umstellen und ein schleifenfreies Modell ableiten. Für diesen Schritt gibt es keine Automatisierung. Die Struktur des Modells kann sich vollkommen ändern.

### Schritt 3: Quantisierung

Zwar kann aus Modellen mit Fließkommaarithmetik HDL-Code erzeugt werden, doch ist dieser von üblichen Logiksynthesewerkzeugen nicht synthetisierbar. Daher muss das Modell mit geeigneten Festkommadatentypen quantisiert werden. Dieser Schritt kann halbautomatisch mit Hilfe von Simulinks „Fixed Point Toolbox" geschehen, die zur Auslegung des Skalierungsfaktors Min-/Max-Aufzeichnungen aus mehreren Simulationsläufen heranzieht.

### Fazit

Der Einsatz von Simulink und HDL Coder zur Modellierung von Antriebsstrangkomponenten und deren Überführung in einen Hardware-Entwurf ist zwar möglich, erfordert aber ein hohes Maß an manueller Interaktion. Einerseits bietet der signalflussorientierte Modellierungsansatz keine intuitive Abstraktionsebene. Andererseits sind umfangreiche Modelltransformationen notwendig. Treten größere algebraische Schleifen auf, ist deren Auflösung kaum noch beherrschbar. Fließkomma-Arithmetik ist nicht synthetisierbar, und auch die Parametrierung eines Modells mit Festkomma-Arithmetik ist aufwändig, da geeignete Quantisierungsstufen für sämtliche Terme gefunden werden müssen.

## 4.2.4 C to Gates?

In Abschnitt 3.4 wurden HLS und Werkzeuge diskutiert. Die meisten Werkzeuge übersetzen C-basierte Beschreibungen in einen Hardwareentwurf („C to Gates" Werkzeuge). Der Gedanke liegt nahe, den aus Modelica bzw. SimScape erzeugten C Code mit einem HLS-Werkzeug weiterzuverarbeiten. Simulationen von DAE-Modellen sind datenflusslastig, so dass sich HLS-Konzepte sehr gut anwenden lassen sollten. Tatsächlich würde der Versuch an einigen praktischen Limitierungen scheitern, welche die Synthese entweder verhindern oder zu ineffizienter Hardware führen würden. Hierzu wurden Quelltexte untersucht, die vom Werkzeug SimulationX erzeugt wurden. Grundsätzlich sind die gewonnenen Erkenntnisse auch auf andere Simulationswerkzeuge übertragbar.

## Programmatische Interaktion zwischen Solver und Modell

Von der Codegenerierung werden eine modellspezifische Implementierung sowie eine Modell-invariante Solver-Bibliothek erzeugt. Die Solver-Bibliothek ist generisch implementiert, hängt also nicht vom konkreten Modell ab. Sie enthält Routinen zur numerischen Integration, zum Lösen linearer und nichtlinearer Gleichungssysteme sowie zur Kennfeldinterpolation. Vereinfachend sei angenommen, dass sich das Modell als explizites ODE-System darstellen lässt (vgl. Abschnitt 2.1):

$$\dot{x} = f(t, x)$$

Dann enthält die modellspezifische Implementierung Programmcode, der $f$ für das konkrete Modell berechnet. Die übergeordnete Programmflusssteuerung obliegt dem numerischen Integrator. Dieser wertet $f$ aus, integriert auf und passt ggf. die Schrittweite an. Abbildung 4.3 zeigt den Kontrollfluss, der auch auf den allgemeinen Fall hybrider DAE-Systeme übertragbar ist. Prozesse, die der modellspezifischen Implementierung zuzurechnen sind, sind kursiv gedruckt. Da der Solver Teil einer generischen, wiederverwendbaren Implementierung ist, muss der Daten- und Kontrollfluss über eine wohldefinierte Schnittstelle koordiniert werden. Genau diese Schnittstelle erscheint problematisch für einen C-to-Gates-Ansatz, denn:

1. *Initialize*, *InitializeConditions* und *CalcDerivatives* werden intern als Funktionszeiger kodiert. Der Syntheseerfolg hängt von der Fähigkeit des Werkzeugs ab, Funktionszeiger aufzulösen.

2. Kontinuierliche Zustände, wie auch alle anderen Variablen, werden in Arrays gespeichert. Die meisten HLS-Werkzeuge bilden Arrays auf RAM ab, was zu einem Performanz-Flaschenhals führen kann.

3. Zeiger auf diese Arrays werden in einer Datenstruktur gespeichert. Informationen über die Dimensionalität und Größe der Arrays gehen verloren. Doch die meisten HLS-Werkzeuge erfordern explizit, dass die Größe eines Arrays bei der Deklaration angegeben wird.

4. Der für Datenstruktur und Arrays erforderliche Speicher wird dynamisch während der Modellinitialisierung angefordert. Dynamische Speicherallokation wird von HLS-Werkzeugen im Allgemeinen nicht unterstützt.

5. Die Anzahl der Zustände wird in einer Variablen gespeichert. Kritische Optimierungen, z.B. das Ausrollen aller Integrationsformeln im Solver, hängen davon ab, ob diese Variable vom HLS-Werkzeug als Laufzeitkonstante erkannt wird.

Alles in allem hängen Syntheseerfolg und Qualität hochgradig vom Programmierstil des C Codes und den Optimierungsfähigkeiten des HLS-Werkzeugs ab. Die benannten Probleme sind vermeidbar, indem man die Code-Generierung speziell auf die Konventionen eines HLS-Werkzeugs anpasst. Ein Schlüsselelement liegt im Anwenden von Inline Integration (siehe Abschnitt 2.3.3): Die Integrationsformeln werden während der

Codegenerierung direkt in die modellspezifische Implementierung eingesetzt, so dass der Solver als expliziter Programmbaustein entfällt.

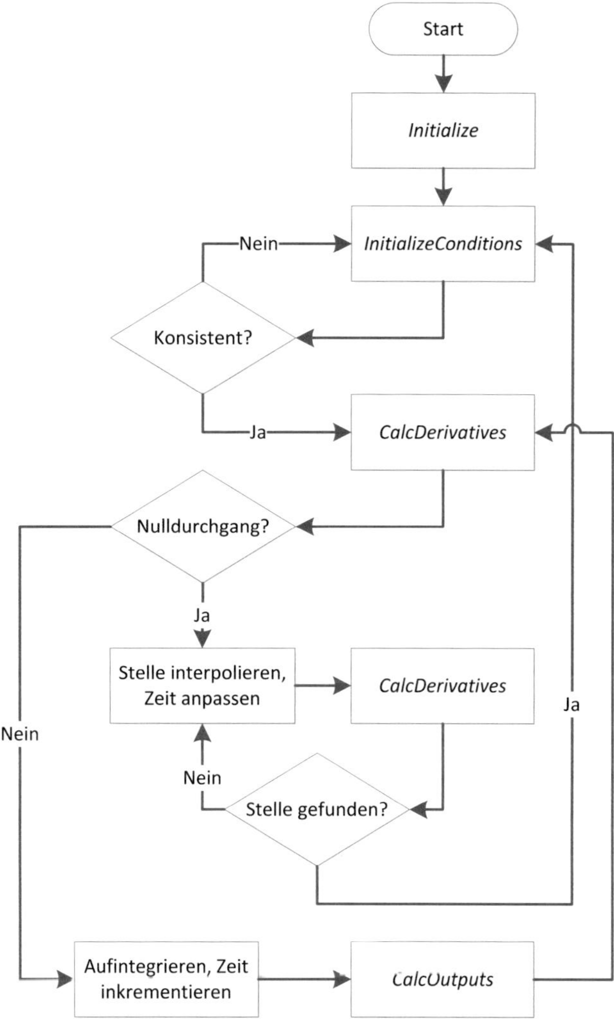


**Abbildung 4.3:** Kontrollfluss einer ODE-/DAE-Simulation in SimulationX (vereinfacht)

### Fließkommaarithmetik und wertbeschränkte Datentypen

Generate aus Modelica und SimScape rechnen mit Fließkommaarithmetik. Nur wenige kommerzielle HLS-Werkzeuge (beispielsweise Vivado HLS) beherrschen die Synthese von

Fließkommaoperationen. Alternativ könnte man C Code mit Festkommaarithmetik generieren. Zur Parametrierung der Festkommatypen wären in jedem Fall Wertebereichs- und Genauigkeitsanalysen erforderlich, die in den betrachteten Werkzeugen nicht vollständig umgesetzt sind.

### Domänenspezifische Operatoren

Physikalische Simulationen machen regen Gebrauch von transzendenten Funktionen, Signum-Funktion und Betragsfunktion. Beispielsweise greift die d/q-Transformation, die zur Simulation von Synchronmaschinen benötigt wird (siehe Unterabschnitt 2.5.3), auf sin/cos-Berechnungen zurück. Reibstellenmodelle rechnen mit Betrags- und Signumfunktionen. Offensichtlich existieren für alle genannten Beispiele effiziente Hardware-Realisierungen: COordinate Rotation DIgital Computer (CORDIC) für trigonometrische Funktionen und einfache Datenfluss-Konstrukte für sgn/abs. Es ist wichtig, dass die entsprechenden Operatoren vom HLS-Werkzeug nicht nur erkannt und unterstützt, sondern auch effizient synthetisiert werden.

DAE-Systeme und implizite Integrationsverfahren erfordern oft das Lösen linearer und nichtlinearer Gleichungssysteme zur Simulationszeit. In C implementierte Solver-Bibliotheken stellen hierfür Routinen bereit, die von der modellspezifischen Implementierung aus aufgerufen werden. Selbst wenn das HLS-Werkzeug in der Lage ist, diese Routinen zu synthetisieren, ist die Qualität des resultierenden Entwurfs fraglich. Speziell für FPGAs wurden hocheffiziente, handoptimierte Intellectual Property (IP) Cores zum Lösen linearer Gleichungssysteme entwickelt [Dag04, Joh08, Gon09, Fis12]. Diese sollten durch einen domänenspezifischen Operator der Spezifikationssprache repräsentierbar sein. Gleiches gilt für Kennfeldinterpolationen, die z.B. zur Darstellung von Sättigungseffekten eingesetzt werden.

### Fazit

HLS erscheint zwar konzeptuell anwendbar, die spezifischen Randbedingungen führen jedoch zu folgenden Schlüssen:

1. C Code, der aus Modelica oder SimScape für PC-basierte Simulationen generiert wird, ist entweder nicht in Hardware synthetisierbar, oder die Qualität des synthetisierten Entwurfs wird weit unter den Erwartungen liegen.

2. C erscheint als Zwischensprache nur bedingt geeignet. Domänenspezifische Operatoren lassen sich nur durch zusätzliche Vereinbarungen außerhalb des Sprachstandards ausdrücken.

3. Die Code-Generierung sollte, u.a. mit Inline Integration, so angepasst werden, dass die Notwendigkeit einer zusätzlichen Solver-Bibliothek entfällt.

# 5 Konzeption

In Kapitel 4 wurde gezeigt, dass mit existierenden Werkzeugen kein durchgängiger Entwurfsfluss vom physikalischen Modell bis zum Hardware-Entwurf etabliert werden kann. Aus diesem Manko heraus wurde das Projekt SimCelerate[1] gegründet. Es sollte eine Werkzeugkette geschaffen werden, die Modelica in einen Hardware-Entwurf für FPGAs übersetzt.

## 5.1 Entwurfsfluss

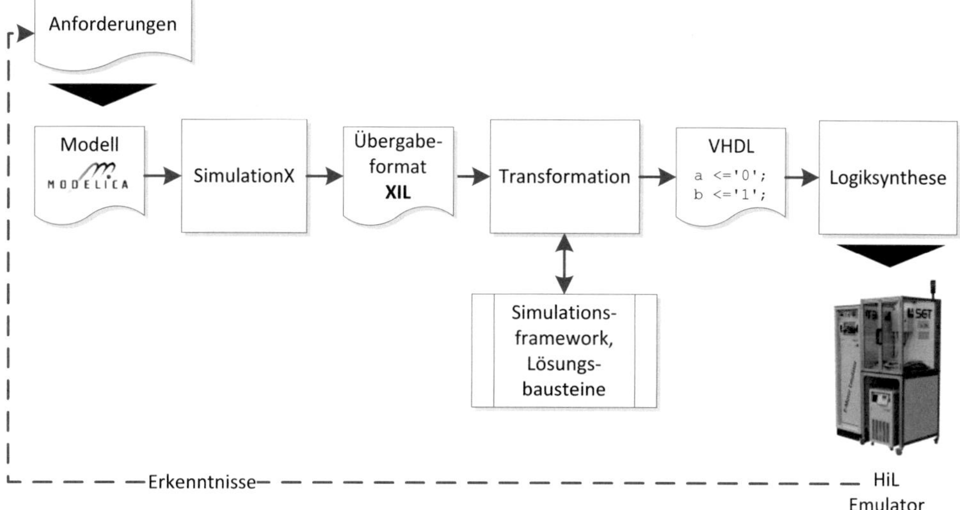


**Abbildung 5.1:** Angestrebter Entwurfsfluss in SimCelerate *(Emulatorgrafik mit freundlicher Genehmigung der SET Powersystems GmbH)*

### 5.1.1 Gesamtkonzept

Das Projektkonsortium bestand aus den drei Partnern FZI Forschungszentrum Informatik (im Folgenden: FZI), ITI GmbH (im Folgenden: ITI) und SET Powersystems GmbH (im Folgenden: SET Powersystems). Abbildung 5.1 zeigt den in SimCelerate angestrebten Entwurfsfluss. Statt C Code sollte das Simulationswerkzeug SimulationX ein für den

---

1   BMBF Förderkennzeichen 01M3196C

Zweck der Hardwaresynthese angepasstes Zwischenformat erzeugen. Ein noch zu entwickelndes Transformationwerkzeug sollte das Zwischenformat in einen synthetisierbaren VHDL-Entwurf verwandeln, der auf einer FPGA-basierten HiL Emulationsplattform lauffähig ist. Insbesondere kann mit der angestrebten Entwurfsautomatisierung ein iterativer Entwurfsprozess gefördert werden: Modellanpassungen, die aus Erkenntnissen über durchgeführte HiL-Tests resultieren, könnten mit der antizipierten Werkzeugkette schnell und einfach in angepasste Hardware überführt werden. Definition des Zwischenformats und Entwicklung des Transformationswerkzeugs oblagen dem FZI und stellen die Kernaspekte der vorliegenden Arbeit dar. Als Referenzplattform wurde von SET Powersystems ein mit kundenspezifischen Modellen programmierbarer Emulator bereitgestellt. Darüber hinaus ließ SET Powersystems als Hersteller kommerzieller Motoremulatoren praxisnahe Anforderungen an Modellierung und Umsetzung einfließen. ITI stellte als Werkzeughersteller von SimulationX Benchmark-Modelle bereit und passte SimulationX zur Generierung des Zwischenformats an.

## 5.1.2 Übergabeformat: Anforderungen

Die Wahl eines geeigneten Übergabeformats war ein kritischer Punkt im gesamten Entwurfsfluss. Einerseits sollte so viel Infrastruktur des Modelica Compilers wie möglich in SimulationX weiterverwendet werden, um redundante Implementierungen zu vermeiden. Andererseits sollten Hardware-spezifische Optimierungen im Synthesewerkzeug nicht durch ungeeignete Abstraktionen verhindert werden.

### Parallelität

FPGAs sind hochparallele Architekturen. Diesen Umstand sollte man sicherlich zur Simulationsbeschleunigung nutzen. In Abschnitt 3.3.1 wurden einige Ansätze zur Parallelisierung von DAE-Simulationen diskutiert. Bemerkenswerter Weise konnten die jeweiligen Autoren nur mit sehr großen, regelmäßig strukturierten Modellen auf Prozessor-Architekturen nennenswerter Speedups erzielen. Die Vermutung liegt nahe, dass DAE-Simulationen entweder nur wenig Parallelität enthalten oder diese Parallelität derart feingranular ist, dass bei Multiprozessor-Architekturen die Kommunikationskosten dominieren. FPGAs hingegen eignen sich hervorragend für feingranulare Parallelität. Es ist daher legitim, Parallelität auf Instruktionsebene auszunutzen.

### Inline Integration

Der Modelica Compiler in SimulationX sollte Inline Integration anwenden, so dass im Übergabeformat ein funktional vollständiger numerischer Algorithmus spezifiziert wird. Wegen der konstanten Abtastraten im HiL-Betrieb sollte ein Integrationsverfahren mit fester Schrittweite (d.h. ohne dynamische Schrittweitenkontrolle) eingesetzt werden. Bei den angestrebten sehr kleinen Schrittweiten von 1 µs sollte das Euler-Vorwärtsverfahren hinreichende Genauigkeit bieten, zumal für kleine Schrittweiten jedes numerische Integrationsverfahren gegen das Vorwärts-Euler konvergiert [Cel93].

### Echtzeitfähigkeit

Um die Echtzeitfähigkeit des Solvers zu wahren, sollte gänzlich auf die Behandlung von Unstetigkeiten verzichtet werden. Die damit verbundenen Nullstelleniterationen und Ereignisiterationen verursachen komplexe Kontrollflüsse und gefährden die Vorhersagbarkeit der Rechenzeit für einen einzelnen Integrationsschritt. Bei kleinen Schrittweiten können die von Reibstellen verursachten Unstetigkeiten vernachlässigt werden (siehe Abschnitt 4.1.1 und [E/Köl12b]).

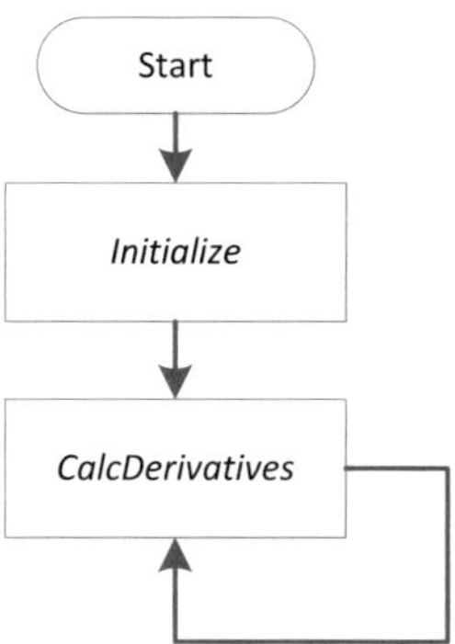


**Abbildung 5.2:** Kontrollfluss der echtzeitfähigen Simulation

Abbildung 5.2 zeigt das Simulationsschema, das sich unter Anwendung von Inline Integration und unter Verzicht auf Unstetigkeitsbehandlung bzw. Ereignisiterationen ergibt. Im Vergleich zum Schema des allgemeinen hybriden DAE-Solvers in Abbildung 4.3 wird der Kontrollfluss drastisch vereinfacht. Die Simulation reduziert sich auf zwei Funktionen, die im Übergabeformat beschrieben werden müssen:

- *Initialize* setzt alle kontinuierlichen Zustände auf einen gültigen Anfangszustand. Dies kann eine Funktion der Modellparameter sein. Ändert sich ein Parameter, muss die Simulation im Allgemeinen neu bei *Initialize* gestartet werden.

- *CalcDerivatives* berechnet einen einzelnen Simulationsschritt, inklusive aller Ausgabegrößen. Da Inline Integration eingesetzt wird, erfolgen auch das Aufintegrieren aller Zustände und Inkrementieren der Simulationszeit in *CalcDerivatives*, so dass keine weiteren Berechnungen mehr notwendig sind.

## 5.1.3 Functional Mockup Interface

Functional Mockup Interface (FMI) [Ott10] ist ein Standard, der zum Datenaustausch dynamischer Modelle zwischen Simulationswerkzeugen entwickelt wurde. Das Austauschformat spezifiziert unter anderem ein XML-Schema, das die Systemgrenze eines Modells in Form von Parametern, Ein-/Ausgabegrößen, deren physikalischen Einheiten und Datenformaten beschreibt. Es erschien zweckmäßig, dieses Schema als Teil des Übergabeformats anzuwenden. Modellverhalten wird in FMI durch C Code oder ausführbaren Binärcode dargestellt. Wegen der in Abschnitt 4.2.4 erörterten Probleme sollte ein für das Synthesewerkzeug besser zur Weiterverarbeitung geeignetes Format eingesetzt werden.

## 5.2 Extensible Intermediate Language

Zur Beschreibung der Funktionen *Initialize* und *CalcDerivatives* wurde im Rahmen der vorliegenden Arbeit die „eXtensible Intermediate Language" (XIL) entwickelt. XIL ist als Assembler-nahe Zwischensprache vergleichbar mit Java „Bytecode" oder der .NET-basierten Common Intermediate Language (CIL), die wiederum Bestandteil der Common Language Infrastructure (CLI) [Std/ECM10] ist. Analog zu den genannten Zwischensprachen wird XIL konzeptuell von einer Kellermaschine ausgeführt. Jeder Instruktionstyp wird durch Semantik, die Anzahl der vom Keller konsumierten Operanden sowie die Anzahl der für den Keller produzierten Datenwörter beschrieben. Datenwörter auf dem Keller können unterschiedliche Datentypen und unterschiedliche Wortbreiten haben. Die Semantik einer Instruktion kann insbesondere von den Datentypen der Operanden auf dem Keller abhängen: Op-Code `add` beispielsweise bedeutet Fließkommaaddition, falls die Operanden vom Typ „Fließkommazahl" sind oder Festkommaaddition, falls die Operanden vom Typ „Festkommazahl" sind.

XIL definiert arithmetische und logische Basisoperationen, bedingte und unbedingte Sprünge, sowie domänenspezifische Operatoren. Letztere werden gesondert diskutiert. Jede XIL-Instruktion kann mit einem statischen Operanden annotiert sein, dessen Bedeutung von der Operation abhängt. `ldc` beispielsweise ist ein Op-Code, der eine Konstante auf dem Stapel ablegt. Wert und Datentyp der Konstanten sind dann im statischen Operanden kodiert. Da XIL für die Hardwaresynthese ausgelegt wurde, fehlen Konzepte für Funktionsaufrufe, Zeiger/Objektreferenzen, Speicherallokation und Ausnahmebehandlung.

### 5.2.1 Typsystem

XIL kennt fünf verschiedene, teilweise parametrierte, Datentypen:

- Wahrheitswert

- Vektor von Wahrheitswerten. Die Länge des Vektors wird als Typparameter angegeben.

- Vorzeichenbehaftete Festkommazahl. Wortbreite und Anzahl der Nachkommabits sind Typparameter.

- Vorzeichenlose Festkommazahl. Wortbreite und Anzahl der Nachkommabits sind Typparameter.

- Fließkommazahl. Anzahlen der Bits für Exponent bzw. Mantisse sind Typparameter.

## 5.2.2 Domänenspezifische Operatoren

Domänenspezifische Operatoren definieren Instruktionen, die speziell zur Unterstützung von Modelica benötigt werden, oder Hardware-spezifische Optimierungen ermöglichen.

### Operandenselektion

Man betrachte folgende Zuweisung in Modelica:

```
x = if c then y else z;
```

Die Zeile lässt sich interpretieren als *„x erhält den Wert y, falls c wahr, sonst z"*. Man könnte sie wie folgt in XIL übersetzen[1]:

```
   ldv c          // Bedingung auf den Stapel legen
   brfalse load_z // sonst—Fall anspringen
   ldv y          // y auf den Stapel legen
   stv x          // Oberstes Stapelelement in x speichern
   goto beyond    // Ausführung im nachfolgenden Code fortsetzen
load_z:           // Sprungmarke
   ldv z          // z auf den Stapel legen
   stv x          // Oberstes Stapelelement in x speichern
beyond:           // Sprungmarke
   ...
```

Die eingeführten Sprünge verschleiern den Datenflusscharakter der Zuweisung. Sie könnten bewirken, dass von der Hardwaresynthese unnötige Wartezustände eingeführt werden. Als Ausweg wurde die *select*-Instruktion geschaffen:

```
   ldv y          // y auf den Stapel legen
   ldv z          // z auf den Stapel legen
   ldv c          // Bedingung auf den Stapel legen
   select         // behält 2. Stapelelement bei,
                  // falls das 1. wahr ist, sonst das 3.
   stv x          // Oberstes Stapelelement in x speichern
   ...
```

Die Hardwaresynthese kann den obigen Programmcode unmittelbar in einen Multiplexer transformieren, so dass keine unnötigen Wartezustände entstehen.

### Mathematische Operatoren

Neben den Grundrechenarten definiert XIL Instruktionen für trigonometrische Funktionen, Quadratwurzel, $e$-Funktion, Logarithmus, Vorzeichenberechnung und Betragsfunktion.

---

1  Die verwendete Syntax ist als Pseudocode zu verstehen. Formal wird XIL als XML-Text serialisiert.

### Lösen linearer Gleichungssysteme

XIL definiert eine Instruktion zum Lösen linearer Gleichungssysteme. Anzahl der
Gleichungen sowie Anzahl der Unbekannten werden im statischen Operanden kodiert.
Die Matrixkoeffizienten sowie das Residuum werden auf dem Stapel erwartet. Nach
Ausführen der Operation werden der Lösungsvektor sowie ein Erfolgsstatus auf dem
Stapel abgelegt.

### Lösen nichtlinearer Gleichungssysteme

XIL definiert eine Instruktion zum Lösen nichtlinearer Gleichungssysteme der Form
$g(x) = 0$, $g = (g_1, \ldots, g_n)$, $x = (x_1, \ldots, x_m)$. Es wird vorausgesetzt, dass eine symboli-
sche Jacobi-Matrix $J(x) = \left( \frac{\partial g_i}{\partial x_j} \right)_{i=1\ldots n, j=1\ldots m}$ bekannt ist. Die Residualfunktionen $g_i$
sowie die Koeffizienten $J_{ij}$ der Jacobi-Matrix werden ihrerseits durch XIL-Code (ähnlich
zu Unterfunktionen) beschrieben und im statischen Operanden kodiert. Darüber hinaus
spezifiziert ein Parameter die Anzahl der durchzuführenden Newton-Iterationen. Diese
Information wird benötigt, um die Echtzeitfähigkeit der Simulation garantieren zu
können. Die Instruktion kann nicht direkt auf Hardware abgebildet werden. Stattdessen
ist es Aufgabe einer Programmtransformation, diese Instruktion in einen konkreten
Algorithmus (z.B. Newton-Raphson-Iteration) zu expandieren.

### Kennfeldinterpolation

Die von XIL definierte Instruktion zur Kennfeldinterpolation operiert auf $n$-dimensionalen
Kennfeldern, wobei jede Dimension durch ein Array von Stützstellen beschrieben wird.
Über den Stützstellen wird mit Hilfe des Wertefelds linear interpoliert.

## 5.2.3 Scheduling-Restriktionen

XIL-Code wird zwar als Instruktionssequenz dargestellt, aber von paralleler Hardware
ausgeführt. Daher ist ein Verändern der Ausführungsreihenfolge bzw. Parallelisieren von
Instruktionen durch nachfolgende Syntheseschritte erlaubt, solange die Semantik des
Codes erhalten bleibt. In manchen Fällen bestehen Datenabhängigkeiten zwischen Instruktionen, die über Abhängigkeit von Operanden hinausgehen. Beispielsweise können
sequentielle Lese-/Schreibzugriffe auf denselben Speicherort *read-after-write-*, *write-
after-read-* und *write-after-write-*Abhängigkeiten verursachen. Darüber hinaus können
Kommunikationsprotokolle voraussetzen, dass Zugriffe auf E/A-Ports in einer bestimmten Reihenfolge stattfinden. Um derartige Abhängigkeiten zu beschreiben, kann jede
XIL-Instruktion mit vorrangigen Vorgängern annotiert werden.

## 5.2.4 Serialisierung

Bei XIL standen ein einfach erweiterbarer Instruktionsschatz (für künftige Anforderungen), ein einfach zu implementierender Code-Generator (seitens SimulationX) und ein
einfach realisierbarer Parser (seitens Synthesewerkzeug) im Vordergrund. Aus diesem
Grund wird XIL durch ein XML-Datenformat repräsentiert.

# 5.3 Kopplung mit FPGA Werkzeugkette

Das Transformationswerkzeug soll einen HDL-Entwurf auf RT-Ebene erzeugen, der von der FPGA Werkzeugkette synthetisiert und implementiert wird. Zwar sind HDLs grundsätzlich technologieunabhängig, doch wird die Qualität eines Entwurfs wesentlich von der Einhaltung der für die Zieltechnologie geltenden Programmierrichtlinien beeinflusst.

## 5.3.1 Zieltechnologie

Die Evaluierungsplattform ist mit Xilinx FPGAs der Familien Virtex-5 und Virtex-6 ausgestattet. Ein wesentliches Merkmal dieser Architekturen sind die DSP48E (Virtex-5) bzw. DSP48E1 (Virtex-6) Einheiten (im Folgenden: DSP-Blöcke). Sie eignen sich mit den vorfabrizierten Addierern und Multiplizierern besonders gut für beschleunigte arithmetische Operationen. Die Ressource kann auf zwei Arten instanziiert werden: Einerseits erzeugt die Logiksynthese selbstständig DSP-Blöcke aus arithmetischen Operatoren im HDL-Code. Andererseits können arithmetische Operatoren explizit als IP-Cores instanziiert werden. Erstere Möglichkeit unterliegt einigen Einschränkungen. Beispielsweise kann das Xilinx-eigene Logiksynthesewerkzeug XST bis mindestens Version 14.3 nur aus Additionen, Subtraktionen, Negationen und Multiplikationen in Festkommaarithmetik Hardware erzeugen. Zur Realisierung von Divisionen, trigonometrischen Funktionen oder Fließkommaarithmetik muss der Anwender explizit einen IP Core verwenden. Letztere Möglichkeit bietet außerdem mehr Kontrolle über Ressourceneinsatz (Nutzungsgrad der DSP-Blöcke) und Parametrierung (z.B. Pipelining-Tiefe) des Operators. Nachteilig an der Verwendung herstellerspezifischer IP Cores ist die fehlende Portierbarkeit auf andere FPGA-Familien. Alternativ kann man einen Soft IP Core[1] verwenden. Soft IP Cores sind technologieunabhängig in einer HDL implementiert. Allerdings erreicht man mit ihnen oft nicht die Qualität der technologiespezifischen Lösung.

## 5.3.2 Generate

Im Hinblick auf die Xilinx Zieltechnologie sollte der zu erzeugende Hardware-Entwurf aus folgenden Generatformen zusammengesetzt werden:

- VHDL-Quelltexte

- Xilinx Core Generator Skripte (Dateiendung `.xco`). Dabei handelt es sich um das herstellerspezifische Format zur Parametrierung und Instanziierung von IP Cores.

- Xilinx User Contraints File (Dateiendung `.ucf`). In diesem Dateiformat werden Randbedingungen des Entwurfs vermerkt, z.B. die Zuordnung von VHDL Ports zu den physikalischen Pins des Zielbausteins und die gewünschte Taktperiode.

---

1  Eine große Auswahl freier Implementierungen gibt es auf `www.opencores.org` (5.4.2013).

- Xilinx ISE Projektdateien (Dateieendung `.xproj`). Projekte fassen die einem Entwurf zugehörigen Dateien und Werkzeugeinstellungen (z.B. Zielbaustein) zusammen. Eine Projektdatei macht es dem Anwender besonders einfach, den erzeugten Entwurf von der Werkzeugkette weiterverarbeiten zu lassen.

## 5.4 Methodik

### 5.4.1 FPGA-freundliches Modellieren

Modelica ist als Modellierungssprache vollkommen unabhängig von der Technologie des ausführenden Simulators. Diese Entkopplung sollte natürlich auch im konzipierten Entwurfsfluss beibehalten werden. Dennoch sollte man berücksichtigen, dass die Kapazität eines FPGA begrenzt ist und letztlich jede Rechenoperation ein „Preisschild" trägt. Während man auf Universalprozessoren mit Zeit bezahlt, ist die primäre „Währung" eines FPGA Silizium-Fläche. Im Vergleich Universalprozessoren entsteht verstärkt die Notwendigkeit, die Komplexität der Simulation auf ein Minimum zu begrenzen. FPGA-freundliches Modellieren ist eine Strategie, die in Zusammenarbeit der Projektpartner entstand. Sie meidet Merkmale von Modellen, die zu besonders teuren Hardware-Implementierungen führen. Die Strategie fußt auf folgenden Grundsätzen:

- Meide Divisionen, denn diese werden auf bisherigen FPGA nicht effizient implementiert.

- Meide Ereignis-Iterationen, denn diese gefährden die Echtzeitfähigkeit und verursachen Kontrollfluss.

- Meide (sowohl lineare als auch nicht-lineare) Gleichungs-Blöcke, denn diese verursachen hohen Rechenaufwand.

Es liegt in der Natur von Modelica, dass die benannten Artefakte meist nicht auf einzelne Bestandteile eines Modells zurückgeführt werden können. Oftmals liegen sie erst in der Struktur des Modells begründet. Als Beispiel sei der Ohm'sche Widerstand genannt: Erst in Kombination mit umgebenden Bauteilen entscheidet sich, ob die Simulation eine Berechnung der Form $U = RI$ oder $I = \frac{U}{R}$ ausführen wird. Das Einhalten der Grundsätze erfordert sowohl Domänenwissen als auch Kenntnisse über die Vorverarbeitung von DAE-Systemen, die dem Endanwender nicht abverlangt werden sollten. Projektpartner ITI nahm daher die Entwicklung einer Modelica Bibliothek in Angriff, die speziell auf die Erfordernisse des Hardware-Entwurfs abgestimmt ist. Sie enthält[1] elektro-mechanische Komponenten, die zur Modellbildung elektrifizierter Antriebsstränge benötigt werden. Hierzu zählen insbesondere:

---

1  Im Zeitraum des Schreibens befand sich die besagte Bibliothek noch in Entwicklung. Nicht alle der genannten Komponenten waren bereits implementiert.

- Asynchronmaschine

- Synchronmaschine

- Kombinationselement aus rotatorischer Trägheit und Reibstelle (Haft-/Gleitreibung)

Beispielsweise wurde der Gleichstrommotor im Vergleich zur Implementierung aus der Modelica Standardbibliothek mit der Möglichkeit versehen, Ankerträgheit $J_A$ und Ankerwiderstand $R_A$ reziprok zu spezifizieren. Somit erzeugt die Code-Generierung statt teurer Divisionen durch $J_A$ bzw. $R_A$ günstigere Multiplikationen mit $J_A^{-1}$ bzw. $R_A^{-1}$ (vgl. Abschnitt 2.5.1). Das Kombinationselement aus rotatorischer Trägheit und Reibstelle unterdrückt die ansonsten bei Haft- und Gleitreibung anfallenden Ereignisiterationen und bietet eine akzeptable Näherung an die originale Reibstelle der Modelica Bibliothek.

Die beschriebenen Modellierungsrichtlinien sind "weich" zu verstehen. Der konzipierte Ansatz unterstützt prinzipiell auch Divisionen, Ereignis-Iterationen und Gleichungssysteme. Die Operationen sollten aber nur dann zum Einsatz kommen, wenn es im Kontext der Problemstellung unvermeidbar ist.

## 5.4.2 Synthesekonzept

Es ist absehbar, dass sich die XIL Codes verschiedener Modelle erheblich in Bezug auf den verwendeten Instruktionsschatz unterscheiden. Im letzten Abschnitt wurde angedeutet, dass kostspielige Operationen wie Divisionen nur in Ausnahmefällen eingesetzt werden. Modelle von Drehstrommaschinen führen im Rahmen der d/q-Transformation sin / cos-Operationen aus. Diese werden wiederum für Modelle von Gleichstrommotoren nicht gebraucht. Grundsätzlich sollten Hardware-Ressourcen nur dann instanziiert werden, wenn sie für die Implementierung des konkreten Modells notwendig sind.

Parallelität über dem Gleichungssystem (vgl. Abschnitt 3.3.1) spielt eine wichtige Rolle zur Beschleunigung von DAE-Simulationen, da die Folgezustände des Systems oft parallel berechnet werden können. Dies hängt wiederum von der Struktur der Rechenvorschrift ab. Die in Abschnitt 3.4 vorgestellten Ansätze der HLS versprechen, den genannten Herausforderungen gerecht zu werden: Sie leiten eine problemspezifische, parallelisierte Datenpfad-Architektur ab, die unter Gewichtung verschiedener Kostenfaktoren einen Kompromiss aus Rechenzeit und Ressourcenverbrauch darstellt. Begünstigend kommt hinzu, dass Rechenvorschriften aus DAE-Simulationen meist einen vollkommen linearen Kontrollfluss haben. Somit sind keine komplexen Transformationen notwendig, welche Code über Schleifen und bedingte Ausführungen hinweg parallelisieren. Es erscheint vielversprechend, HLS-Methoden auf die Domäne von DAE-Simulationen zu adaptieren und zu evaluieren.

# 6 Umsetzung

Kernkomponente der Umsetzung ist System# [1], ein im Rahmen der vorliegenden Arbeit implementiertes Framework zur Modellbildung, Simulation und Synthese von Hardwarebeschreibungen [E/Köl12a, E/Köl12c]. Es wird in Abschnitt 6.1 skizziert. Ein wesentliches Merkmal von System# besteht in der Fähigkeit, in C# beschriebene Entwürfe in die interne Repräsentation System Document Object Model (SysDOM) zu konvertieren, die sich sowohl für Modelltransformationen als auch zur Code-Generierung eignet. Die Konvertierung knüpft dabei nicht an der Quelltextrepräsentation des Entwurfs an, sondern verarbeitet den bereits kompilierten CIL-Zwischencode, weshalb dieser Schritt auch mit Dekompilierung bezeichnet wird. Das Vorgehen wird in Abschnitt 6.2 beschrieben. Die in System# realisierten HLS-Verfahren werden in Abschnitt 6.3 erläutert. Abschnitt 6.4 geht auf domänenspezifische Lösungen ein, die für die Synthese FPGA-basierter DAE-Simulationen entworfen wurden. Besonders im Kontext physikalischer Simulationen ist die korrekte Auslegung von Festkommadatentypen in Bezug auf Wertebereiche und Genauigkeiten ein essentieller Aspekt. In Abschnitt 6.5 wird der im Entwurfsfluss implementierte gemischt analytisch/numerische Ansatz vorgestellt, mit dem sich Wortbreiten unter Voraussetzung geeigneter Stimuli bestimmen lassen. In Abschnitt 6.6 wird das Synthesewerkzeug *SimCelerator* beschrieben, das den Entwurfsfluss hinter einer grafischen Benutzeroberfläche realisiert.

## 6.1 Das System#-Framework

System# wurde mit der Zielsetzung entwickelt, eine Versuchsplattform zur Erprobung verschiedener Synthesestrategien zu schaffen. Es umfasst die Aspekte Hardwarebeschreibung, Simulation und Synthese. Letzteres wird durch integrierte Transformationen unterstützt, die einen Entwurf zwischen verschiedenen Beschreibungsformen konvertieren oder innerhalb derselben Beschreibungsform verfeinern (Modell- bzw. Codetransformation).

### 6.1.1 Übersicht

System# wurde in der Programmiersprache C# implementiert und ist technisch gesehen eine Sammlung von .NET Bibliotheken. Analog zu SystemC stellt System# Konstrukte bereit, die C# um die Möglichkeit erweitern, Hardware zu beschreiben. Derartige Hardwarebeschreibungen können mit dem in System# integrierten ereignisdiskreten Simulator verifiziert werden. Über SystemC hinaus geht die Fähigkeit von System#, Entwürfe

---

1 Aussprache wie englisch „*system sharp*"

durch das integrierte Objektmodell SysDOM zu repräsentieren. SysDOM kapselt sowohl Struktur als auch Verhalten und wird durch eine programmatische Schnittstelle zur Analyse, Manipulation und Konstruktion von Systemen bedient. SysDOM-Repräsentationen können aus unterschiedlichen Darstellungsformen konstruiert werden und durch einen „Unparser" in eine HDL oder proprietäre Formate übersetzt werden.

Abbildung 6.1 fasst die in System# realisierten Modellierungsparadigmen, Darstellungsformen und Transformationen zusammen. Jedes C#-Programm wird zunächst von einem .NET-fähigen Compiler in CIL-Code übersetzt. Bevor die Modellierungsebenen erläutert werden, die dieser Code repräsentieren kann, muss SysDOM genauer erklärt werden.

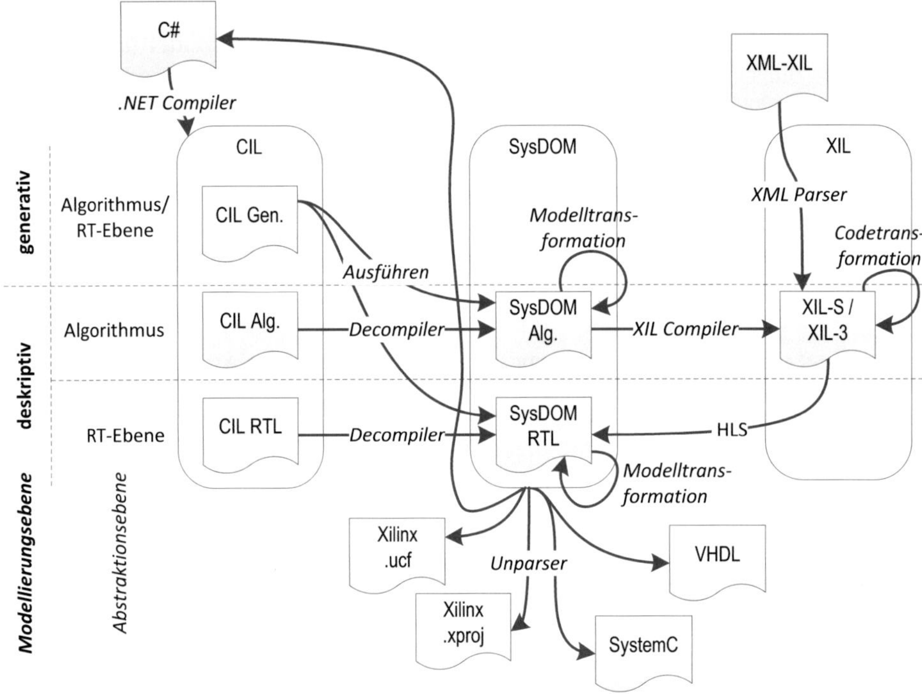


**Abbildung 6.1:** Modellierungsparadigmen, Darstellungsformen und Transformationen in System#

## 6.1.2 SysDOM

SysDOM ist ein Objektmodell zur Repräsentation von Hardware-Entwürfen. Im Gegensatz zu UML-Profilen wie MARTE[1] oder OMG SysML[2] adressiert SysDOM die

---

1   http://www.omgmarte.org/ (7.4.2013)
2   http://www.omgsysml.org/ (7.4.2013)

Implementierungsebene eines Entwurfs und definiert eine abstrakte Syntax für Struktur und Verhalten.

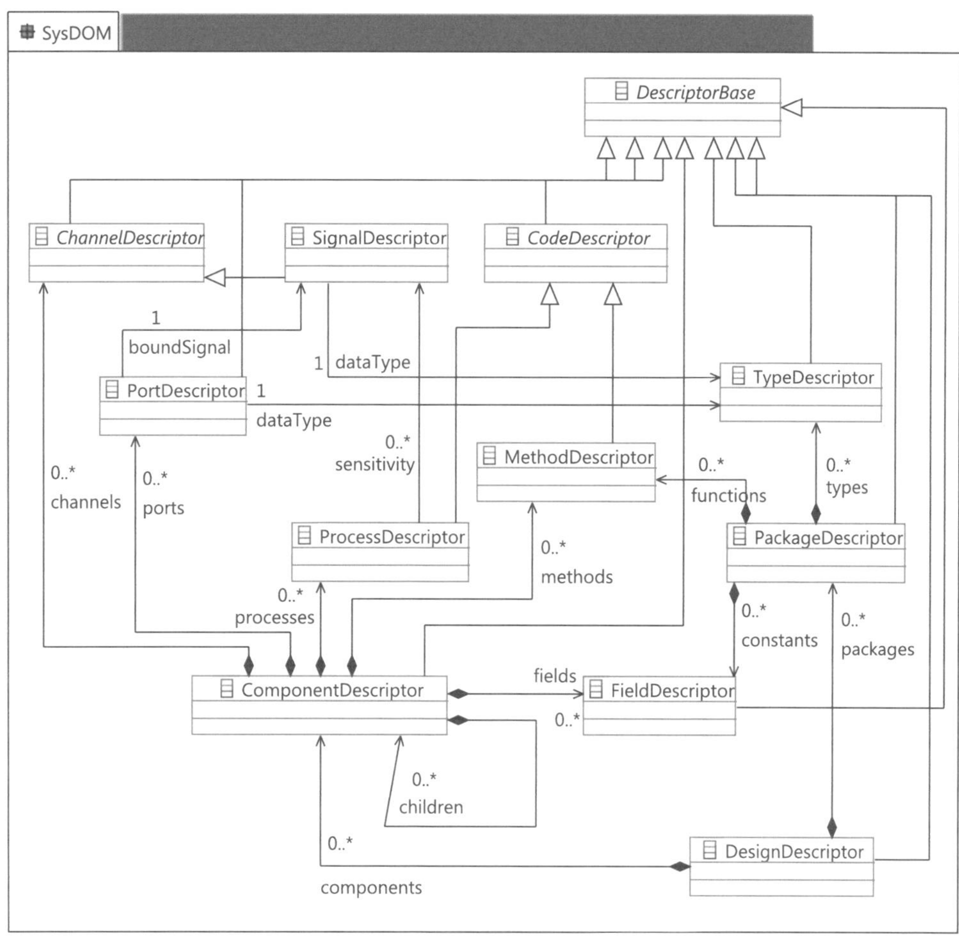


**Abbildung 6.2:** Klassendiagramm der Strukturdomäne von SysDOM

Abbildung 6.2 zeigt das vereinfachte Klassendiagramm von SysDOMs Strukturdomäne in Ecore Syntax [Ste09]. SysDOM orientiert sich an den Modellierungsparadigmen, die bereits von VHDL und SystemC bekannt sind: Ein Entwurf ist eine hierarchische Zusammenstellung von Komponenten. Komponenten kommunizieren stets über Ports untereinander. Ports repräsentieren eine Datenquelle oder Datensenke und sind jeweils an ein Signal gebunden, das den Übertragungskanal repräsentiert. Der Datentyp des über ein Signal bzw. einen Port ausgetauschten Datums wird durch einen Typdeskriptor beschrieben, der einem Paket zugehörig ist. Ein Paket wiederum ist als Sammlung

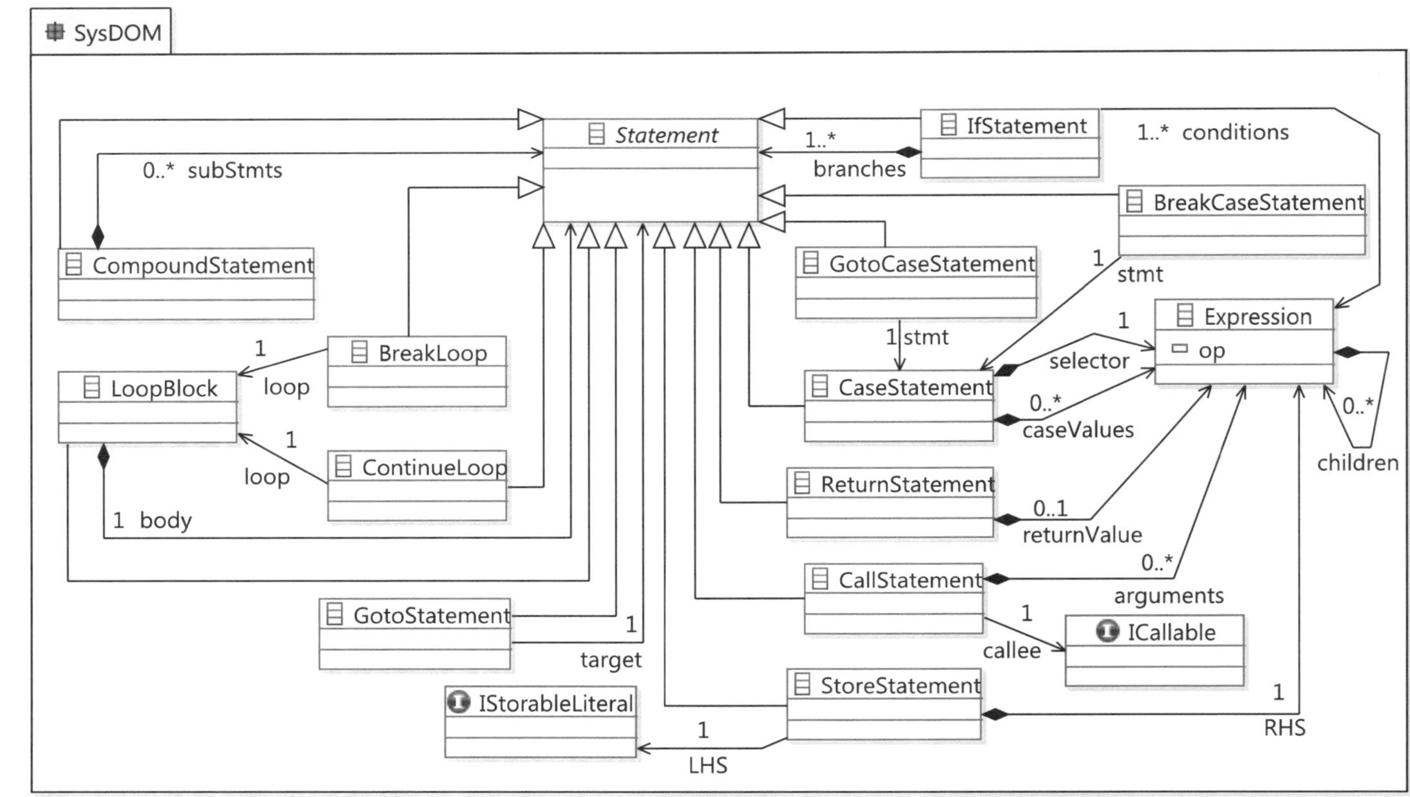


Abbildung 6.3: Klassendiagramm der Verhaltensdomäne von SysDOM

von Typdefinitionen, Konstantendefinitionen und globalen Prozeduren/Funktionen zu
verstehen (analog zum VHDL `package`). Komponenten besitzen private Signale, Felder,
Methoden (d.h. lokale Prozeduren/Funktionen) und Prozesse.

Methoden und Prozesse kapseln das Verhalten eines Entwurfs. Analog zu SystemC
und VHDL repräsentieren Prozesse die simultanen Einstiegspunkte, die vom System
konkurrent ausgeführt werden. Ein Prozess darf Methoden aufrufen, jedoch zur Laufzeit
keine weiteren Prozesse erzeugen. Die Implementierung eines Prozesses bzw. einer
Methode wird in SysDOM durch eine quelltextnahe abstrakte Syntax beschrieben,
die in Abbildung 6.3 wiedergegeben ist. Basis dieser Beschreibung bildet die abstrakte Klasse *Statement*, die eine einzelne Codezeile oder einen Codeblock repräsentiert.
Spezialisierungen von *Statement* konkretisieren die Art des Konstrukts:

- **StoreStatement** repräsentiert einen Registertransfer oder eine Zuweisung an
  eine Variable.

- **CallStatement** repräsentiert einen Prozeduraufruf.

- **CompoundStatement** repräsentiert eine Sequenz mehrerer Statements.

- **LoopBlock** repräsentiert eine Schleife. In der Grundform wird nicht zwischen
  *while-*, *do-* und *for*-Schleifen unterschieden. Der Schleifenkörper (wiederum ein
  Statement) wird grundsätzlich endlos iteriert („**while (true)**"-Semantik), wobei
  dieses Verhalten durch **BreakLoop-** und **ContinueLoop**-Statements im Schleifenkörper modifiziert wird. Jede Schleifenform kann in diese Grundform gebracht
  werden (siehe Tabelle 6.1).

- **IfStatement** repräsentiert einen bedingten Block:
  `if (c1){ ... } else if (c2){ ... } ... else { ... }`

- **CaseStatement** repräsentiert eine Fallunterscheidung (siehe Listing 6.1).
  **BreakCaseStatement** und **GotoCaseStatement** werden eingesetzt, um den
  Kontrollfluss innerhalb der Fallunterscheidung zu steuern.

**Listing 6.1:** Eine durch **CaseStatement** repräsentierte Fallunterscheidung

```
switch (selector)
{
case v1: { ...; break; }
  // endet mit BreakCaseStatement
case v2: { ...; goto case v1; }
  // endet mit GotoCaseStatement
...
default: { ...; }
}
```

| Schleifenform | Syntax | Als Grundform |
|---|---|---|
| while | ```while (cond)``` <br> ```{``` <br> ```   body;``` <br> ```}``` | ```while (true)``` <br> ```{``` <br> ```   if (cond)``` <br> ```      break;``` <br> ```   body;``` <br> ```}``` |
| do – while | ```do``` <br> ```{``` <br> ```   body;``` <br> ```} while (cond);``` | ```while (true)``` <br> ```{``` <br> ```   body;``` <br> ```   if (cond)``` <br> ```      break;``` <br> ```}``` |
| for | ```for (init; cond; next)``` <br> ```{``` <br> ```   body;``` <br> ```}``` | ```init;``` <br> ```while (true)``` <br> ```{``` <br> ```   if (cond)``` <br> ```      break;``` <br> ```   body;``` <br> ```   next;``` <br> ```}``` |

**Tabelle 6.1:** Schleifenformen und die angehörigen Grundformen

## 6.1.3 Die generative Modellierungsebene

Auf der generativen Ebene wird ein Entwurf (oder ein Teil davon) programmatisch gebildet. Generativer Code ist ein Programm, das zur Ausführungszeit eine SysDOM-Repräsentation zusammensetzt oder manipuliert (Programm-/Modelltransformation). System# stellt Programmierschnittstellen bereit, die sämtliche Aspekte von SysDOM, insbesondere Struktur und Verhalten, umfassen. Eine typische Anwendung dieses Paradigmas liegt in der Konstruktion von Zustandsautomaten mit problemspezifischer Zustandsmenge (z.B. Datenpfad-Controller). Üblicher Weise wird ein System nicht vollständig generativ spezifiziert. Dies wäre zwar möglich, doch ist die syntaktische Komplexität von generativem Code im Vergleich zu deskriptivem Code (wird in Unterabschnitt 6.1.4 erläutert) weitaus höher. Eine praktikable Strategie besteht vielmehr darin, invariante Teile des Systems (z.B. Modulstruktur auf den höchsten Kompositionsebenen) deskriptiv zu modellieren und Varianten-spezifische Aspekte generativ einzubringen. Diese Vorgehensweise wird vom Framework unterstützt, indem Modelltransformationen registriert werden können, die innerhalb der Elaborationsphase ausgeführt werden. Diese werden intern als *Refinements* (Verfeinerungen) bezeichnet, in Anlehnung an die ursprünglich von Gajski konzipierte Verfeinerungs-basierte Entwurfsmethodik [Gaj94, Gon96].

## 6.1.4 Die deskriptive Modellierungsebene

Die deskriptive Modellierungsebene ergänzt C# um hardwarenahe Beschreibungsmittel. Unter diesem Aspekt ist System# analog zu SystemC als eingebettete domänenspezifische

| VHDL | SystemC | System# |
|---|---|---|
| `entity` / `architecture` | `SC_MODULE`(...) bzw. ableiten von `sc_module` | ableiten von `Component` |
| `component` | Instanz von `sc_module` | Instanz von `Component` |
| `signal` | Instanz von `sc_signal<...>` | Instanz von `Signal<...>` |
| Port, d.h. `in` / `out` / `inout` | Instanz von `sc_in<...>` / `sc_out<...>` / `sc_inout<...>` | C# Eigenschaft des Typs `In<...>` / `Out<...>` / `InOut<...>` |
| Prozess ohne `wait` Statements | Methode, registriert mit `sc_process`(...) | Methode, registriert mit `AddProcess`(...) |
| Prozess mit `wait` Statements | Methode, registriert mit `sc_thread`(...) | Methode, registriert mit `AddThread`(...) |
| – | Methode, registriert mit `sc_cthread`(...) | Methode, registriert mit `AddClockedThread`(...) |
| Signaländerung erwarten: `wait on x` | `wait(x)` | `await x` |
| Zeitspanne abwarten: `wait for t` | `wait(t)` | `await t` |
| Bedingung erwarten: `wait until c` | nicht direkt unterstützt, umschreiben | nicht direkt unterstützt, umschreiben |

**Tabelle 6.2:** Gegenüberstellung der Sprachen VHDL, SystemC und System#

Sprache zu verstehen. Zur schnellen Orientierung stellt Tabelle 6.2 die wichtigsten Konzepte der Hardwarebeschreibung in VHDL, SystemC und System# gegenüber.

## Modularer Entwurf

Wie SystemC und VHDL verfolgt System# eine modulare Entwurfsmethodik. Entwurfseinheiten (im Folgenden: Komponenten) werden in System# durch Kindklassen von `Component` gekapselt. Ein hierarchisches Kompositum von Komponenten wird beschrieben, indem innerhalb der Kindklasse Referenzen auf weitere Komponenten als private Felder deklariert und während der Elaborationsphase auf Instanzen zugewiesen werden (siehe Listing 6.2).

## Ports und Signale

Ports modellieren die Schnittstelle einer Komponente zu deren Umgebung. Ein Port repräsentiert (aus Sicht der Umgebung) eine Signalquelle (Typ `Out<T>`), Signalsenke (Typ `In<T>`) oder bidirektionalen Datenaustausch (Typ `InOut<T>`). Im Gegensatz zu

Listing 6.2: Hierarchische Komposition in System#

```
class SomeTopComponent: Component
{
  // Annahme: SomeChildComponent ist eine
  // Kindklasse von Component
  private SomeChildComponent child;

  public SomeTopComponent()
  {
    child = new SomeChildComponent();
  }
}
```

| Schnittstelle | C#-Eigenschaft | Zugriff | Bedeutung |
|---|---|---|---|
| In<T> | T Cur | lesend | Aktueller Signalwert |
| | T Pre | lesend | Signalwert im zurück-liegenden Delta-Zyklus |
| | Event ChangedEvent | lesend | Ereignis, das bei Änderung des Signalwerts ausgelöst wird |
| Out<T> | T Next | schreibend | Signalwert im nächsten Delta-Zyklus |

Tabelle 6.3: Die System#-Schnittstellen In<T> und Out<T>

Listing 6.3: Eine Komponente mit Portdeklarationen in System#

```
class SomeComponent: Component
{
  public In<bool> In1 { private get; set; }
  public In<StdLogic> In2 { private get; set; }
  public Out<int> Out1 { private get; set; }
  public InOut<StdLogicVector> InOut1 { private get; set; }
}
```

**Listing 6.4:** Binden von Ports an private Signale

```
class SomeTopComponent: Component
{
  private SomeComponent child;

  private Signal<bool> sig1 = new Signal<bool>();
  private SLSignal sig2 = new SLSignal();
  private Signal<int> sig3 = new Signal<int>();
  private SLVSignal sig4 = new SLVSignal();

  public SomeTopComponent()
  {
    child = new SomeComponent()
    {
      In1 = sig1,
      In2 = sig2,
      Out1 = sig3,
      Out2 = sig4
    }
  }
}
```

SystemC ist ein Port kein eigenständiges Objekt. Die Datentypen In<T>, Out<T> und InOut<T> sind lediglich Schnittstellendefinitionen, welche C#-Eigenschaften zum Zugriff auf das Signalobjekt definieren (siehe Tabelle 6.3).

Signale dienen als Trägermedien der ausgetauschten Information. Sie werden durch die System#-Klasse Signal<T> repräsentiert. Signal<T> implementiert alle Schnittstellen In<T>, Out<T> und InOut<T>. Definiert eine Komponente eine C#-Eigenschaft des Typs In<T>, Out<T> oder InOut<T> mit öffentlichem Schreibzugriff, wird damit ein Port modelliert (siehe Listing 6.3). Das Assoziieren eines Ports mit einem Signal (in SystemC mit *binding* bezeichnet, im Folgenden: binden) geschieht durch Zuweisen der jeweiligen Eigenschaft. Stets bindet die übergeordnete Komponente die Ports der untergeordneten Komponenten, niemals bindet eine Komponente ihre eigenen Ports selbst. Listing 6.4 zeigt ein Beispiel für den Fall, dass die zugewiesenen Signale intern instanziiert werden. Eine Komplikation ergibt sich, wenn der Port einer übergeordneten Komponente an eine Kindkomponente durchgereicht werden soll. Da der Konstruktor einer Komponente stets vor dem Zuweisungscode ausgeführt wird, sind deren Ports zu diesem Zeitpunkt noch nicht auf Objektinstanzen festgelegt. In diesem Fall hilft die Bind-Methode weiter (siehe Listing 6.5). Sie verzögert das Binden, bis sämtliche Konstruktoren ausgeführt wurden und stellt sicher, dass der Zuweisungscode hierarchisch von „außen" nach „innen" ausgeführt wird.

**Listing 6.5:** Binden von Ports an äußere Signale

```csharp
class SomeOtherComponent: Component
{
  // Portdeklaration
  public In<bool> ExtIn { private get; set; }

  private SomeComponent child;

  private SLSignal sig2 = new SLSignal();
  private Signal<int> sig3 = new Signal<int>();
  private SLVSignal sig4 = new SLVSignal();

  public SomeOtherComponent()
  {
    // ExtIn ist zum jetzigen Zeitpunkt
    // noch nicht auf eine Objektinstanz
    // festgelegt. Bind benutzen!
    child = new SomeComponent();
    Bind(() => {
      child.In1 = ExtIn;
      child.In2 = sig2;
      child.Out1 = sig3;
      child.Out2 = sig4;
    });
  }
}
```

| Warteoperation | Syntax-Beispiel |
|---|---|
| Abwarten einer Zeitspanne | `await Time.Create(10.0, ETimeUnit.ns);` |
| Warten auf Signalwertänderung | `await someSignal;` |
| Warten auf Signalwertänderung mit Timeout | `await someSignal.ChangedEvent \| Time.Create(10.0, ETimeUnit.ns);` |
| Warten auf Signalwertänderung eines aus mehreren Signalen | `await someSignal1.ChangedEvent \| someSignal2.ChangedEvent;` |
| Abwarten von n Taktschritten | `await n.Ticks();` |

**Tabelle 6.4:** Warteoperationen in System#

### Prozesse

Konkurrentes Verhalten wird in System# durch Prozesse ausgedrückt. Wie in SystemC ist ein Prozess eine Methode, die dem Framework gegenüber durch einen speziellen Aufruf registriert wird. System# unterscheidet drei Arten von Prozessen:

- Ein *getriggerter Prozess* ist eine Methode, die immer dann ausgeführt wird, wenn ein Ereignis in der assoziierten Sensitivitätsliste ausgelöst wird. In der Hardwarebeschreibung besteht die Sensitivitätsliste aus Signalen, und ein Ereignis wird genau dann ausgelöst, wenn sich der Wert eines Signals ändert. Ein getriggerter Prozess verbraucht während seiner Ausführung niemals Zeit. Warteoperationen (Abwarten einer Zeitspanne oder einer Signaländerung) dürfen von einem getriggerten Prozess nicht durchgeführt werden.

- Ein *blockierender Prozess* steuert den Ablauf von Zeit selbstständig. Die zugehörige Methode wird konzeptuell in einer Endlosschleife ausgeführt und unterbricht ihre Ausführung eigenmächtig durch Aufrufen von Warteoperationen.

- Ein *getakteter Prozess* ist ein Spezialfall eines blockierenden Prozesses. Er wird bereits bei der Registrierung mit einem Signal (Taktsignal) und einem Flankenereignis (steigende oder fallende Flanke) assoziiert. Ein getakteter Prozess führt nur einen einzigen Typ von Warteoperationen aus, der im Erwarten von Flankenereignissen besteht.

Mit C# 5.0 wurden neue Sprachmittel zur Beschreibung von Asynchronität eingeführt. Diese werden in System# zur Modellierung von blockierenden und getakteten Prozessen angewandt. Eine Warteoperation wird durch das Schlüsselwort `await` eingeleitet. Tabelle 6.4 zeigt einige Beispiele möglicher Warteoperationen.

### Hardwarenahe Datentypen

| **VHDL** | **System#** |
|---|---|
| `std_logic` | `StdLogic` |
| `std_logic_vector` | `StdLogicVector` |
| `signed` | `Signed` |
| `unsigned` | `Unsigned` |
| `sfixed` | `SFix` |
| `ufixed` | `UFix` |

**Tabelle 6.5:** Hardwarenahe Datentypen von VHDL und ihre Entsprechung in System#

System# adaptiert die Datentypen üblicher Hardwarebeschreibungssprachen. Hierzu zählen mehrwertige Logik, Logik-wertige Vektoren sowie Festkommaarithmetik. Tabelle 6.5 zeigt die aus VHDL bekannten Datentypen und ihre Entsprechungen in System#. Signale, die mit mehrwertiger Logik typisiert sind (VHDL `std_logic` bzw. `std_logic_vector`), unterliegen einem Wertauflösungsschema nach IEEE 1164 [Std/IEE93], falls mehrere

Prozesse dasselbe Signal beschreiben. Hierzu wurden die Klassen `SLSignal` (Signal des Typs `StdLogic`) und `SLVSignal` (Signal des Typs `StdLogicVector`) implementiert. Sie führen die Wertauflösung während der Simulation standardkonform durch. Die in Tabelle 6.5 aufgezählten Datentypen werden im Folgenden als System#-intrinsische Typen bezeichnet.

### 6.1.5 Elaboration

System# hat mit VHDL und SystemC das Konzept der Elaboration gemeinsam. Der Quelltext eines System#-basierten Entwurfs enthält sowohl Anweisungen, die zur Konstruktion und Instanziierung eines Hardware-Modells dienen, als auch solche, die das Laufzeitverhalten der Hardware modellieren. Das Elaborationskonzept ist als Vertrag zu verstehen, der die Abfolge dieser Anweisungstypen regelt: Der Lebenszyklus eines Hardware-Modells wird in die Phasen Elaboration und Laufzeit unterschieden. Während der Elaborationsphase werden sämtliche Komponenten, Signale und Prozesse instanziiert. Ports werden gebunden. Mit Abschluss der Elaborationsphase wird der Zustand des Modells gewissermaßen „eingefroren". Zur Laufzeit dürfen keine neuen Instanzen von Komponenten, Signalen oder Prozessen mehr hinzukommen. Diese Zusicherung spielt eine wichtige Rolle für die formale Analyse eines Modells: Es ist nicht notwendig, den Elaborationscode eines Entwurfs zu analysisieren. Stattdessen ist es hinreichend, das *Ergebnis* der Elaborationsphase, d.h. das entstandene Gefüge aus Komponenten, Signalen und Prozessen, zu betrachten.

### 6.1.6 Typsystem

**VHDL**

```
variable x:
   std_logic_vector(15 downto 0)  :=
   (others => '0');
```

**SystemC**

```
sc_lv<16> x = 0;
```

**System# (deskriptive Ebene)**

```
StdLogicVector x = StdLogicVector._0s(16);
```

**Tabelle 6.6:** Variablendeklarationen in VHDL, SystemC und System#

Die Datentypen von Signalen und Variablen werden in einem eigenen Typsystem repräsentiert. Da System# auf .NET-Technologie basiert, wäre es zwar naheliegend, das Typsystem der CLI zu verwenden, doch unterliegt dieses einer fundamentalen Einschränkung. Anders als beispielsweise in C++ und VHDL gibt es in CLI kein Konzept von Typen, die mit einem Wert parametriert sind. Tabelle 6.6 veranschaulicht das Problem. Gezeigt wird jeweils die Deklaration und Initialisierung einer Variablen mit einem Logikvektor-wertigen Datentypen der Länge 16. Während die Längenangabe sowohl in VHDL als auch in C++ Bestandteil des Datentyps ist, ist dies in C# nicht der Fall. Hier muss die Länge als Laufzeitparameter übergeben werden (in diesem Fall an die Methode „_0s", die einen Nullvektor der gewünschten Länge erzeugt).

Dieser konzeptuelle Unterschied birgt sowohl Vor- als auch Nachteile. Einerseits verliert die deskriptive Ebene von System# an Typsicherheit. Während die Zuweisung eines inkompatiblen Logikvektors (d.h. falsche Länge) sowohl in VHDL als auch in SystemC einen Übersetzungsfehler verursacht, wird sie in System# einen Laufzeitfehler auslösen. Andererseits gewinnt gerade die Beschreibung generischer Architekturen an Flexibilität: Die Wortbreite könnte das Ergebnis einer umfangreichen Berechnung während der Elaborationsphase sein. Dies wäre sowohl in VHDL als auch in SystemC nur schwer auszudrücken. VHDL kennt *generics*, die in ihren Ausdrucksmöglichkeiten eher beschränkt sind. In C++ sind Ansätze über Metaprogrammierung [Cza00] möglich. Zwar ist Metaprogrammierung Turing-vollständig, doch ist ihre Anwendung wenig intuitiv und führt zu unverständlichem Code.

In der Konsequenz trägt ein Typ des CLI Typsystems (im Sinne einer Instanz der .NET Klasse `System.Type`) nicht genügend Informationen, um diesen in VHDL oder SystemC darstellen zu können. Bei Arrays und Logikvektoren fehlt die Längenangabe, bei Festkommazahlen fehlen Wortbreite und Skalierung. Daher implementiert System# eine eigene Klasse zur Beschreibung von Typen (`TypeDescriptor`), die einen CLI-Typen um genau diese Informationen ergänzt. Diese Klasse wird im Folgenden mit Typdeskriptor bezeichnet. Konzeptuell werden Eigenschaften von Klassen der deskriptiven Ebene durch C#-Attribute als Typparameter markiert. Eine Instanz eines Typdeskriptors wird stets über einer Instanz des zu beschreibenden Typs konstruiert. Mit Hilfe von Reflektion werden die Typparameter identifiziert, ausgelesen und in die Instanz des Typdeskriptors übertragen.

In anderer Hinsicht ist das CLI Typsystem mächtiger und komplexer als dasjenige von VHDL. Nicht jeder C#-Datentyp lässt sich in VHDL repräsentieren – insbesondere kennt VHDL keine Polymorphie. Das Laufzeitverhalten eines Entwurfs darf deshalb nur solche Typen involvieren, die sich in synthetisierbarem VHDL darstellen lassen. Hierzu zählen folgende Datentypen:

- Teilmenge der CLI Datentypen: `bool`, `sbyte`, `byte`, `short`, `ushort`, `int`, `uint`, `long`, `ulong`, `float`, `double`. Zwei Typdeskriptoren zu primitiven Datentypen sind äquivalent, falls die primitiven Datentypen identisch sind.

- Die System#-intrinsischen Datentypen: `StdLogic`, `StdLogicVector`, `Signed`, `Unsigned`, `SFix`, `UFix`. Zwei Typdeskriptoren zu intrinsischen Datentypen sind äquivalent, falls die beschriebenen Datentypen identisch sind und die Typparameter übereinstimmen.

- `string`. Dieser Datentyp wird im Kontext von Diagnosemeldungen in simulativen VHDL-Generaten eingeschränkt unterstützt.

- Enumerationstypen (C#: `enum`). Zwei Typdeskriptoren zu Enumerationstypen sind äquivalent, falls die zu Grunde liegenden CLI Datentypen identisch sind.

- Strukturen (C#: `struct`), sofern jedes Feld der Struktur von einem der hier gelisteten synthetisierbaren Datentypen ist. Zwei Typdeskriptoren zu Strukturen sind äquivalent, falls sie denselben CLI Datentypen referenzieren und die Typdeskriptoren der Felder paarweise äquivalent sind.

- Arrays, sofern alle der nachfolgenden Bedingungen erfüllt sind:
  1. Das Array wurde bereits in der Elaborationsphase angelegt. Die Länge des Arrays ist somit in allen Dimensionen vor Beginn der Laufzeitphase bekannt.
  2. Die Elemente des Arrays sind von einem der hier gelisteten synthetisierbaren Datentypen.
  3. Die Typdeskriptoren aller Elemente sind äquivalent.

Die letzte Bedingung sichert zu, dass sich das Array in einem statischen Typsystem darstellen lässt. In einem polymorphen Typsystem wie CLI ist es möglich, Arrayelemente unterschiedlicher Typen im selben Array zu speichern – beispielsweise einen Logikvektor der Länge 2 im ersten Element, einen Logikvektor der Länge 3 im zweiten Element und eine Fließkommazahl im dritten Element. Mit der letzten Forderung werden derartige Konstrukte explizit ausgeschlossen.

## 6.1.7 Simulationskernel

System#'s Simulationskernel basiert auf dem ESTA Algorithmus (siehe Abschnitt 2.3.1). Abbildung 6.4 zeigt die implementierte Variante. Kern des Algorithmus' bildet eine Prioritätswarteschlange. Zeitstempel bilden die Schlüssel, zu denen jeweils eine Liste mit zu aktivierenden Prozessen gespeichert wird. Während der Elaborationsphase wird jeder Prozess für den Zeitstempel $t = 0$ in der Warteschlange platziert. Jeder Simulationsschritt verläuft in den Phasen „Fortschritt", „Prozessauswertung" und „Aktualisierung".

In Phase „Fortschritt" wird die Prozessliste aus der Warteschlange entnommen, die mit dem kleinsten Zeitstempel $t$ assoziiert ist. Die Simulationszeit wird auf $t$ gesetzt. Da Ereignisse in der Zukunft, aber niemals in der Vergangenheit ausgelöst werden dürfen, wird über die Simulation eine monoton steigende Folge $T_i$ ($i$ zählt Simulationsschritte) von Zeitstempeln garantiert. Falls $T_i = T_{i-1}$, wird der Simulationsschritt als Delta-Zyklus bezeichnet. Delta-Zyklen modellieren in der Hardwarebeschreibung die idealisiert verzögerungsfrei angenommene Propagation von Information.

In Phase „Prozessauswertung" werden alle Prozesse ausgeführt, bis jeder der Prozesse wieder suspendiert ist. Bei getriggerten Prozessen ist dies der Fall, wenn die angehörige Methode zurückkehrt. Blockierende und getaktete Prozesse suspendieren sich selbst durch Aufruf eines Wartebefehls. Die ursprüngliche Implementierung von System# beruhte auf C# 4.0, wo jeder blockierende und getaktete Prozess mit einem eigenen Thread assoziiert wurde. Die Suspension von Prozessen und die Synchronisierung mit der Folgephase beruhte auf Synchronisationsprimitiven des .NET Frameworks (Thread-Ereignisse bzw. Barriere). In der Konsequenz wurden alle Prozesse in dieser Phase parallel ausgeführt. Mit der Einführung von asynchroner Programmierung in C# 5.0 war

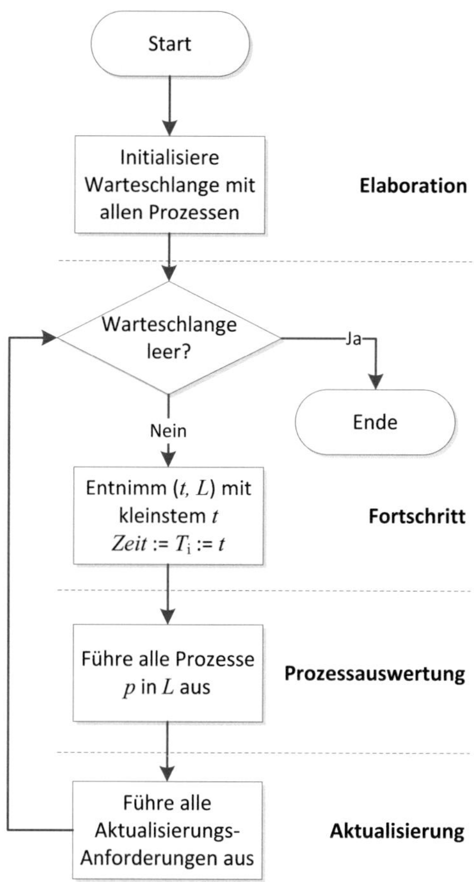


**Abbildung 6.4:** Simulationskernel von System#

es nicht mehr notwendig, auf diese Primitiven zurückzugreifen: Sobald sich ein Prozess durch `await` suspendiert, ist der Fortsetzungspunkt des Prozesses als Delegat bekannt. Dadurch wurde die Implementierung[1] nicht nur drastisch vereinfacht, sondern auch erheblich beschleunigt. Zwar könnte man auch in der aktuellen Implementierung die Prozessauswertung parallelisieren, doch erfolgt dies derzeit nicht. Paradoxer Weise ergaben erste Parallelisierungsversuche eine im Vergleich zur sequentiellen Implementierung stets schlechtere Simulationsperformanz. Dies ist damit zu erklären, dass Prozesse zwischen Wiederaufnahme und Suspendierung typischer Weise sehr wenig Arbeit verrichten. Alleine das Auslagern eines Prozesses in einen anderen Thread verursacht meist mehr Aufwand als die eigentliche Berechnung. Zu einem ähnlichen Ergebnis kommen auch die Autoren von [Ezu09], die eine parallele Version des SystemC Simulationskernels

---

1   Teile der Implementierung entstanden im Rahmen einer Diplomarbeit [B/Hla13].

implementierten. Ihre Faustregel besagt, dass ein Viertel der Gesamtberechnungen komplexer sein muss als der Aufwand zur Verteilung von Prozessen auf Threads, inklusive Kontextwechsel.

In Phase „Aktualisierung" werden sämtliche Signalzustände aktualisiert, d.h. alle verzögerten Zuweisungen werden manifestiert. Ändert sich dadurch ein Signalwert, wird ein mit dem betroffenen Signal assoziiertes Ereignis ausgelöst. Jedes Ereignis unterhält eine private Liste sensitiver Prozesse, die beim Auslösen in die Warteschlange des Simulators übertragen werden. Ein neuer Simulationsschritt beginnt.

## 6.1.8 Code-Generierung

SysDOM definiert eine abstrakte Syntax für Hardwarebeschreibungen und ist daher unabhängig von der Implementierungssprache. Die Umwandlung eines Abstract Syntax Tree (AST) in eine Quelltextrepräsentation konkreter Syntax wird oft mit der Wortschöpfung „Unparsen" bezeichnet, die als Antonym zu „Parsen" verstanden werden will. Konzeptuell handelt es sich um eine Tiefensuche, die beim Traversieren des AST aus dem besuchten Knoten Text erzeugt.

System# implementiert Code-Generatoren für die Zielsprachen C#, SystemC[1] und VHDL. Da diese Sprachen in ihren Konzepten und Umfängen sehr unterschiedlich sind, kann nicht jede SysDOM-Instanz per se in jede Sprache generiert werden. Oft liegt dies an kleineren syntaktischen oder semantischen Inkonsistenzen, die sich durch ein regelbasiertes Umschreiben des Modells beheben lassen. Im Folgenden werden exemplarisch einige Einschränkungen und deren Aufhebung in Form einer Modelltransformation angegeben.

**Einschränkung: VHDL Prozesse dürfen keine `return`-Anweisungen enthalten.**

VHDL erlaubt `return`-Anweisungen ausschließlich in Prozeduren und Methoden. In System# dürfen `return`-Anweisungen auch in Prozessen auftreten. In einem getriggerten Prozess beenden sie dessen Abarbeitung bis zum Auftreten des nächsten Ereignisses aus der Sensitivitätsliste. Ein blockierender oder getakteter Prozess wird durch `return` im Einstiegspunkt fortgesetzt (implizite Endlosschleife). Da sich die VHDL Schleifenkontrollbefehle `exit` und `next` auf beliebige äußere Schleifen beziehen dürfen, kann das Verhalten des `return`-Befehls durch eine äußere „Pseudo-Schleife" emuliert werden:

---

1  SystemC als Zielsprache wurde im Rahmen einer Masterarbeit [B/LF13] umgesetzt.

```
                                    p: process
                                      L: loop
         p: process                      req <= '1';
           req <= '1';                  while ack = '0'
           while ack = '0'                 wait until x;
             wait until x;                 if err = '1' then
             if err = '1' then                flag <= '1'
                flag <= '1'                   exit L;
                return;                     end if;
             end if;                     end while;
           end while;                    req <= '0';
           req <= '0';                   exit L;
         end process p;               end loop L;
                                     end process p;
         Illegaler Prozess          Transformierter Prozess
```

Einschränkung: VHDL Funktionen dürfen weder `wait`-Anweisungen enthalten noch Signale treiben.

Diese Einschränkung ist mit einer regelbasierten Transformation zu beheben, die jede betroffene Funktion durch eine Prozedur mit einem zusätzlichen `out`-Argument für den Rückgabewert ersetzt. Alle Aufrufe der Funktion werden unter Einführung zusätzlicher lokaler Variablen in Prozeduraufrufe umgeschrieben.

Einschränkung: VHDL Prozeduren dürfen nur lokale Signale treiben.

VHDL Prozeduren dürfen nur Signale treiben, die in der Argumentenliste angegeben sind. In System# existiert diese Einschränkung nicht: Eine Methode darf grundsätzlich jedes Signal treiben, das innerhalb der deklarierenden Komponente verfügbar ist. Auch diese Einschränkung lässt sich durch eine Transformation beheben. Hierzu wird jedes betroffene Signal in ein Argument umgewandelt. Alle betroffenen Aufrufe werden angepasst.

## 6.2 Dekompilierung von deskriptivem Code

Dekompilierung bezeichnet die Überführung eines Entwurfs auf der deskriptiven Ebene in die SysDOM-Repräsentation. Dies ist einerseits notwendig, um Modelltransformationen wie Verfeinerungen und High-Level-Synthese anwenden zu können und andererseits, um eine definierte Zwischendarstellung zur Code-Generierung zu gewinnen. Dekompilierung disassembliert mit Hilfe von Reflektion den CIL-Code des ursprünglichen Programms. Dies ist immer noch einfacher, als C#-Quelltexte zu verarbeiten. Dennoch ist Dekompilierung eine der komplexesten Transformationen im gesamten Framework. Der Prozess gliedert sich in mehrere Schritte, die im Folgenden erläutert werden.

### 6.2.1 Strukturelle Analyse

Die strukturelle Analyse rekonstruiert die Strukturdomäne des Entwurfs. Hierzu zählen die Komponentenhierarchie, sowie die pro Komponente deklarierten Ports, Signale,

Prozessnamen und Sensitivitätslisten. Sämtliche Komponenten, Signale und Prozesse werden bereits in der Elaborationsphase durch die jeweiligen Basisklassen in internen Datenstrukturen registriert. Die Hauptaufgabe der strukturellen Analyse besteht somit in der Rekonstruktion von Ports und der Kompositionshierarchie. Beides geschieht mit Hilfe von Reflektion.

Zur Rekonstruktion von Ports werden sämtliche C#-Eigenschaften des einer Komponenteninstanz zugeordneten CLI Typs aufgezählt. Per Konvention werden Eigenschaften mit öffentlichem Schreibzugriff wie folgt mit Ports identifiziert:

- Eine Eigenschaft des Typs `In<T>` wird zu einem Eingangsport.

- Eine Eigenschaft des Typs `Out<T>` wird zu einem Ausgangsport.

- Eine Eigenschaft des Typs `InOut<T>` wird zu einem bidirektionalen Port.

Eigenschaften, die nicht in dieses Schema passen, werden ignoriert. Zur Rekonstruktion der Kompositionshierarchie werden sämtliche Felder des zugeordneten CLI Typs aufgezählt. Per Konvention wird bei Feldern, die ein Objekt vom Typ `Signal<T>` oder `Component` (oder Kindklassen) speichern, die gespeicherte Signal- bzw. Komponenteninstanz der deklarierenden Komponente als Kindobjekt zugerechnet.

Auf der deskriptiven Ebene ist es zulässig, objekt-orientiert zu modellieren. Komponentenklassen dürfen weitervererbt werden und Schnittstellen implementieren. SysDOM hingegen kennt wie VHDL keine Vererbung. Die strukturelle Rekonstruktion behandelt daher jede Komponenteninstanz als eigenständigen Typen. Information über die Vererbungshierarchie geht verloren. Dies kann bei der Generierung von Quelltext aus SysDOM zwar zu repliziertem Quelltext führen, vereinfacht die Analyse aber erheblich.

## 6.2.2 Isolation des Laufzeitverhaltens

In einem System#-basierten Entwurf koexistieren Code, der das Entwurfsverhalten beschreibt (Laufzeitcode) und Elaborationscode. Letzterer muss und soll nicht in die SysDOM-Darstellung überführt werden. Da nicht jede Variable und jede Methode einer Komponente zu deren Laufzeitverhalten beiträgt, wird derjenige Code segmentiert, der zum Laufzeitverhalten des Entwurfs zählt. Startpunkt dieser Analyse bilden alle vom Entwurf registrierten Prozesse. Sie zählen zweifelsfrei zum Laufzeitverhalten. Für jeden Prozess werden durch Analyse des CIL Codes folgende Informationen ermittelt:

- Referenzierte Felder

- Benutzte Datentypen (d.h. Datentypen aller lokalen Variablen, referenzierten Felder und Stapelelemente)

- Aufgerufene Methoden

Die Analyse wird dann rekursiv mit den aufgerufenen Methoden fortgesetzt, bis keine neuen Elemente mehr gefunden werden. Die so gefundenen Felder, Datentypen und Methoden bilden ein in sich abgeschlossenes Universum, welches das Laufzeitverhalten des Entwurfs vollständig kapselt.

### 6.2.3 Methoden ohne „async" Modifier

Die Dekompilierung eines Prozesses bzw. einer Methode ist der komplexeste Schritt der Verhaltensrekonstruktion. Da Prozesse technisch nicht anderes als Methoden sind, wird im Folgenden nur noch von Methoden die Rede sein. Zahlreiche kommerzielle und freie Decompiler[1] zeigen, dass CIL Code in äquivalenten C#-Code zurückverwandelt werden kann. In System# werden Dekompilierungstechniken angewandt, um die SysDOM-Repräsentation einer Methode zu gewinnen. Die größte Herausforderung liegt dabei in der Rekonstruktion quelltextnaher Kontrollfluss-Muster, wie `if ... then ... else ...`, Fallunterscheidungen und Schleifen. Um das implementierte Verfahren theoretisch zu fundieren, werden zunächst zwei Lemmas aufgestellt. Grundlegende Begriffsdefinitionen, die zum Verständnis dieses Abschnitts notwendig sind, sind in Abschnitt 2.8 zu finden.

Ziel ist es, den lexikalischen Nachfolger (LN) eines programmatischen Strukturelements formal zu charakterisieren. In quelltextbezogener Betrachtung wird der LN des Strukturelements durch denjenigen Code markiert, der direkt auf den Geltungsbereich dieses Elements folgt. In C, C++ und C# wird der LN einer Schleife oder eines `switch`-Blocks durch die `break`-Anweisung erreicht. Der LN eines `if`-Blocks hingegen wird durch einen natürlichen Kontrollflussübergang am Ende jedes Zweigs erreicht. Im Maschinencode ist die Information über LN verloren gegangen und muss aus den Eigenschaften des CFG rekonstruiert werden. Hierzu wird der LN mit einem Grundblock identifiziert, der vom und nur vom Geltungsbereich des zu rekonstruierenden Strukturelements (Schleife, `switch`-Block oder `if`-Block) aus erreicht wird. Der Geltungsbereich wird formal mit einer Region $\langle H, h \rangle$ des CFG identifiziert. Es folgt, dass der direkte Dominator des gesuchten LN in $H$ enthalten sein muss. Da es pro Strukturelement höchstens einen LN geben kann, folgt außerdem, dass $\mathrm{idoms}(H)$ aus höchstens einem Element bestehen darf, und zwar dem LN (falls existent).

**Lemma 3 (Ordnungslemma)** *Seien $G = (V, E, B_S)$ ein reduzierbarer CFG und $B_0, B_1, B_2 \in V$ paarweise verschieden. Ferner existieren Pfade $B_0 \to^* B_1$, $B_0 \to^* B_2$ und $B_1 \to^* B_2$ mit paarweise disjunkten inneren Knoten. Dann gilt $\mathrm{RPOST}[B_1] < \mathrm{RPOST}[B_2]$.*

*Beweis: Da per Voraussetzung sowohl $B_1$ als auch $B_2$ von $B_0$ über getrennte Pfade erreichbar sind, kann weder $B_1$ $B_2$ dominieren, noch umgekehrt. Da die umgekehrte Postordnung gerichtete azyklische (Teil-)Graphen topologisch sortiert (vgl. [WWW/Off11]), würde $\mathrm{RPOST}[B_1] > \mathrm{RPOST}[B_2]$ bedeuten, dass $B_1$ und $B_2$ auf einem Zyklus liegen. Jeder Zyklus enthält eine zurückweichende Kante, die wegen der Dominanzverhältnisse keine Rückwärtskante sein könnte, womit der Graph nicht reduzierbar wäre.* □

**Lemma 4 (LN-Lemma)** *Sei $\langle H, h \rangle$ eine Region eines reduzierbaren CFG $G = (V, E, B_S)$ mit $|\mathrm{idoms}(H)| \geq 2$. Dann existiert eine Region $\langle H', h \rangle$ mit $\mathrm{idoms}(H') = \{D_{max}\}$, wobei $D_{max} = \arg\max_{D \in \mathrm{idoms}(H)} \{\mathrm{RPOST}[D]\}$.*

---

1   z.B. .NET Reflector (kommerziell): `http://www.reflector.net/` (7.4.2013),
    dotPeek (Freeware): `http://www.jetbrains.com/decompiler/` (7.4.2013),
    ILSpy (Open Source): `http://ilspy.net/` (7.4.2013)

Beweis: *Jede Region kann durch Hinzunahme von Knoten erweitert werden, solange der Einstieg eindeutig bleibt (vgl. [WWW/Off11]). Insbesondere kann man folgendes Verfahren anwenden, das die Region ergänzt, bis höchstens ein Dominierter übrig bleibt:*

```
 1: function GROWREGION(⟨H, h⟩: Region, D_max: Dominierter)
 2:     H_0 ← H
 3:     i ← 0
 4:     while | idoms(H_i)| ≥ 2 do
 5:         H_i^0 ← H_i ∪ idoms(H_i)\D_max
 6:         H_i^1 ← ⋃_{B∈H_i^0\{h}} preds(B)
 7:         j ← 0
 8:         while H_i^j ≠ H_i^{j+1} do
 9:             j ← j + 1
10:             H_i^j ← H_i^{j-1}
11:             H_i^{j+1} ← ⋃_{B∈H_i^j\{h}} preds(B)
12:         end while
13:         H_{i+1} ← H_i^j
14:         i ← i + 1
15:     end while
16:     return H_i
17: end function
```

*Sei $H'$ die von* GROWREGION *zurückgegebene Knotenmenge und $H^+ = H'\backslash H$ die hinzugefügte Knotenmenge. Es bleibt zu zeigen, dass*

*1. $H'$ den eindeutigen Einstieg $h$ hat (d.h. $\langle H', h\rangle$ ist eine Region) und*

*2. $D_{max} \notin H'$.*

Beweis von 1.: *Die innere Schleife stellt sicher, dass $H_{i+1}$ stets eine Region beschreibt. Da $h$ jedes Element in $H$ dominiert (Lemma 2), muss $h$ in Folge der Konstruktionsvorschrift auch jedes Element in $H^+$ dominieren. Somit ist $h$ auch Einstieg von $H'$.*

Beweis von 2.: *Man nehme das Gegenteil an, also $D_{max} \in H'$. Dann wurde $D_{max}$ entweder in Zeile 6 oder in Zeile 11 als Vorgänger/Vorfahre eines Elements $D' \in$ idoms($H_i$) in einer Iteration $i$ hinzugefügt. $D'$ kann $D_{max}$ nicht dominieren, da $D_{max}$ als Vorfahre von $D'$ bereits Teil von $H$ sein müsste. Umgekehrt kann $D_{max}$ auch $D'$ nicht dominieren, da $D_{max}$ in Zeile 5 explizit als Dominator ausgeschlossen wird. Somit existiert ein Knoten, von dem aus $D_{max}$ und $D'$ über separate Pfade erreichbar sind. Als Vorfahre von $D'$ folgt für $D_{max}$ nach dem Ordnungslemma, dass $\mathrm{RPOST}[D_{max}] < \mathrm{RPOST}[D']$. Aus den Voraussetzungen folgt, dass $i \neq 0$. Der Fall $i \geq 1$ ist jedoch ebenfalls auszuschließen, da die Existenz eines Pfads $D_{max} \rightarrow^* D'$ ausschließt, dass $D'$ von einem Knoten aus $H_i$ dominiert wird. $\square$*

Das LN-Lemma liefert ein einfaches Auswahlkriterium: Unter den direkt Dominierten einer Region wähle man denjenigen mit der höchsten Postordnungs-Nummer als LN aus. Ausgehend von dieser Erkenntnis wird nun ein Verfahren vorgestellt, das aus CIL-Code einen AST in SysDOM-Darstellung konstruiert. Es besteht aus einer Vorverarbeitung und einem rekursiven Hauptalgorithmus.

## Vorverarbeitung

Während der Vorverarbeitung werden interne Datenstrukturen aufgebaut, um den Code effektiv verarbeiten zu können. Konkret werden folgende Schritte durchgeführt:

1. Segmentiere den CIL-Code in Grundblöcke und erzeuge daraus einen CFG.

2. Bestimme zu jedem Grundblock RPOST[$B$] mit Algorithmus 1 aus Abschnitt 2.8.

3. Bestimme die direkten Dominatoren mit Hilfe des Cooper-Harvey-Kennedy-Algorithmus [Coo06].

4. Bestimme natürliche Schleifen, Schleifenköpfe und die Schleifenhierarchie mit Hilfe des Havlak-Algorithmus [Hav97].

Der letzte Schritt erzeugt eine Baumstruktur, so dass jeder Grundblock der innersten Schleife zugeordnet wird, in der er auftaucht. Diese wird durch ihren Schleifenkopf repräsentiert. Der Schleifenkopf zu einem Grundblock $B$ wird künftig mit header[$B$] bezeichnet. Gehört ein Grundblock keiner Schleife an, so sei header[$B$] = nil.

## Der Hauptalgorithmus

Den Einstiegspunkt der Dekompilierung bildet Funktion DECOMPILE (Algorithmus 2). Zunächst werden globale Datenstrukturen initialisiert:

- *loopStack* ist ein Stapel, der die aktuelle Schachtelung von Schleifen widerspiegelt. Er wird zur Implementierung von Schleifenfortsetzungen (`continue`-Anweisungen) benötigt.

- *breakStack* ist ein Stapel, auf dem die lexikalischen Nachfolger von Schleifen und `switch`-Blöcken abgelegt werden. Das oberste Element markiert das jeweils aktuelle Abbruchziel.

- *swTgtStack* ist ein Stapel, der die möglichen Sprungziele von `switch`-Blöcken speichert. Er wird zur Implementierung von `goto case`-Anweisungen benötigt.

- *follStack* ist ein Stapel, der den lexikalischen Nachfolger von `if`-Anweisungen speichert.

- *exprStack* ist der Ausdruckstapel. Er wird zum Dekodieren von Ausdrücken in DECODEBLOCK benutzt.

## Rekursion

Die Prozeduren DECLAREBLOCK und IMPLEMENTBRANCH bilden als Tandem einen rekursiven Algorithmus. DECLAREBLOCK sorgt für die Einbettung von Schleifenblöcken, `switch`-Blöcken und `if`-Blöcken, während IMPLEMENTBRANCH Kontrollflussnachfolger durch `continue`-, `break`-, `goto case`- bzw. `goto`-Anweisungen bedient oder diese an Ort und Stelle einbettet.

---

**Algorithmus 2** Hauptfunktion zur Dekompilierung

---

**function** DECOMPILE($B_S$: Grundblock und Einstiegspunkt)
    $loopStack \leftarrow$ emptyStack
    $breakStack \leftarrow$ emptyStack
    $swTgtStack \leftarrow$ emptyStack
    $follStack \leftarrow$ emptyStack
    $exprStack \leftarrow$ emptyStack
    DECLAREBLOCK($B_S$)
**end function**

---

---

**Algorithmus 3** Rekursion

---

**procedure** DECLAREBLOCK($B$: Grundblock)
    **if** $B$ ist Schleifenkopf **then**
        $loopFoll \leftarrow$ FINDFOLLOWER(loop($B$))
        push($breakStack, loopFoll$)
        push($loopStack, B$)
    **end if**
    DECODEBLOCK($B$)
    **if** $B$ endet mit switch **then**
        $foll \leftarrow$ IMPLEMENTSWITCH($B$)
    **else if** $B$ endet mit bedingtem Sprung **then**
        $foll \leftarrow$ IMPLEMENTIF($B$)
    **else**
        $foll \leftarrow$ take(succs($B$))
    **end if**
    IMPLEMENTBRANCH($foll$)
    **if** $B$ ist Schleifenkopf **then**
        $loopFoll \leftarrow$ pop($breakStack$)
        pop($loopStack$)
        IMPLEMENTBRANCH($loopFoll$)
    **end if**
**end procedure**

---

Trifft DECLAREBLOCK auf einen Schleifenkopf, wird zunächst ein lexikalischer Schleifennachfolger gesucht. Algorithmus 5 zeigt das Verfahren. Es stützt sich im Wesentlichen auf das LN-Lemma, bezieht jedoch C#-spezifische Eigenschaften mit ein: `continue`/`break` kann im Gegensatz zu Java nur die innerste Schleife fortsetzen bzw. abbrechen. Dies kann zum Problem werden, wenn ein Grundblock, der (direkt oder indirekt) eine übergeordnete Schleife fortsetzt oder abbricht, *nicht* als LN ausgewählt wird. Der Algorithmus prüft deshalb vorrangig, ob eine Schleife auf der Stapelspitze liegt, der einer der Dominierten angehört. In diesem Fall sollte dieser Dominierte (Element von *sdoms*) als LN gewählt werden, damit die Schleife auf gleicher Hierarchieebene fortgesetzt werden kann. Es ist zu erwarten, dass *sdoms* höchstens ein Element enthält, da andernfalls der

---

**Algorithmus 4** Implementierung eines Kontrollflussnachfolgers

---

**procedure** IMPLEMENTBRANCH($B$: Grundblock)
    **if** $B = $ nil **then**
        **return**
    **else if** notEmpty($follStack$) **and** peek($follStack$) $= B$ **then**
        **return**
    **else if** notEmpty($swTgtStack$) **and** contains(peek($swTgtStack$), $B$) **then**
        EMITGOTOCASE(caseValueOf(peek($swTgtStack$), $B$))
    **else if** notEmpty($breakStack$) **and** peek($breakStack$) $= B$ **then**
        EMITBREAK
    **else if** notEmpty($breakStack$) **and** contains($breakStack$, $B$) **then**
        EMITGOTO($B$)
    **else if** notEmpty($loopStack$) **and** peek($loopStack$) $= B$ **then**
        EMITCONTINUE
    **else if** $B$ wurde bereits dekodiert **then**
        EMITGOTO($B$)
    **else**
        DECLAREBLOCK($B$)
    **end if**
**end procedure**

---

---

**Algorithmus 5** Suche eines lexikalischen Nachfolgers

---

**procedure** FINDFOLLOWER($H$: Region)
    $rdoms \leftarrow$ idoms($H$)
    **if** $rdoms = \emptyset$ **then**
        **return** nil
    **end if**
    **if not** isEmpty($loopStack$) **then**
        $sdoms \leftarrow \{D \in rdoms | \text{header}[D] = \text{peek}(loopStack)\}$
        **if** $sdoms \neq \emptyset$ **then**
            **return** take($sdoms$)
        **end if**
    **end if**
    **return** $\arg\max_{D \in rdoms}\{\text{RPOST}[D]\}$
**end procedure**

---

CFG nicht reduzierbar wäre. Gibt es keine Schleife oder keinen Schleifenangehörigen unter den Dominierten, fällt das Verfahren auf das LN-Lemma zurück.

DECLAREBLOCK lässt den Inhalt des aktuellen Grundblocks durch Aufruf an DECODEBLOCK dekompilieren. Dabei werden Ausdrücke, Zuweisungen, Funktions- und Prozeduraufrufe rekonstruiert. Zunächst soll noch auf die Rekonstruktion von `switch`- und `if`-Blöcken eingegangen werden.

---

**Algorithmus 6** Implementierung einer `switch`-Anweisung

---

```
function IMPLEMENTSWITCH(B: Grundblock)
    cond ← pop(exprStack)
    foll ← FINDFOLLOWER({B})
    push(breakStack, foll)
    push(swTgtStack, caseList(B))
    EMITSWITCH(cond)
    for each case in caseList(B) do
        if isDefaultCase(case) then
            EMITDEFAULTCASE
        else
            EMITCASE(caseValue(case))
        end if
        IMPLEMENTBRANCH(caseTarget(case))
    end for
    EMITENDSWITCH
    pop(breakStack)
    pop(swTgtStack)
    return foll
end function
```

---

### Implementierung eines `switch`-Blocks

Funktion IMPLEMENTSWITCH (Algorithmus 6) implementiert einen `switch`-Block. Der Selektionsausdruck wird dem Ausdruckstapel entnommen. Zur Suche des lexikalischen Nachfolgers wird der verzweigende Grundblock als Region ausgewählt. Außerdem wird die Sprungtabelle der *switch*-Instruktion auf dem Stapel *swTgtStack* abgelegt, damit ggf. in den Zweigen auftretende Sprünge als `goto case` implementiert werden können.

### Implementierung eines `if`-Blocks

Funktion IMPLEMENTIF (Algorithmus 7) implementiert einen `if`-Block. Im Vergleich zu `switch`-Blöcken sind hier zwei Sonderfälle zu beachten. Einerseits wertet C# logische Verknüpfungen im Entscheidungsausdruck faul aus, so dass diese im CIL-Code nicht über logische Operatoren, sondern über Kontrollfluss ausgedrückt werden (siehe Abbildung 6.5). Ignoriert man diesen Umstand, erhält man duplizierte Grundblöcke bzw. `goto`-Anweisungen in einem geschachtelten `if`-Block. TRYMERGE erkennt die

---

**Algorithmus 7** Implementierung einer `if`-Anweisung

---

**function** IMPLEMENTIF($B$: Grundblock)
    $foll \leftarrow$ FINDFOLLOWER($\{B\}$)
    push($follStack, foll$)
    $cond \leftarrow$ pop($exprStack$)
    **if not** TRYMERGE($B$) **then**
        $trueExpr \leftarrow$ nil, $falseExpr \leftarrow$ nil
        EMITIF($cond$)
        $d \leftarrow$ depth($exprStack$)
        IMPLEMENTBRANCH(trueTarget($B$))
        **if** depth($exprStack$) $> d$ **then**
            $trueExpr \leftarrow$ pop($exprStack$)
        **end if**
        EMITELSE
        IMPLEMENTBRANCH(falseTarget($B$))
        **if** depth($exprStack$) $> d$ **then**
            $falseExpr \leftarrow$ pop($exprStack$)
        **end if**
        EMITENDIF
        **if** $trueExpr \neq$ nil **then**
            REMOVELASTBLOCK
            $op \leftarrow$ IFTHENELSE($cond, trueExpr, falseExpr$)
            push($exprStack, op$)
        **end if**
    **end if**
    pop($follStack$)
    **return** $foll$
**end function**

---

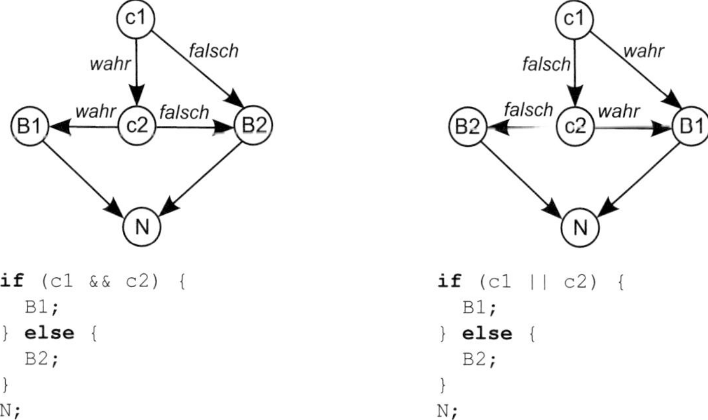


```
if (c1 && c2) {
  B1;
} else {
  B2;
}
N;
```

```
if (c1 || c2) {
  B1;
} else {
  B2;
}
N;
```

**Abbildung 6.5:** Kontrollflussmuster bei `if`-Anweisungen mit logischen Verknüpfungen

Kontrollflussmuster logischer Konjunktionen und Disjunktionen. In diesem Fall wird der Block mit dem hierarchisch höher liegenden Block verschmolzen.

Der zweite Sonderfall tritt für Ausdrücke der Form `c ? x : y` auf. Diese sind anfangs unmöglich von einem "gewöhnlichen" `if`-Block zu unterscheiden. Nach der Implementierung eines Zweigs wird sich jedoch herausstellen, dass die Größe des Ausdruckstapels um ein Element angewachsen ist. Die Elemente beider Zweige werden jeweils vom Stapel genommen. Im Anschluss wird der `if`-Block in die Datenflussform konvertiert und als Ausdruck wiederum auf dem Ausdruckstapel abgelegt.

### Dekompilieren eines Grundblocks

Die Prozedur DECODEBLOCK (ohne Pseudocode) dekompiliert Grundblöcke. Eine Sequenz von CIL-Instruktionen ohne Sprungbefehle lässt sich als Postfixnotation eines Syntaxbaums auffassen. Ein AST wird durch symbolisches Ausführen der Sequenz rekonstruiert: Statt eines Kellers mit "echten" Werten kommt ein symbolischer Keller zum Einsatz, der AST-Wurzeln speichert. Er wird hier mit Ausdruckstapel bzw. *exprStack* bezeichnet.

| Code | Ausdruckstapel | Ausgabe |
|------|----------------|---------|
| | [ ] | |
| `ldloc.0` | [ var(0) ] | |
| `ldloc.1` | [ var(1); var(0) ] | |
| `add` | [ add(var(0), var(1)) ] | |
| `stloc.2` | [ ] | store(var(2), add(var(0), var(1))) |

**Abbildung 6.6:** AST-Rekonstruktion aus einer Sequenz von CIL-Instruktionen

| $n_{pop}$ | $n_{push}$ | Produktion | Beispiele |
|-----------|------------|------------|-----------|
| 0 | 1 | Terminal | `ldloc, ldfld,` `ldsfld` |
| $\geq 1$ | 1 | Nicht-Terminal | `add, and, div,` `conv.*, shl` |
| $\geq 1$ | 0 | Startsymbol | `stloc, stfld,` `stsfld, pop` |

**Tabelle 6.7:** Kategorisierung von CIL-Instruktionen nach Produktionsarten

Abbildung 6.6 zeigt exemplarisch die AST-Rekonstruktion für die Zuweisung `v2 = v0 + v1`, wobei `v0`, `v1` und `v2` lokale Variablen sind. CIL-Instruktionen lassen sich an Hand ihres Kellerverhaltens klassifizieren: Jede Instruktion entnimmt eine Anzahl $n_{pop} \geq 0$ Operanden vom Stapel und legt $0 \leq n_{push} \leq 1$ Elemente darauf ab. Gruppiert man Instruktionen entsprechend ihres Kellerverhaltens, lassen sich die Gruppen direkt mit Produktionsarten der abstrakten SysDOM-Syntax identifizieren. Tabelle 6.7 zeigt die Einteilung. Instruktionen der Anweisungsgruppe $n_{push} = 0$ erzeugen Startsymbole, d.h. in sich abgeschlossene SysDOM-Anweisungen, die in der Ausgabe erscheinen.

Einen Sonderfall bilden Methodenaufrufe (`call`, `calli`, `callvirt`): Hier entscheidet die Signatur der aufgerufenen Methode, ob $n_{push} = 0$ (Prozedur / „`void`-Methode") oder $n_{push} = 1$ (Funktion). Sie legt fest, ob der Methodenaufruf auf den Ausdruckstapel wandert ($n_{push} = 1$) oder sofort in die Ausgabe übernommen wird ($n_{push} = 0$).

## 6.2.4 Methoden mit „async" Modifier

```csharp
while (true)
{
  // Arbeitsblock 1
  await Aufruf1();
  // Arbeitsblock 2
  await Aufruf2();
  // Arbeitsblock 3
  await Aufruf3();
}
```

**Abbildung 6.7:** C#-Code mit asynchronen Methodenaufrufen und Pausierungen

Mit C# 5.0 wurden Sprachmittel zur Beschreibung von Asynchronität eingeführt. Für eine formale Beschreibung der neuen Semantik sei an [Bie12] verwiesen. Hier sollen lediglich das neue Sprachkonzept und dessen Implikationen auf die Dekompilierung erläutert werden. Methodenaufrufe in einer sequentiellen Programmiersprache sind gewöhnlich synchron. Synchronität bedeutet hier, dass ein blockierender Methodenaufruf den ausführenden Thread blockiert, bis der Aufruf abgeschlossen ist. Asynchronität bedeutet, dass ein Programm an einer anderen Stelle fortgesetzt wird, sobald ein Aufruf blockieren würde. Die aufrufende Methode wird eher „pausiert" als blockiert.

Asynchronität in C# ist konzeptuell eng mit *Futures* [Bak77] verwandt, auch wenn dies von Bierman et. al [Bie12] nicht erwähnt wird. Ein *Future* bezeichnet einen Platzhalter für ein Ergebnis, das möglicherweise erst in der Zukunft bereitsteht. Ein asynchroner Methodenaufruf liefert nicht das Ergebnis selbst, sondern den Platzhalter, der in .NET meist durch die Datentypen `Task<T>` bzw. `Task` repräsentiert wird[1]. Der **await**-Operator pausiert die ausführende Methode, bis der asynchrone Aufruf abgeschlossen ist und liefert den Ergebniswert des *Future* zurück.

Asynchrone Methoden benötigen weder Kernel-Level- noch User-Level-Threads als Infrastruktur. Stattdessen werden sie mit Hilfe einer Compilertransformation in Zustandsautomaten verwandelt. Der Zustand kodiert jeweils den Einstiegspunkt, an dem die Methode beim nächsten Aufruf fortzusetzen ist. Eine asynchrone Methode pausiert sich selbst, indem sie einen Methodenzeiger auf sich an den Aufgerufenen weiterreicht

---

[1] Es ist zwar übliche Praxis, dass asynchrone Methoden den Rückgabetyp `Task<T>` oder `Task` liefern, jedoch nicht vorgeschrieben. Stattdessen muss der Rückgabetyp lediglich einen Vertrag in Form bestimmter Methodensignaturen erfüllen. Dieser Umstand wird im System#-Framework ausgenutzt, um die Konzepte einer ereignisdiskreten Simulationssprache nachzubilden.

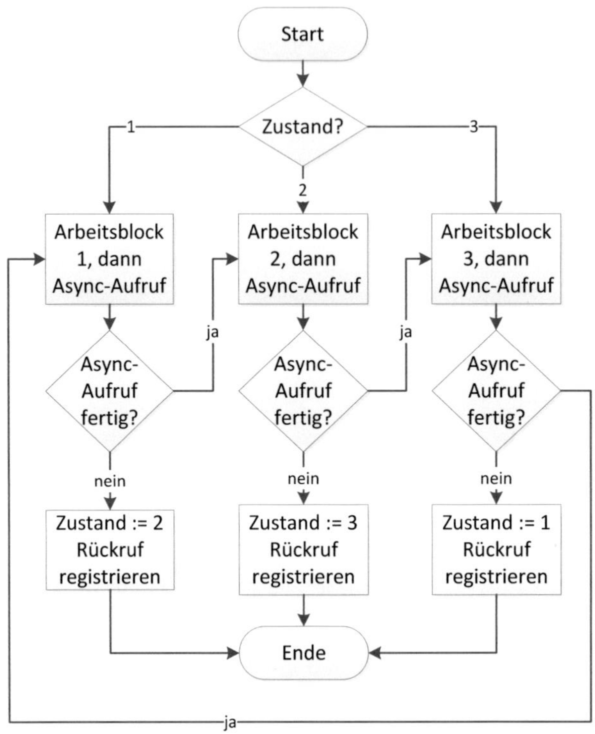


**Abbildung 6.8:** Kontrollfluss einer Methode, die Pausierungen enthält

und zurückkehrt. Schließt der Aufgerufene die Berechnung ab, setzt dieser die pausierte Methode über den gespeicherten Funktionszeiger fort.

Abbildung 6.7 zeigt ein Code-Beispiel mit asynchronen Methodenaufrufen und Pausierungen durch die **await**-Anweisung. Der Kontrollfluss durch den vom Compiler generierten Code wird durch Abbildung 6.8 illustriert. Es wird deutlich, dass der CFG der Methode seine Reduzierbarkeit einbüßt, die eine wichtige Voraussetzung für die dargelegten Rekonstruktionsalgorithmen ist. Daher wird der CFG einer asynchronen Methode zunächst einer Vorverarbeitung unterzogen, welche die Grundblöcke entsprechend ihrer Rolle klassifiziert[1]:

- Der Einstiegspunkt des CFG heißt *Selektionsblock.*

- Ein Knoten heißt *Zustandseinstieg,* falls dieser ein direkter Nachfolger des Selektionsblocks ist.

- Ein Knoten heißt *Transitionsblock,* falls dieser auf einen Zustandseinstieg verzweigt.

---

1  Die Klassifikation wurde im Rahmen einer Diplomarbeit [B/Hla13] implementiert.

An Hand dieser Klassifizierung wird der CFG restrukturiert und dem Dekompilierungs-prozess übergeben. Es wurden zwei Varianten der Restrukturierung implementiert:

- Die sequentielle Restrukturierung deklariert den zum Anfangszustand gehörigen Zustandseinstieg als neuen Einstiegspunkt um. Transitionsblöcke werden mit War-teanweisungen assoziiert, wobei der „nein"-Zweig (siehe Abbildung 6.8) gekappt wird. Man erhält die Struktur zurück, die der CFG hätte, wenn **await**-Aufrufe „gewöhnliche" Anweisungen wären.

- Unter der parallelen Restrukturierung werden konzeptuell alle „ja"-Kanten der Transitionsblöcke entfernt. Der CFG wird mit jedem Zustandseinstieg als Ein-stiegspunkt separat dekompiliert, so dass mehrere Dekompilate entstehen. Diese werden von einer Modelltransformation zu einem taktsynchronen Zustandsauto-maten zusammengesetzt, dessen VHDL-Repräsentation synthetisierbar ist.

  Unter Nutzung von **await**-Aufrufen lassen sich kontrollflusslastige Prozesse intuiti-ver modellieren. Leider scheitert die Logiksynthese an deren direkter Repräsentati-on in VHDL,  da die korrespondierenden **wait**-Anweisungen nicht synthetisierbar sind. Hier liegt die Stärke dieser Variante: Sequentiell beschriebene taktsynchrone Abläufe werden automatisiert in die eine Beschreibung als Zustandsmaschine verwandelt und sind somit für Logiksynthese geeignet.

Unter beiden Restrukturierungsvarianten wird die Struktur des CFG derart aufgebro-chen, dass dieser wieder reduzierbar ist. Somit können die bereits dargestellten Verfahren zur Dekompilierung weiterverwendet werden.

## 6.3 High-Level Synthese in System#

### 6.3.1 Übersicht

Abbildung 6.9 zeigt den in System# implementierten Ablauf der High-Level-Synthese. Er beginnt mit einer Verhaltensspezifikation im XIL-Format (siehe Abschnitt 5.2). Sie kann aus einer XML-Datei eingelesen werden, wie dies z.B. in Verbindung mit dem in Abschnitt 6.6 besprochenen Werkzeug SimCelerator der Fall ist. Wird System# hingegen alleinstehend als C#-basiertes Entwicklungsframework benutzt, kann ein interner Übersetzer auch XIL-Code aus einer SysDOM-Repräsentation erzeugen. Somit ist HLS auch für Hardwarebeschreibungen möglich, die in C#-Quelltext verfasst wurden.

XIL wird intern in zwei Varianten unterschieden: XIL-S entspricht der in Abschnitt 5.2 besprochenen Version, die konzeptuell von einer Kellermaschine ausgeführt wird. XIL-3 hingegen ist eine interne Repräsentation, die bei gleichem Instruktionssatz auf Drei-Adress-Code beruht. XIL-3 erleichtert die Implementierung von Scheduling-Algorithmen, da Datenabhängigkeiten in dieser Darstellung explizit gemacht werden. Die im Synthese-fluss durchlaufenen Stationen sind umfangreich konfigurierbar, so dass durch Austausch von Algorithmen verschiedene Synthesestrategien erprobt werden können. Die folgenden Unterabschnitte beschreiben die verfügbaren Bausteine im Detail.

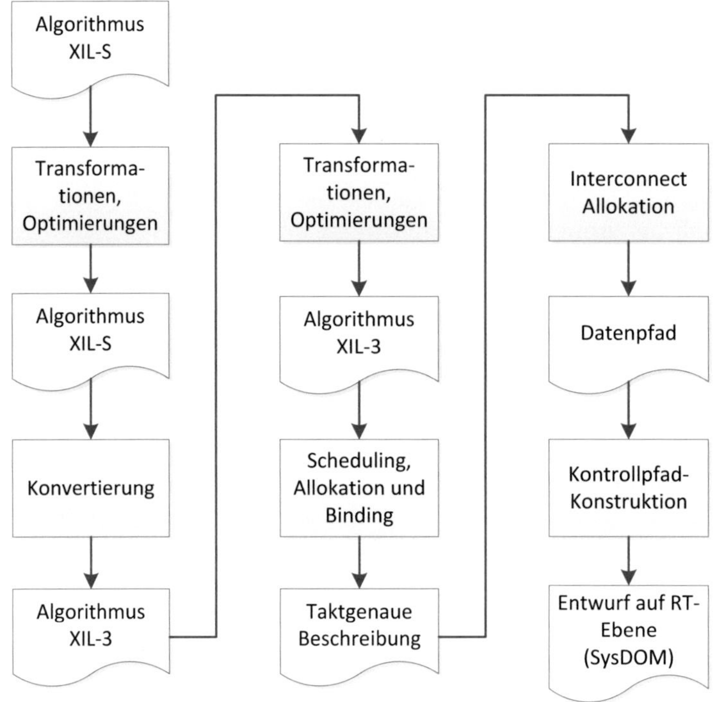


**Abbildung 6.9:** Im System# implementierter HLS Entwurfsfluss

## 6.3.2 Programmtransformationen

XIL-Code wird zunächst einigen Programmtransformationen unterzogen. Sie dienen einerseits der Optimierung, aber auch der Herstellung von Kompatibilität zwischen verwendetem Instruktionssatz und Zielplattform.

### Bestimmung impliziter Datenabhängigkeiten

Explizite Datenabhängigkeiten bestehen durch die Abhängigkeit der Operanden einer Instruktion von Ergebnissen vorangehender Instruktionen. Implizite Abhängigkeiten bestehen durch Zugriffe von Instruktionen auf gemeinsam genutzte Ressourcen, d.h. Programmvariablen, Arrays und Speicherbereiche. Diese Abhängigkeiten werden automatisiert bestimmt und in die Instruktionsliste rückannotiert. Diese Transformation nimmt keinerlei Änderungen am Programmverhalten vor. Sie reichert lediglich den CDFG um weitere Abhängigkeitskanten an, die vom Scheduling-Algorithmus berücksichtigt werden müssen.

### Normierung von Festkommaarithmetik

Bei arithmetischen Operationen über Festkommadatentypen kann eine Vielzahl von Kombinationen zwischen den Wortbreiten und Skalierungsfaktoren der Operandentypen und gewünschtem Ergebnistyp auftreten. Um die Abbildung von Instruktionen auf Hardware-Ressourcen nicht unnötig zu verkomplizieren, setzt diese gewisse Einschränkungen voraus. Beispielsweise muss sich bei einer Festkommaaddition das Komma bei beiden Operanden und beim Ergebnis an der gleichen Stelle befinden. Eine Programmtransformation überprüft die Einhaltung dieser Einschränkungen und fügt nötigenfalls Instruktionen zur Typkonversion ein.

### Emulation nicht unterstützter Instruktionen

Um die Vielfalt an benötigten Hardware-Ressourcen beherrschen zu können, werden einige XIL-Instruktionen durch andere emuliert. Negation beispielsweise kann in eine Subtraktion von 0 umgeschrieben werden. Ein weiteres Beispiel sind die Funktionen sin und cos: Diese können grundsätzlich auf einen Xilinx CORDIC IP Core [WWW/Xil11c] abgebildet werden. Allerdings unterstützt dieser nur Festkommaarithmetik und berechnet sin und cos parallel. Außerdem muss der Eingabewertebereich auf $[-\pi \ldots \pi]$ rad begrenzt sein, was in der Einheit rad eine teure Modulo-Operation impliziert. Stattdessen kann man den Core mit der Einheit „scaled radians" konfigurieren, was einer Skalierung von rad mit dem Faktor $\pi^{-1}$ entspricht. In dieser Darstellung kann der vorausgesetzte Wertebereich $[-1 \ldots 1]$ mit Hilfe einer Modulo-2-Operation hergestellt werden, die in Hardware mit wenigen kombinatorischen Elementen realisierbar ist.

Es wurden die XIL-Instruktionen `mod2` und `scsincos` geschaffen. Erstere stellt die Modulo-2-Operation dar, letztere bezieht ihre Semantik vom Verhalten dieses IP Cores. Eine Programmtransformation schreibt die XIL-Instruktionen `sin` und `cos` in eine Instruktionsfolge um, die `scsincos` nutzt. Hierzu wird eine Skalierungsinstruktion ergänzt, eine `mod2`-Instruktion, sowie nötigenfalls Konversionen von Gleitkomma nach Festkomma und zurück.

### Elimination unnötiger Sprünge

Sprunganweisungen konsumieren wegen der derzeitig eingesetzten Scheduling-Verfahren mindestens einen Taktschritt. Sie sollten daher auf ein Minimum reduziert werden. Wird ein Sprungziel durch eine Verkettung mehrerer unbedingter Sprünge erreicht, so wird das Ziel der gesamten Sprungsequenz in den ersten Sprungbefehl übertragen. Eine weitere Optimierung wird durchgeführt, wenn ein unbedingter Sprung direkt auf einen bedingten Sprung folgt, wie im folgenden Beispiel:

```
    ...
    brtrue L1 // Sprung zu L1, falls oberstes Stapelelement = wahr
    goto L2   // Unbedingter Sprung zu L2
L1: ...
L2: ...
```

Die gezeigte Sequenz kann in äquivalenten Code transformiert werden, der mit einem
einzigen Sprung auskommt:

```
    ...
    brfalse L2 // Sprung zu L1, falls oberstes Stapelelement = falsch
L1: ...
L2: ...
```

### XIL-S nach XIL-3

Diese Transformation schreibt XIL-S in Drei-Adress-Code XIL-3 um. Während Zwischenergebnisse in XIL-S auf einem konzeptuellen Stapel abgelegt werden, wird in XIL-3
jedem Ergebnis ein Behälter[1] zugeordnet. Es besteht keine Einschränkung hinsichtlich
der Anzahl der genutzten Behälter. Jedem Ergebnis wird ein individueller Behälter
zugeordnet, so dass jeder Behälter nur einmal zugewiesen wird (Static Single Assignment, SSA). XIL-S Code wird stets so erzeugt, dass jeder Grundblock einen leeren
Stapel hinterlässt. Somit entfallen die sonst bei SSA-Formen benötigten $\phi$-Funktionen.
Eine weitere Konsequenz ist, dass über Grundblöcke hinweg keine Datenabhängigkeiten
zwischen Behältern bestehen.

### Elimination gemeinsamer Unterausdrücke

Elimination gemeinsamer Unterausdrücke [Coc70] ist heute eine Standard-Optimierung,
die in nahezu jedem optimierenden Übersetzer zu finden ist. Sie beruht auf der Idee,
mehrfach auftretende identische Ausdrücke durch eine einzige Berechnung zu ersetzen.
Im Ausdruck $y \leftarrow (x_1 - x_0) \cdot (x_1 - x_0)$ taucht beispielsweise der Term $(x_1 - x_0)$ zweimal
auf. Um redundante Berechnungen zu vermeiden, würde man die Berechnung wie folgt
implementieren:

$$t \leftarrow (x_1 - x_0)$$
$$y \leftarrow t \cdot t$$

Wegen der SSA-Form lässt sich diese Optimierung besonders einfach für XIL-3 Code
umsetzen: Zwei Behälter werden als äquivalent definiert, wenn sie über gleichen arithmetischen Ausdrücken berechnet werden. Sobald äquivalente Behälter gefunden werden,
wird nur die Berechnung eines Repräsentanten beibehalten, und alle Vorkommen der
Behälter werden durch den Repräsentanten ersetzt.

## 6.3.3 Komponentenbibliothek

Die Komponentenbibliothek ist ein Dienst, der für die Schritte Scheduling, Ressourcen-
Allokation und Binding eine zentrale Rolle spielt. Er stellt eine Sammlung von Komponenten bereit, die auf der Hardware-Plattform instanziiert werden können. Jede

---

1  Behälter könnte man ebenso gut als Variablen bezeichnen. Der Begriff wurde bewusst gewählt, um
   Verwechslungen mit Programmvariablen zu vermeiden.

XIL-Instruktion wird letztlich einer Instanz dieser Komponenten zugeordnet werden. Die Sammlung umfasst sowohl funktionale Modelle von Komponenten, deren Verhalten auf der deskriptiven Ebene in System# spezifiziert wurde, als auch Modelle von Xilinx IP Cores. Die Komponentenbibliothek ist erweiterbar. Jedes in ihr registrierte Bibliothekselement implementiert wohldefinierte Schnittstellen, mit deren Hilfe der Dienst eine Zuordnung zwischen Instruktionen und Komponenteninstanzen vornehmen kann:

- Gegeben eine Instruktion $I$, erzeuge eine Komponenteninstanz $K$, die $I$ implementiert.

- Gegeben eine Instruktion $I$ und eine Komponenteninstanz $K$, kann $I$ von $K$ implementiert werden?

Jede Zuordnung zwischen Instruktion und Komponente bedarf weiterer Metainformationen, die vom Dienst ebenfalls zur Verfügung gestellt werden:

- Initiierungsintervall und Latenz

- Identifikation des Takteingangs (falls existent)

- Transaktionsprotokoll

Latenz ist die Anzahl der Taktschritte, die zum Ausführen der Instruktion auf der Komponente benötigt werden. Da statisches Scheduling eingesetzt wird, ist die Latenz eine Konstante. Sie hängt niemals davon ab, zu welchem Zeitpunkt die Instruktion ausgeführt wird oder in welchem Zustand sich die Komponente gerade befindet. Sie kann sehr wohl von Instruktionsparametern abhängen: Eine Multiplikation wird z.B. bei großer Wortbreite länger als bei kleiner Wortbreite dauern. Rein kombinatorische Komponenten haben eine Latenz von 0. Das Initiierungsintervall (II) gibt die Anzahl von Taktschritten an, nach der auf derselben Komponente eine weitere Operation initiiert werden darf. Wenn arithmetische Einheiten als Pipeline implementiert sind, ist das II kleiner als die Latenz.

Das Transaktionsprotokoll beschreibt den zeitlichen und örtlichen Verlauf der Operation. Es definiert, zu welchen Zeitpunkten welche Operanden an welchen Ports angelegt werden müssen und an welchem Port das Ergebnis zur Verfügung steht. Transaktionsprotokolle werden in Form einer Liste angegeben. Das Listenelement an Position $i$ definiert die Signaltransfers in Taktschritt $i$ seit Beginn der Operation. Bei kommutativen Operationen können Operanden vertauscht werden. Dies äußert sich in zwei alternativen Transaktionsprotokollen, die vom Dienst zurückgegeben werden.

Darüber hinaus stellt die Komponentenbibliothek ein Klassifikationsschema bereit, das jede Komponente in einen der drei folgenden Ressourcentypen unterscheidet:

- Leichtgewichtige Ressource

- Replizierbare Ressource

- Exklusive Ressource

Leichtgewichtige Ressourcen benötigen keine oder kaum Logik. Es macht keinen Sinn, sie über mehrere Instruktionen gemeinsam zu nutzen. Beispielsweise Konkatenations- und Indizierungsoperationen (mit konstantem Index) auf Bitvektoren werden von trivialen Komponenten dargestellt, die keinerlei Logik benötigen. Ein weiteres Beispiel ist die Multiplexer-Komponente. Sie benötigt zwar Logik-Ressourcen, doch würde ihre gemeinsame Nutzung weitere Multiplexer mit gleicher oder ähnlicher Komplexität implizieren, so dass im Ergebnis nichts gewonnen wäre.

Exklusive Ressourcen dürfen nur einmal instanziiert werden. Instruktionen, die einer exklusiven Ressource zugeordnet werden, dürfen nicht auf eine alternative Instanz der gleichen Ressource abgebildet werden. Instruktionsgruppen, die derselben exklusiven Ressource zugeordnet sind, dürfen somit nicht parallelisiert werden. Ein Beispiel bilden Schreiboperationen auf denselben Port.

Alle anderen Komponenten sind replizierbare Ressourcen. Zum Zweck der Parallelisierung kann man weitere Instanzen bilden oder zum Einsparen von Chipfläche Instanzen wiederverwenden. Sie bilden die "Verhandlungsmasse" im Schritt Ressourcen-Allokation und Binding.

## 6.3.4 Scheduling

Es wurden folgende Scheduling-Verfahren implementiert:

- As Soon As Possible (ASAP) Scheduling

- As Late As Possible (ALAP) Scheduling

- Ressourcen-beschränktes ASAP Scheduling

- Ressourcen-beschränktes ALAP Scheduling

- Force Directed Scheduling (FDS)

Der CDFG wird zunächst in Grundblöcke zerlegt, die dem jeweiligen Scheduling-Verfahren separat übergeben werden. Eine überlappende Programmausführung über Grundblockgrenzen hinweg ist mit diesem Ansatz zwar nicht erzielbar, doch weisen Simulationsprogramme im betrachteten Kontext ohnehin meist einen vollkommen linearen Kontrollfluss auf. Ferner ist es im HiL-Szenario nicht empfehlenswert, die Gesamtberechnung mit sich selbst zu überlappen (Pipelining), da sich trotz kleinerer Modellschrittweite die Gesamtlatenz der Berechnung erhöhen würde (vgl. Unterabschnitt 4.1.2).

Alle Scheduling-Algorithmen greifen auf Latenz-Informationen der Komponentenbibliothek zurück. Es wird vorausgesetzt, dass jede Instruktion eindeutig einer Komponente zugeordnet werden kann. Wäre dies nicht der Fall, könnte die Latenz einer Instruktion von der gewählten Komponente abhängen, die aber zum Scheduling-Zeitpunkt noch nicht entschieden ist.

ASAP bzw. ALAP Scheduling ordnet jede Instruktion dem frühestmöglichen bzw. spätestmöglichen Zeitschritt zu, so dass alle Datenabhängigkeiten zwischen Instruktionen berücksichtigt und die Länge des resultierenden Schedule minimal ist. Ressourcen-beschränktes ASAP bzw. ALAP Scheduling ist eine Variante, bei der die maximale Parallelität gleichartiger Instruktionen beschränkt wird. Wenn die Zuordnung der Instruktion zum aktuellen Zeitslot die zulässige Parallelität übersteigt, wird diese zum nächstmöglichen späteren (ASAP) bzw. früheren (ASAP) Zeitschritt zugeordnet. FDS minimiert für eine vorgegebene Schedule-Länge heuristisch die maximale Parallelität gleichartiger Instruktionen. Für eine genaue Erläuterung des Verfahrens sei an die Originalliteratur [Pau87, Pau89] verwiesen.

### 6.3.5 Ressourcen-Allokation und Binding

Während der Schedule festlegt, wie viele Instanzen einer Komponente *mindestens* benötigt werden, lässt er offen, wie viele Instanzen tatsächlich erzeugt werden und welche Instruktion welcher Instanz zugeordnet wird. Werden mehrere Instruktionen derselben Instanz zugeordnet, müssen möglicherweise Multiplexer an den Eingangsports dieser Instanz eingeführt werden, um zwischen verschiedenen Operanden zu selektieren. System# bezieht folgende Kriterien ein, wenn über die gemeinsame Nutzung einer Ressource entschieden wird:

- Wenn die eingeführten Multiplexer mehr Chipfläche benötigen als eine weitere Instanz der Komponente, ist gemeinsame Nutzung nicht sinnvoll. Dies trifft (modellhaft) genau auf alle leichtgewichtigen Ressourcen zu.

- Wenn die eingeführten Multiplexer den kritischen Pfad des Entwurfs über die geforderte Taktperiode verlängern, ist gemeinsame Nutzung unzulässig.

Das zweite Kriterium ist hochgradig technologiespezifisch und hängt letztlich vom Ergebnis aus Technologie-Mapping und Platzierung ab. Daher arbeitet System# mit einem abstrakten heuristischen Maß, das mit Eingangskostenfunktion bezeichnet (EKF) wird.

Sei $P_I$ ein Eingangsport einer Komponenteninstanz, und bezeichne $\text{preds}(P_I)$ die Menge der Ausgangsports, die unter der aktuellen Binding-Situation zu $P_I$ verbunden werden müssen. Falls $|\text{preds}(P_I)| \geq 2$, muss ein Multiplexer vor $P_I$ eingeführt werden. Eine Verbindung $(P_O, P_I)$, die von einem Ausgangsport $P_O \in \text{preds}(P_I)$ zu $P_I$ herge-stellt werden muss, unterliegt darüber hinaus zeitlichen Anforderungen, die durch den Schedule vorgegeben werden. Sei $\text{slack}(P_O, P_I)$ die kleinste Zeitdauer (in Taktschritten), die der Schedule einem Datentransport von $P_O$ nach $P_I$ einräumt. Große Werte von $\text{slack}(P_O, P_I)$ kennzeichnen eine Verbindung als weniger kritisch: Es können Pufferre-gister vor und nach Multiplexern eingefügt werden, so dass der kritische Pfad nicht beeinflusst wird. Tatsächlich ist das in Abbildung 6.10 gezeigte 8:1 Multiplexernetzwerk in Bezug auf den kritischen Pfad genauso teuer wie ein einzelner 2:1 Multiplexer. Diese Überlegung motiviert die Definition der EKF:

$$\text{EKF}(P_I) = \sum_{P_O \in \text{preds}(P_I)} 2^{-\text{slack}(P_I, P_O)}$$

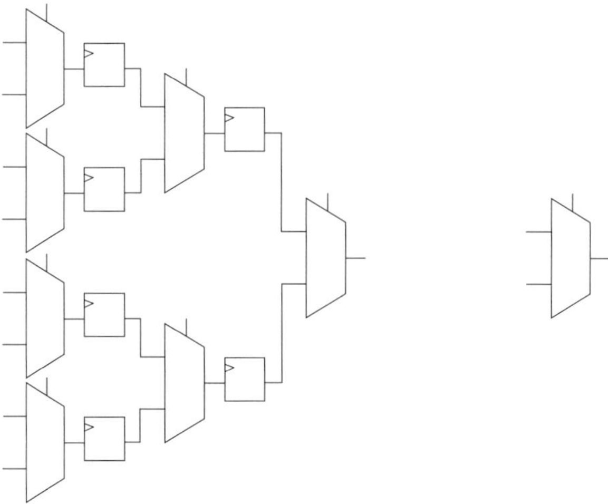

**Abbildung 6.10:** Multiplexernetzwerk und einzelner 2:1 Multiplexer

Basierend auf der EKF wurde in System# eine Greedy-Heuristik für Ressourcen-Allokation und Binding implementiert, die parallel zum Scheduling ausgeführt wird. Das Verfahren erhält einen Wert $K_{max}$ als Eingabeparameter. $K_{max}$ definiert einen Maximalwert, den die EKF an keinem Eingangsport überschreiten darf. Soll eine Instruktion $I$ zugeordnet werden, werden zunächst alle bisher instanziierten Komponenten untersucht, die $I$ implementieren können. Für jede dieser Komponenten werden unter einer hypothetischen Zuordnung von $I$ die neuen Kostenfunktionen berechnet. Es werden diejenigen Zuordnungen selektiert, bei denen keine EKF den Maximalwert $K_{max}$ überschreitet. Gibt es keine solche Zuordnung, muss eine neue Komponente instanziiert werden. Gibt es mehrere Möglichkeiten, wird diejenige Zuordnung ausgewählt, die in der Summe den geringsten Anstieg der Kostenfunktionen verursacht. Wenn es sich um eine leichtgewichtige Ressource handelt, wird diese wiederverwendet, falls keine EKF ansteigt.

## 6.3.6 Interconnect-Allokation

Die durch Scheduling und Allokation/Binding implizierten Datentransporte werden in dieser Phase auf Register zugeordnet. Das Vorgehen erfolgt prinzipiell nach dem weit verbreiteten Left-Edge Algorithmus [Has88], der eine Zuordnung mit minimaler Gesamtzahl von Registern findet. Die Zuordnung findet auf Wortebene statt, d.h. der Transfer eines $n$ Bit breiten Worts wird als atomare Transaktion einem einzigen, $n$ Bit breiten Register zugeordnet. Zwei Datentransfers unterschiedlicher Wortbreiten dürfen nicht demselben Register zugeordnet werden. Zwar könnte man durch Aufheben dieser Einschränkung weitere Flipflops einsparen. Die Entscheidung wurde jedoch bewusst getroffen, da Transfers verschiedener Wortbreiten niemals gemeinsame Quellen oder Senken haben können. Um Multiplexer einzusparen, ist es günstiger, solche Transfers über verschiedene Register zu leiten (siehe Abbildung 6.11). Bei LUT-basierten FPGA sind Multiplexer eine vergleichsweise teure Ressource, so dass sich durch bevorzugtes Verwenden von Registern ein Vorteil ergeben kann [Che04, Ava05].

**Abbildung 6.11:** Beispiel: Die rechte Variante benötigt zwar ein Flipflop weniger, dafür aber einen Multiplexer mehr.

## 6.3.7 Kontrollpfad-Synthese

Der Kontrollpfad des Entwurfs steuert zustandsgetrieben die Datenflüsse zwischen funktionalen Einheiten, Registern und Ein- bzw. Ausgängen. Er kann in zwei Varianten implementiert werden, die im Folgenden dargestellt werden.

### Explizit kodierter Zustandsautomat

Die Implementierung als explizit kodierter Zustandsautomat führt zu VHDL-Code, der die Richtlinien des Logiksynthesewerkzeugs zur Beschreibung taktsynchroner Automaten einhält. Somit kann dieses spezifische Optimierungen durchführen, die zu einer schnellen und kompakten Implementierung führen. Dies betrifft insbesondere die Wahl der Zustandskodierung (siehe Unterabschnitt 3.4.1). System# generiert einen Enumerationsdatentyp, der Zustände symbolisch kodiert. Dieser Beschreibungsstil wird von Xilinx empfohlen [WWW/Xil12c], da das Logiksynthesewerkzeug dann eigenständig eine optimale Kodierung bestimmt.

### Horizontal mikrobefehlskodierte Architektur

Abbildung 6.12 zeigt den Grundaufbau einer mit System# synthetisierten HMA. Registertransfers werden als Sequenz von Kontrollworten in einem ROM gespeichert. Ein Kontrollwort (KW) reiht Schaltsymbole aneinander, welche die Konfiguration des Datenpfads bestimmen. Schaltsymbole sind in zwei Klassen unterteilt: Symbole $s_i$ kodieren die Eingangsselektion eines Multiplexers im Datenpfad, während Symbole $v_i$ einen Wert beinhalten, der in den Datenpfad eingeschleust wird. Dies kann der Wert einer zu ladenden Konstante sein, das Alternativziel eines bedingten Sprungs oder auch ein Steuersignal zur Funktionsauswahl einer arithmetischen Einheit.

Eine wohlbekannte Problematik dieser Architekturen liegt in der Länge des Kontrollworts, die zu einer speicherintensiven Kodierung des Programms führt. Es stellte sich schnell heraus, dass parallelisierte physikalische Berechnungen besonders stark von dieser Problematik betroffen sind: Teilweise wurden Kontrollwortbreiten jenseits von 1000 bit ermittelt. Techniken zur Kontrollwortkompression versprechen Linderung. Speziell Wörterbuch-basierte Ansätze [Bor06, Gor07, Bor11] eignen sich für SRAM-basierte FPGAs, da die Wörterbücher in Form von LUTs oder RAM-Blöcken implementiert

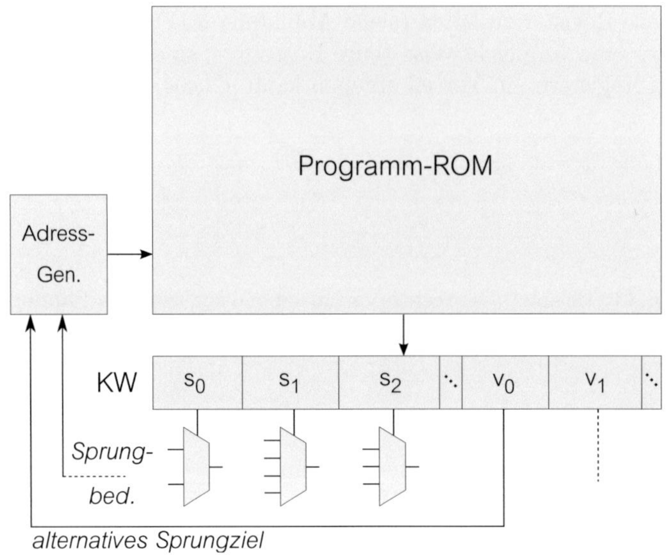



**Abbildung 6.12:** Horizontal mikrobefehlskodierte Architektur

werden können. Grundidee der Verfahren ist, dass Schaltsymbole meist nicht in beliebigen Kombinationen, sondern korreliert auftreten. Somit ist die gemeinsame Entropie $H(s_i, s_j)$ zweier Schaltsymbole meist echt kleiner als $H(s_i) + H(s_j)$. Kodiert man alle tatsächlichen Kombinationen von $s_i$ und $s_j$ in einem gemeinsamen Symbol $s'$, werden weniger als $s_i \cdot s_j$ Symbole benötigt. Ein Wörterbuch restauriert die ursprünglichen Schaltsymbole aus $s'$. Im Extremfall[1] degeneriert das Wörterbuch zu einem Speicher, der so groß ist wie der ursprüngliche Programmspeicher. In diesem Fall gäbe es keine Einsparung mehr. Effektive Kompressionstechniken suchen deshalb eine optimale Partitionierung von Schaltsymbolen zu Wörterbüchern. Im Optimum ist die Summe aus Programmspeichergröße und allen Wörterbuchgrößen minimal.

Während die Verfahren [Bor06, Gor07, Bor11] sämtlich Partitionierungstechniken einsetzen, werden diese nur in [Bor06, Bor11] erläutert. Dafür nutzt die Kompressionstechnik aus [Gor07] explizit *don't care*-Symbole zur Optimierung. Sie entstehen, da nicht jede funktionale Einheit des Datenpfads zu jedem Zeitpunkt benutzt wird. In diesem Fall spielen die Belegung der Einheit mit Operanden und die Funktionsauswahl keine Rolle, so dass man eine willkürliche Konfiguration wählt, unter der möglichst kein neues Symbol eingeführt wird.

Das in dieser Arbeit entwickelte Kompressionsverfahren unterscheidet sich in einigen Merkmalen von den erwähnten Arbeiten: Während [Bor06, Gor07, Bor11] binär kodierte Kontrollwortsequenzen verarbeiten und keinerlei a priori Informationen über die Struktur der Kontrollwörter nutzen, erschien es sinnvoller, die Kompression in einer

---

1   Der Extremfall tritt ein, wenn man alle Schaltsymbole zusammenfasst und sich im Programm keine Kontrollwörter wiederholen.

früheren Stufe anzuwenden. Das entwickelte Verfahren arbeitet daher über abstrakten Alphabeten. Derart kodierte Kontrollwörter kommen im Vergleich zum Binäralphabet mit weniger Spalten aus, so dass der Kompressionsalgorithmus effizienter arbeiten kann. Die Wörterbücher sollten sich auf LUT-Ressourcen abbilden lassen. Dabei ist zu beachten, dass bei großen Symbolalphabeten mehrere LUTs hintereinander geschaltet werden müssen, womit sich der kombinatorische Pfad verlängert. Bei Bausteinen der Familien Virtex-5 und Virtex-6 hat eine LUT-Primitive 6 Eingänge, womit ein Alphabet von maximal $2^6 = 64$ Symbolen realisiert werden kann. Der Partitionierungsalgorithmus sollte dies als obere Schranke berücksichtigen. Aus diesen Überlegungen motiviert sich das umgesetzte Kompressionsverfahren, wobei noch einige Formalisierungen eingeführt werden müssen.

**Definition 15 (Alphabet)** *Ein Alphabet $\Sigma_n$ ist eine Menge von $n \geq 1$ unterscheidbaren Symbolen. Ein mit $\Sigma_n^X$ notiertes Alphabet ist ein Alphabet von $n + 1$ Symbolen mit einem ausgezeichneten Symbol $X$, das mit* Don't-Care-Symbol *(DC-Symbol) bezeichnet wird. Alle Symbole außer $X$ heißen reguläre Symbole.*

**Definition 16 (Kontrollwort)** *Ein Kontrollwortalphabet $\Sigma_{n_1,...,n_k}$ ist eine Produktmenge von Alphabeten: $\Sigma_{n_1,...,n_k} = \Sigma_{n_1} \times ... \times \Sigma_{n_k}$. Ein Kontrollwort $KW = (\sigma_1, ..., \sigma_k)$ ist ein Element eines Kontrollwortalphabets.*

**Definition 17 (Mikroprogramm)** *Ein Mikroprogramm $P = ((\sigma_{i,j}))$ der Länge $L$ über einem Kontrollwortalphabet $\Sigma_{n_1,...,n_k}$ ist eine Folge $(KW_i) = ((\sigma_{i,1}, ..., \sigma_{i,k}))$ von $L$ Kontrollwörtern $(i = 1...L)$. Eine Spaltenprojektion $P^{(j_1,...,j_m)}$ bezeichnet das Mikroprogramm, das man aus $P$ durch Auswahl der Spalten $(j_1, ..., j_m)$ erhält: $P^{(j_1,...,j_m)} = ((\sigma_{i,j_1}, ..., \sigma_{i,j_m}))$ $(i = 1...L)$. $P^j$ sei die Spaltenprojektion $P^{(j)}$ und wird synonym als Programmspalte $j$ bezeichnet.*

Mit diesen Definitionen kann die Wörterbuch-basierte Kontrollwortkompression von Mikroprogrammen formal gefasst werden: Ein Programm wird in Spaltenprojektionen partitioniert, wobei jede Spaltenprojektion über einem neuen Alphabet kodiert wird. Offensichtlich ist eine Partition vorteilhaft, wenn ein Binärcode für diese Partition weniger Bits benötigt als die Binärcodes der einzelnen Spalten zusammen:

$$\lceil \log_2 |\{(\sigma_{i,j_1}, ..., \sigma_{i,j_m}) \mid i = 1...L\}| \rceil < \sum_{j=1}^{k} \lceil \log_2 n_j \rceil.$$

Komplizierter wird es, wenn das Mikroprogramm Vorkommen des DC-Symbols enthält, denn die linke Seite der Ungleichung liefert dann nur eine obere Schranke. Tatsächlich kann man den Kodierungsaufwand durch geschicktes Ersetzen aller Vorkommen des DC-Symbols minimieren. Im Allgemeinen handelt es sich dabei um ein nichttriviales Optimierungsproblem. In [Gor07] wird eine Reduktion auf das Knotenfärbungsproblem gegeben. Für den Fall, dass eine Spaltenprojektion genau zwei Spalten umfasst, existiert jedoch ein einfaches optimales Verfahren. Es bildet die Basis für den entwickelten heuristischen Kompressionsalgorithmus:

- Für jedes Vorkommen eines Kontrollworts der Form $(\sigma, X)$, $\sigma \neq X$: Suche ein Kontrollwort $(\sigma, \rho)$, so dass $\rho \neq X$.

  - Falls ein solches existiert, ersetze jedes Vorkommen von $(\sigma, X)$ durch $(\sigma, \rho)$.
  - Falls nicht, suche ein Kontrollwort der Form $(X, \rho)$, $\rho \neq X$. Falls ein solches existiert, ersetze jedes Vorkommen von $(\sigma, X)$ durch $(\sigma, \rho)$. Falls nicht, ersetze jedes Vorkommen von $(\sigma, X)$ durch $(\sigma, \rho)$, so dass $\rho$ *irgendein* reguläres Symbol ist.

- Verfahre analog für alle Kontrollwörter der Form $(X, \sigma)$, $\sigma \neq X$.

Wendet man dieses Verfahren iterativ auf breitere Spaltenprojektionen an, erhält man eine heuristische Reduktion der Symbolmenge. Dass das Resultat nicht notwendig optimal ist, zeigt folgendes Beispiel. Das Mikroprogramm $P$ sei gegeben durch

$$
P = \begin{matrix}
(a, & b, & X), \\
(a, & X, & c), \\
(a, & d, & e).
\end{matrix}
$$

Eine minimale Symbolmenge für $P$ ist offensichtlich $S_{min} = \{(a,b,c),(a,d,e)\}$. Wendet man die Heuristik zunächst auf die ersten beiden Spalten und danach auf die verbleibenden beiden Spalten an, können sich folgende Ersetzungen ergeben:

$$
P = \begin{matrix}
(a, & b, & X), \\
(a, & X, & c), \\
(a, & d, & e)
\end{matrix}
\;\Rightarrow\;
\begin{matrix}
((a,b), & X), \\
((a,d), & c), \\
((a,d), & e)
\end{matrix}
\;\Rightarrow\;
\begin{matrix}
(a,b,c), \\
(a,d,c), \\
(a,d,e).
\end{matrix}
$$

Die resultierende Symbolmenge $S = \{(a,b,c),(a,d,c),(a,d,e)\}$ ist suboptimal. Wendet man das Verfahren zuerst auf die letzten beiden Spalten an, wird hingegen die minimale Symbolmenge gefunden.

Algorithmus 8 zeigt das Gesamtverfahren zur Kontrollwortkompression. In jedem Durchgang wird das dasjenige Paar von Programmspalten gesucht, bei deren gemeinsamer Kodierung die meisten Bits eingespart werden (*gain* maximal). Der Aufruf an "minimale Symbolmenge von $P^{(j_1, j_2)}$" setzt die zuvor geschilderte Minimierungsheuristik ein. Über den Parameter $b_{max}$ lässt sich eine Obergrenze für die Anzahl der Bits festlegen, die zu einer gemeinsamen Kodierung verwendet werden dürfen. Für FPGAs der Familien Virtex-5 und Virtex-6 ist beispielsweise $b_{max} = 6$ sinnvoll, da die Dekoder dann mit einer LUT-Tiefe von 1 implementiert werden können.

Abbildung 6.13 zeigt eine exemplarische HMA nach der Kontrollwortkompression. Im Vergleich zur HMA aus Abbildung 6.12 wurden beispielhaft die Symbole $s_1$ und $s_2$ gemeinsam kodiert, so dass zwei Dekoder auf denselben Abschnitt des Kontrollworts zurückgreifen. Das Selektionssignal der Datenpfadmultiplexer wird 1-aus-n-kodiert, so dass letztere als Kombination von *Und*-Gattern und einem *Oder*-Gatter beschrieben werden. Auf den ersten Blick erscheint dies kontraproduktiv, da das Selektionssignal für $n$ Eingänge nun $n$ statt $\lceil \log_2 n \rceil$ Leitungen umfasst. Tatsächlich handelt es sich um eine Optimierung für die CLB-Architektur der betrachteten Zielbausteinfamilien. Hier kann

---

**Algorithmus 8** Kontrollwortkompression für HMA

---

**procedure** KONTROLLWORTKOMPRESSION($P$: Mikroprogramm)
   **loop**
      $bestGain \leftarrow 0$
      **for all** $j_1 = 1 \ldots k$ **do**
         **for all** $j_2 = j_1 + 1 \ldots k$ **do**
            $S_1 \leftarrow$ Symbolmenge von $P^{j_1}$
            $S_2 \leftarrow$ Symbolmenge von $P^{j_2}$
            $S_{1,2} \leftarrow$ minimale Symbolmenge von $P^{(j_1,j_2)}$
            $b_1 \leftarrow \lceil \log_2 |S_1 \backslash \{X\}| \rceil$
            $b_2 \leftarrow \lceil \log_2 |S_2 \backslash \{X\}| \rceil$
            $b_{1,2} \leftarrow \lceil \log_2 |S_{1,2} \backslash \{(X, X)\}| \rceil$
            $gain \leftarrow b_1 + b_2 - b_{1,2}$
            **if** $b_{1,2} \leq b_{max}$ **and** $gain > bestGain$ **then**
               $bestGain \leftarrow gain$
               $j_1^* \leftarrow j_1$
               $j_2^* \leftarrow j_2$
             **end if**
         **end for**
      **end for**
      **if** $bestGain = 0$ **then**
         **return**
      **end if**
      $P \leftarrow$ Kodiere Spalten $j_1^*$ und $j_2^*$ gemeinsam.
      $k \leftarrow k - 1$
   **end loop**
**end procedure**

---

die Struktur im Idealfall auf den *Fast Carry Logic Path* eines Slice abgebildet werden, der in Abbildung 6.14 wiedergegeben ist. Legt man die Datensignale auf "O6 from LUTA ... LUTD" und die Selektionssignale auf AX ... DX (oder umgekehrt), kann ein 4:1 Multiplexer realisiert werden, ohne dass eine einzige weitere LUT-Ressource verbraucht wird. Optional werden die Dekoderausgänge von der HMA-Synthese mit Registern gepuffert, so dass der kombinatorische Pfad zur Dekodierung nicht bis in den Datenpfad durchschlägt. In diesem Fall wird jeder Mikrobefehl um einen Taktschritt verzögert ausgeführt, was bei Sprüngen berücksichtigt werden muss: Der Mikrobefehl, der dem Sprung unmittelbar folgt, wird ebenfalls ausgeführt – ein Verhalten, das bereits von DLX-Pipelines [Hen94] her bekannt ist. In System# wird es durch Anfügen eines Leerbefehls kompensiert.

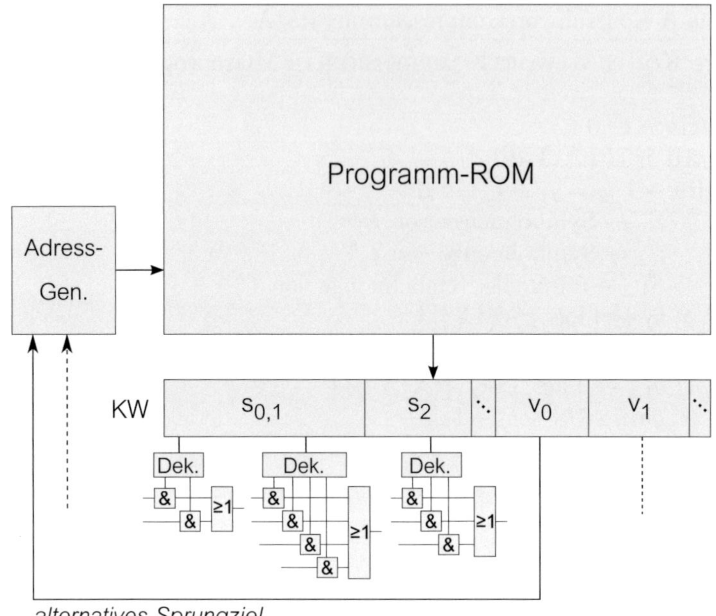



**Abbildung 6.13:** HMA nach Kontrollwortkompression mit 1-aus-n-kodierten Selektionssignalen

## 6.3.8 Syntheseplan

Der gesamte Ablauf der HLS wird über eine zentrale Datenstruktur, den Syntheseplan, konfiguriert. Er definiert Art und Reihenfolge der auszuführenden Programmtransformationen, die verfügbaren Elemente der Komponentenbibliothek, Scheduling-Algorithmus, Allokations-/Binding-Algorithmus, Algorithmus zur Interconnect-Allokation, Algorithmus zur Kontrollpfad-Konstruktion, sowie eventuelle Parameter dieser Algorithmen. Speziell Xilinx IP Cores können meist vielfältig parametriert werden. Dies betrifft einerseits das Zeitverhalten (Initiierungsintervall, Latenz) und andererseits die Implementierungsstrategie (Flächenbedarf gegen Performanz, DSP-lastige gegen LUT-lastige Implementierung). Entsprechende Parametersätze werden im Syntheseplan hinterlegt.

Mit dem Syntheseplan steht ein einfach handhabbares und mächtiges Werkzeug zur automatisierten Entwurfsraumexploration bereit. Durch Variation von Parametern des Syntheseplans können verschiedenartige Synthesestrategien evaluiert und gegenübergestellt werden. Dies ist ein besonders wichtiger Aspekt, da HLS-Verfahren bisher noch nicht auf die Domäne physikalischer Simulationen angewendet wurden.

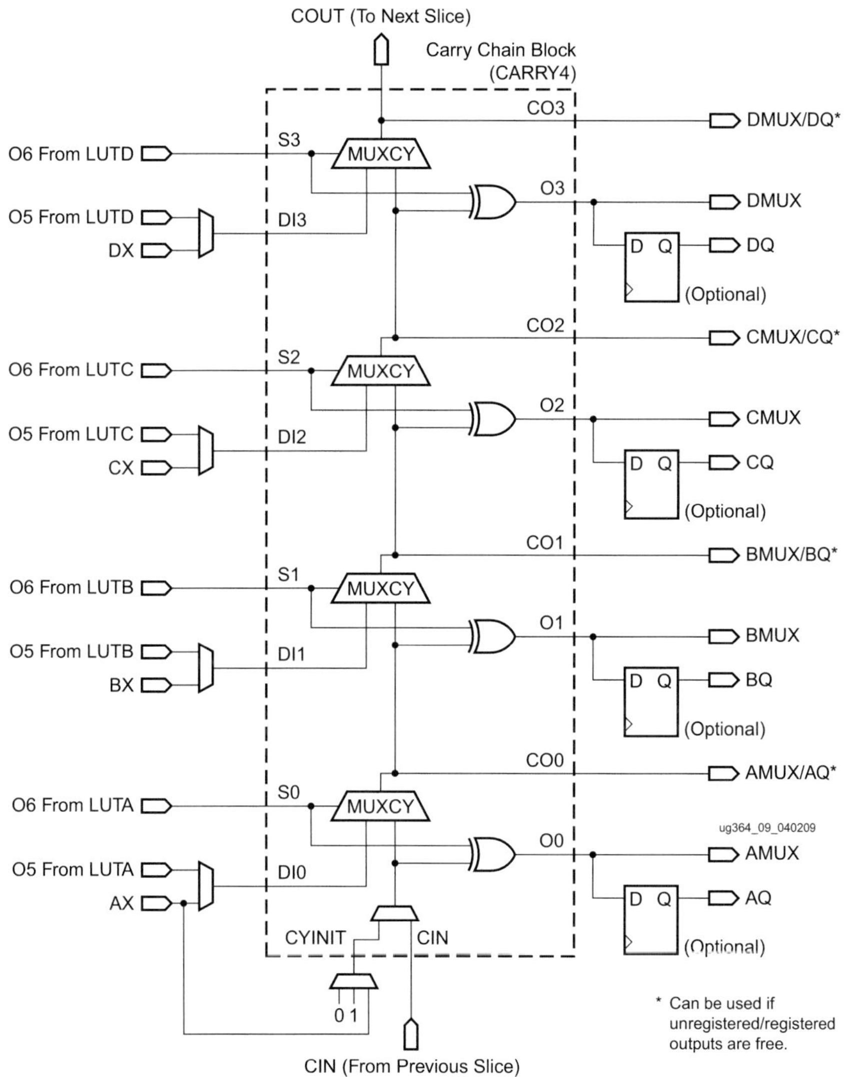


**Abbildung 6.14:** Fast Carry Logic Path im Slice eines Xilinx Virtex-6 CLB [WWW/Xil12e]

## 6.4 Domänen-spezifische Bausteine

### 6.4.1 Behandlung linearer Systeme

In Abschnitt 4.1.1 wurde beobachtet, dass in der Antriebsstrangsimulation lineare Gleichungssysteme moderater Dimension ($< 20$) entstehen. Zu deren Behandlung wurde im Rahmen einer betreuten Diplomarbeit [B/Fis11] ein FPGA-basierter Solver für lineare Gleichungssysteme entworfen und veröffentlicht [Fis12]. Da die meisten in der Praxis auftretenden Gleichungssysteme sogar sehr kleine Dimensionen ($\leq 5$) aufweisen, wurde ergänzend ein Inline-Verfahren für kleine Gleichungssysteme entwickelt. Die Grundidee besteht darin, einen Lösungsalgorithmus für lineare Gleichungssysteme symbolisch auszuführen, so dass man geschlossene Lösungsvorschriften in Abhängigkeit von Matrixkoeffizienten und Restvektor erhält. Als motivierendes Beispiel betrachte man die Cramersche Regel, welche die Lösung für ein System $Ax = b$ liefert durch

$$ x_i = \frac{\det A_i}{\det A}. $$

$A_i$ ist die Matrix, die entsteht, wenn man die $i$-te Spalte von $A$ durch $b$ ersetzt. Für ein System der Dimension $2 \times 2$ mit

$$ \begin{pmatrix} a_{1,1} & a_{1,2} \\ a_{2,1} & a_{2,2} \end{pmatrix} \begin{pmatrix} x_1 \\ x_2 \end{pmatrix} = \begin{pmatrix} b_1 \\ b_2 \end{pmatrix} $$

erhält man $x_1 = \frac{a_{2,2}b_1 - a_{1,2}b_2}{a_{1,1}a_{2,2} - a_{1,2}a_{2,1}}$ und $x_2 = \frac{a_{1,1}b_2 - a_{2,1}b_1}{a_{1,1}a_{2,2} - a_{1,2}a_{2,1}}$. Lässt man zusätzlich strukturelle Informationen über das Gleichungssystem einfließen, z.B. dass bestimmte Koeffizienten verschwinden, lässt sich die Lösungsvorschrift für eine Problemklasse personalisieren und vereinfachen. Leider beruht die Cramersche Regel auf der Berechnung von Determinanten. Berechnet man diese mit Hilfe der Leibniz-Formel, steigt der Rechenaufwand in der Fakultät der Dimension an. Alternativ könnte man die LR-Zerlegung wählen. Allerdings ist das Verfahren nur mit Pivotisierung stabil. Kann man nicht sicher ausschließen, dass bestimmte Koeffizienten verschwinden, ist die Angabe einer geschlossenen Lösungsvorschrift kaum praktikabel. Besser eignet sich das Conjugate Gradients (CG)-Verfahren (Algorithmus 9), da der Kontrollfluss des Algorithmus' nicht von den Matrixkoeffizienten abhängt. Für symmetrische, positiv definite Matrizen konvergiert das Verfahren nach spätestens $n$ Schritten, wobei $n$ den Rang der Matrix bezeichnet. Für reguläre und unsymmetrische Matrizen existieren die Varianten CGNR mit $A^T Ax = A^T b$ und CGNE mit $AA^T y = b, x = A^T y$. Ein Vorteil des Verfahrens liegt auch darin, dass die Anzahl der Iterationen kleiner als $n$ gewählt werden kann, um einen schnelleren Algorithmus auf Kosten geringerer Genauigkeit zu erhalten.

Zur Ableitung eines Inline-Verfahrens zum Lösen linearer Gleichungssysteme nehme man an, dass eine symbolische Matrix $A$ und ein symbolischer Vektor $b$ mit vorab bekannter Dimension $n$ gegeben sind. Die Koeffizienten von $A$ und $b$ sind somit algebraische Ausdrücke. Dabei sollten $A$ und $b$ so viel strukturelle Information über das Gleichungssystem wie möglich enthalten. Insbesondere sollten konstante Koeffizienten als Zahlensymbole und nicht als Variablensymbole repräsentiert sein. Die Forderung

---

**Algorithmus 9** CG-Verfahren [Mei99]

---

> **procedure** $CG(A \in \mathbb{R}^{n \times n}, b \in \mathbb{R}^n)$
>    Wähle $x_0 \in \mathbb{R}^n$
>    $r_0 \leftarrow b - Ax_0, \; p_0 \leftarrow r_0, \; \alpha_0 \leftarrow \|r_0\|_2^2$
>    **for** $m := 0 \rightarrow n - 1$ **do**
>       $v_m \leftarrow Ap_m, \; \lambda_m \leftarrow \dfrac{\alpha_m}{\langle v_m, p_m \rangle}$
>       $x_{m+1} \leftarrow x_m + \lambda_m p_m$
>       $r_{m+1} \leftarrow r_m - \lambda_m v_m$
>       $\alpha_{m+1} \leftarrow \|r_{m+1}\|_2^2$
>       $p_{m+1} \leftarrow r_{m+1} + \dfrac{\alpha_{m+1}}{\alpha_m} p_m$
>    **end for**
> **end procedure**

---

ist realistisch, da diese Information ohnehin bei der Übersetzung des Modells anfällt. Sie wird helfen, einen personalisierten Algorithmus mit minimalem Rechenaufwand abzuleiten. Man nehme einen Lösungsalgorithmus für lineare Systeme, z.B. das CG-, CGNR- oder CGNE-Verfahren und führe diesen über $A$ und $b$ symbolisch aus. Man erhält eine geschlossene Rechenvorschrift, die $x$ in Abhängigkeit der Koeffizienten in $A$ und $b$ ausdrückt. Diese wird mit einem Computer-Algebra-System (CAS) vereinfacht, so dass man eine möglichst kompakte Formel erhält.

In der Praxis steht man vor dem Problem, dass die über den Ausführungsverlauf aufgebauten Zwischenterme in ihrer Komplexität explodieren. Bereits nach wenigen Iterationen wird die berechnete Formel so komplex, dass sie nicht mehr verarbeitet werden kann. Daher müssen Zwischenterme noch während der symbolischen Ausführung kompakt gehalten werden. Dabei bieten sich folgende Strategien an:

- Algebraische Vereinfachungen

- Kollabieren eines Ausdrucks

Letztere Strategie, die auch mit *veiling* bezeichnet wird [Zho06], substituiert einen Ausdruck mit einer neu eingeführten Zwischenvariable. Künftige Ausdrücke, die auf dem kollabierten Ausdruck aufbauen, verwenden statt des expandierten Ausdrucks die Zwischenvariable. Kollabieren beschleunigt Vereinfachungen und hält die Rechenzeit im Rahmen, da die beteiligten Ausdrücke in ihrer Komplexität beschränkt werden. Kollabieren kann Vereinfachungen verhindern, da die expandierten Ausdrücke nicht mehr mit einbezogen werden. Wird beispielsweise $x^2$ zu $T_1$ und $2x + 1$ zu $T_2$ kollabiert, so wird $x^2 + 2x + 1$ zu $T_1 + T_2$, was nicht mehr zu $(x + 1)^2$ vereinfacht werden kann. Die Kollabierungsstrategie determiniert den Arbeitspunkt zwischen Rechenzeit und Gründlichkeit von Optimierungen.

Die implementierte Strategie wird in Algorithmus 10 gezeigt. Sobald ein neuer Zwischenausdruck $ex$ aufgebaut ist, wird dieser durch einen Aufruf an REDUZIERE($ex$)

---

**Algorithmus 10** Komplexitätsreduktion algebraischer Ausdrücke

---

**function** REDUZIERE($ex$: Ausdruck)
    $ex \leftarrow$ VEREINFACHE($ex$)
    **if** $ex$ existiert in $H_{Var}$ **then**
        **return** $H_{Var}[ex]$
    **end if**
    **if** Komplexität($ex$) $> K_{max}$ **then**
        $v \leftarrow$ NEUEVARIABLE
        $H_{Var}[ex] \leftarrow v$
        **return** $v$
    **end if**
    **return** $ex$
**end function**

---

beschränkt. $ex$ wird zunächst der Computer Algebra-Bibliothek GiNaC[1] für algebraische Vereinfachungen übergeben. Eine Hashtabelle $H_{Var}$ verwaltet die Zuordnung zwischen Ausdrücken und Variablen, wobei Ausdrücke als Schlüssel dienen. Falls ein Ausdruck bereits kollabiert wurde, wird statt des Ausdrucks die zugeordnete Zwischenvariable zurückgegeben. Andernfalls wird der Ausdruck kollabiert, falls ein über dem Ausdruck definiertes Komplexitätsmaß eine vorgegebene Schranke $K_{max}$ übersteigt. Es wurde definiert als Anzahl der Knoten, die der AST des Ausdrucks enthält.

Während der symbolischen Ausführung können Zwischenvariablen für kollabierte Ausdrücke aufgebaut werden, die nicht zum Ergebnis beitragen. Daher werden in einem Nachverarbeitungsschritt von den Ergebnistermen ausgehend rekursiv alle referenzierten Zwischenvariablen markiert, so dass nur Zuweisungen für relevante Zwischenvariablen erzeugt werden. Darüber hinaus werden gemeinsame Unterausdrücke gesucht und durch weitere Zwischenvariablen ersetzt, um eine möglichst kompakte Darstellung zu gewinnen. Der zu XIL-Code expandierte Inline-Algorithmus kann direkt in die Instruktionssequenz der restlichen Modellberechnung übernommen werden.

Es wird ersichtlich, warum sich das Verfahren speziell für sehr kleine und weniger für größere Gleichungssysteme eignet: Einerseits können sich Lösungsverfahren und Restmodell die Ressourcen des Datenpfads teilen. Es werden keine teuren Hardware-Primitiven wie RAM benötigt, und aufwändige Handshake-Protokolle entfallen. Der Lösungsalgorithmus wird vom Scheduling automatisch bis zum gewünschten Grad parallelisiert. Andererseits skaliert der Ansatz nicht für große Systeme. Die Anzahl der Rechenoperationen steigt im Allgemeinen kubisch mit der Dimension des Systems, und so auch die Länge des erzeugten Programms.

---

1  Das rekursive Akronym steht für „GiNaC is not a computer algebra system". Die freie Bibliothek ist mit GPL-Lizenz verfügbar unter `http://www.ginac.de/` (21.1.2013).

## 6.4.2 Behandlung nichtlinearer Systeme

Nichtlineare Systeme werden in der Form $f(x) = 0$ betrachtet und auf das Newton-Raphson-Verfahren zurückgeführt. Ausgehend von einem geschätzten Startwert $x_0$ erhält man die Iterationsvorschrift

$$J_f(x_n)\Delta x_n = f(x_n) \tag{6.1}$$
$$x_{n+1} = x_n + \Delta x_n. \tag{6.2}$$

Dabei bezeichnet $J_f$ die Jacobi-Matrix von $f$. In Gleichung 6.1 ist ein lineares System über $J_f$ in $\Delta x_n$ zu lösen. Man kann voraussetzen, dass $J_f$ in symbolischer Form vom Modelica Compiler bereitgestellt wird. Somit liegt es nahe, ein Inline-Verfahren aus Abschnitt 6.4.1 anzuwenden. Insgesamt erhält man durch symbolisches Ausführen der Iterationsvorschrift wieder einen Inline-Algorithmus.

Die Iterationsvorschrift wird üblicher Weise wiederholt, bis $x_n$ in einer $\varepsilon$-Umgebung von 0 liegt. Jedoch können keine allgemeinen Zusicherungen an die Konvergenzeigenschaften des Verfahrens gemacht werden:

- Falls $f$ mehrere Nullstellen hat, kann im Allgemeinen nicht vorausgesagt werden, gegen welche Nullstelle das Verfahren konvergiert.

- Im Allgemeinen kann nicht vorausgesagt werden, mit welcher Geschwindigkeit das Verfahren konvergiert.

- Im Allgemeinen kann nicht garantiert werden, dass das Verfahren überhaupt konvergiert.

Die letzten beiden Aspekte implizieren, dass die echtzeitfähige numerische Behandlung eines Modells schlichtweg unmöglich sein kann. Doch dies ist kein FPGA-spezifisches, sondern ein grundsätzliches Problem. Im Umkehrschluss muss die Anzahl der erforderlichen Newton-Iterationen beschränkt sein, falls eine echtzeitfähige Simulation möglich ist. Daher wird das Newton-Verfahren mit einer festen Anzahl von Iterationen implementiert. Alle zur Implementierung des Inline-Algorithmus' erforderlichen Informationen können aus dem statischen Operanden der in Abschnitt 5.2.2 beschriebenen XIL-Instruktion zum Lösen nichtlinearer Gleichungssysteme bezogen werden.

## 6.4.3 Xilinx IP Cores

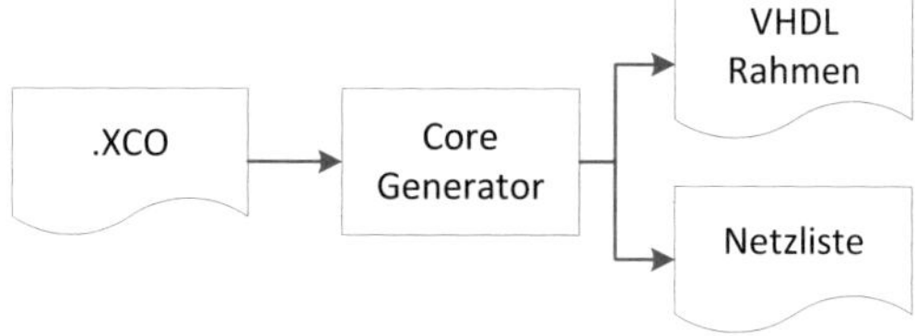


**Abbildung 6.15:** Entwurfsfluss zur Integration von Xilinx IP Cores in einen Entwurf

Um möglichst effiziente Entwürfe generieren zu können, wurden folgende Xilinx
LogiCORE IP Cores in die Komponentenbibliothek aufgenommen:

- *Adder/Subtracter v11.0* [WWW/Xil11b] für Festkommaadditionen und
  subtraktionen,

- *Multiplier v11.2* [WWW/Xil11f] für Festkommamultiplikationen,

- *Divider Generator v3.0* [WWW/Xil11d] für Festkommadivisionen,

- *CORDIC v4.0* [WWW/Xil11c] für trigonometrische Operationen und Quadratwurzel,

- *Floating-Point Operator v5.0* [WWW/Xil11e] für alle Grundrechenarten sowie
  Quadratwurzel mit Fließkommaarithmetik einfacher, doppelter und beliebiger Genauigkeit, Festkomma/Fließkomma- und Fließkomma-/Festkomma-Konversionen,

- *Block Memory Generator v4.3* [WWW/Xil10] zur Instanziierung von RAM-,
  ROM- und Dual-Ported Dynamic Random Access Memory (DP-RAM)-Primitiven.

Per Hersteller-Konvention weicht der Entwurfsfluss zur Integration von IP Cores vom
üblichen HDL-basierten Entwurfsfluss ab. Das Vorgehen ist in Abbildung 6.15 gezeigt:
Jeder IP Core wird durch ein Skript mit der Dateiendung *.xco* parametriert. Ein solches
Skript ist eine Textdatei und besteht im Wesentlichen aus einer Folge von Schlüssel-
/Wertepaaren. Im Skript werden Eigenschaften des gewünschten Cores festgelegt, u.a.
Typ und Version, Eingangs-/Ausgangswortbreiten und Implementierungsart. Das Xilinx-
proprietäre Werkzeug „Core Generator" erzeugt aus diesen Angaben einerseits eine
VHDL-Rahmendatei, welche die Schnittstelle des Cores beschreibt, und synthetisiert
andererseits eine Netzliste vor, die dem Entwurf hinzugefügt wird. System# gliedert
sich an diesen Entwurfsfluss an, indem die eingebundenen IP Core-Modelle bei der
Codegenerierung entsprechende Konfigurationsskripte erzeugen und optional „Core
Generator" aufrufen.

## 6.5 Automatisierte Auslegung von Festkommadatentypen

### 6.5.1 Einführung

Fließkommaarithmetik benötigt – im Vergleich zu Festkommaarithmetik der gleichen
Wortbreite – auf Grund des komplexeren Zahlenformats mehr Siliziumfläche zur Realisierung von Elementaroperationen. Während sich Fließkommaarithmetik gut als Uni-
versalformat für funktionale Prototypen eignet, sollte für hocheffiziente und sparsame
Entwürfe Festkommaarithmetik in Erwägung gezogen werden. Dies setzt aber voraus,
dass alle Datentypen hinreichend in Bezug auf Wertebereiche und erforderliche Genauigkeiten parametriert werden. Im Gegensatz zu Prozessorarchitekturen, die mit festen
Wortbreiten arbeiten, können Wortbreiten auf FPGAs (nahezu) beliebig und sogar für
jeden Rechenschritt individuell gewählt werden. Folglich sollten Festkommadatentypen
so parametriert werden, dass sie die Anforderungen an Wertebereich und Genauigkeit

*gerade* erfüllen. Wählt man sie „zu groß", verschenkt man Hardware-Ressourcen und Performanz. Wählt man sie „zu klein", verliert die Simulation an Genauigkeit und Aussagekraft. In diesem Abschnitt werden Verfahren zur Abschätzung von Wertebereich und Genauigkeit von Festkommaarithmetik hergeleitet, die eine geeignete Parametrierung ermöglichen und im Synthesewerkzeug implementiert wurden.

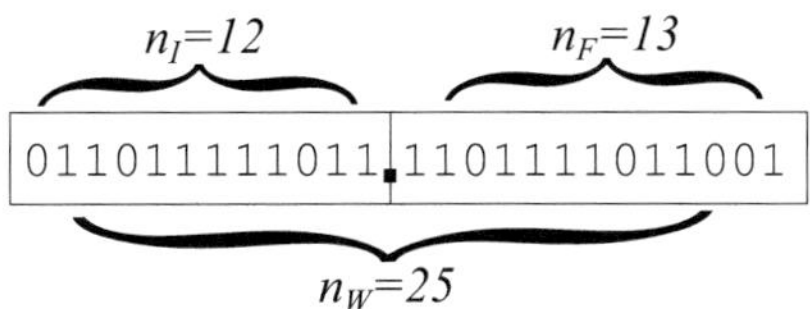

**Abbildung 6.16:** Festkommazahl

Zur Vereinbarung einer einheitlichen Notation betrachte man die in Abbildung 6.16 gezeigte Festkommazahl. Das Datenformat wird durch drei Parameter und zwei Freiheitsgrade beschrieben: $n_I$ bezeichnet die Anzahl der Ganzzahlbits, $n_F$ die Anzahl der Nachkommabits und $n_W = n_I + n_F$ die Gesamtwortbreite. Bei vorzeichenbehafteten Zahlen wird eine Zweierkomplementdarstellung angenommen, so dass das höchstwertige Bit das Vorzeichen definiert. Wenn $Z = (z_{n_W-1}, z_{n_W-2}, \ldots, z_0)$ die Wertigkeiten der einzelnen Ziffern vom höchstwertigen Bit links bis zum niedrigstwertigen Bit rechts darstellt, so ergibt sich der Wert der Festkommazahl zu

$$W_u(Z) = \sum_{i=0}^{n_W-1} z_i 2^{i-n_F}$$

für vorzeichenlose Festkommazahlen und zu

$$W_v(Z) = \begin{cases} \displaystyle\sum_{i=0}^{n_W-2} z_i 2^{i-n_F}, & \text{falls } z_{n_W-1} = 0 \\ -2^{n_I} + \displaystyle\sum_{i=0}^{n_W-2} z_i 2^{i-n_F}, & \text{falls } z_{n_W-1} = 1 \end{cases}$$

für vorzeichenbehaftete Zahlen. Es sei darauf hingewiesen, dass eine sinnvolle Definition zwar $n_W > 0$ erfordert, $n_I$ bzw. $n_F$ jedoch auch negative Werte annehmen dürfen.

Das Problem der Wortlängenoptimierung besteht darin, für jede Variable und jedes Zwischenergebnis (das im Folgenden ebenfalls mit Variable bezeichnet wird) einer Rechenvorschrift eine geeignete Belegung der Parameter $n_I$ und $n_F$ zu finden. Der Wertebereich einer Variablen determiniert eine untere Schranke für $n_I$, während die erforderliche Auflösung eine untere Schranke für $n_W$ impliziert. Wortlängenoptimierung für Festkommaarithmetik ist ein domänenübergreifendes Problem in der digitalen Signalverarbeitung, so dass vielfältige Lösungansätze existieren. Man kann sie grundsätzlich in die Kategorien simulativer und analytischer Verfahren unterscheiden. Simulative Verfahren schätzen geeignete Parametrisierungen durch Simulationsläufe ab. Sie hängen von geeigneten Stimuli ab, sind sehr rechenintensiv und können meist nicht garantieren, dass die ermittelten Wertebereiche und Genauigkeiten eingehalten werden. Analytische

Verfahren versuchen, diese Parameter aus den algebraischen Eigenschaften einer Rechenvorschrift abzuleiten. Sie können zwar formale Garantien abgeben, müssen hierzu aber oft auf konservative Abschätzungen zurückfallen und leiden somit unter dem Problem der Überschätzung. Oftmals wurden sie für eine eingeschränkte Klasse von Rechenvorschriften konzipiert, so dass simulative Verfahren in der Praxis oftmals verlässlicher sind als analytische.

### 6.5.2 Verwandte Arbeiten

Intervallarithmetik (IA) [Ale74] ist ein analytisches Verfahren, das die Grundlage für viele verfeinerte Ansätze bildet. Sie eignet sich sowohl zur Abschätzung von Wertebereichen als auch zur Abschätzung von Rundungsfehlern. Jede Variable wird dabei durch ein Intervall $[min, max]$ repräsentiert, das deren Wertebereich bzw. deren größte negative und positive Abweichung vom exakten Wert beinhaltet. Die Intervalle werden gemäß der auftretenden Elementaroperationen von Variable zu Variable durchpropagiert (für Details siehe z.B. [Ale74, Kul89, Jau01]). IA ergibt eine konservative Abschätzung, die in der Praxis zu Überschätzungen neigt. Die Ursache ist, dass IA keine Auslöschungseffekte berücksichtigen kann – wenn zwei Operanden auf dieselbe Variable zurückzuführen sind, werden diese dennoch wie unkorrelierte Größen behandelt. Dies sei in folgendem Beispiel verdeutlicht: Angenommen, für $x$ wurde ein Wertebereich von $[-1, 1]$ ermittelt. Dann sagt IA für den Term $x^2 - x$ einen Wertebereich von $[0, 1] - [-1, 1] = [-1, 2]$ voraus, obwohl der tatsächliche Wertebereich in $[-0{,}25, 2]$ liegt.

Affine Arithmetik (AA) [Han75] wurde als Generalisierung von IA entwickelt. AA repräsentiert jede Variable durch die affine Form $x = x_0 + \sum_i x_i \varepsilon_i$, wobei $x_i$ als bekannte Größen einen Wertebereich bzw. eine Fehlertoleranz beschreiben, während $\varepsilon_i$ symbolische Größen darstellen, von denen lediglich bekannt ist, dass sie im Intervall $[-1, 1]$ liegen. Affine Formen werden wieder gemäß der auftretenden Elementaroperationen durchpropagiert. Korrelationen zwischen Variablen bleiben in Form der symbolischen Größen $\varepsilon_i$ erhalten, so dass etwaige Auslöschungen vorhergesagt werden können. AA arbeitet genauer als IA, kann aber nur die linearen Elementaroperationen „Addition" und „Multiplikation mit einer Konstanten" exakt behandeln. Für nichtlineare Operationen muss jeweils ein weiteres Symbol $\varepsilon_i$ eingeführt werden, wodurch das Verfahren wieder auf konservative Abschätzungen zurückfällt.

Weder IA noch AA eignen sich für iterierte nichtlineare Systeme der Form $x_{i+1} = f(x_i)$. Beide Verfahren sagen im Allgemeinen eine unbeschränkt wachsende Intervallfolge $[x_i]$ voraus, sowohl für Wertebereiche als auch Fehlertoleranzen. Experimente mit der Simulation eines Gleichstrommotors mit nichtlinearer Reibung konnten dies bestätigen, wobei die von AA vorausgesagte Intervallfolge tendenziell etwas langsamer wächst. Letztlich konnte keiner der Ansätze erfolgreich angewendet werden. Auch alternative Ansätze [Con03, Sar12] scheitern an nichtlinearen Systemen.

In [Con06b] wird ein Pertubations-basierter Ansatz zur Sensitivitätsanalyse nichtlinearer Systeme vorgeschlagen. Ein System wird als Datenflussgraph (DFG) repräsentiert. Jeder Knoten des DFG mit Eingabe(vektor) $x(t)$ und Ausgabe(vektor) $y(t)$ realisiert eine Funktion $y(t) = F(x(t))$. Mit Hilfe der Taylor-Expansion erhält man für eine Eingabestörung $\Delta x(t)$, so dass $\tilde{y}(t) = F(x(t) + \Delta x(t))$, einen Ausgangsfehler von

$\tilde{y}(t) - y(t) \approx \frac{\partial F}{\partial x}(t)\Delta x(t)$. Eine lokale Graphtransformation ersetzt jeden Knoten des DFG durch die approximierte Fehlerfunktion $\frac{\partial F}{\partial x}(t)\Delta x(t)$, so dass ein lineares Fehlermodell aufgebaut wird. Um Quantisierungsfehler nach Rechenoperationen zu simulieren, werden Ausgangssignalen zusätzliche Störsignale aufaddiert. In einer Simulation werden alle Störsignale mit gleichverteiltem Rauschen stimuliert und die Spitzenwerte aller anderen Signale aufgezeichnet. Die Sensitivität eines Signals auf die Störung entspricht dann dem Verhältnis zwischen Signalvarianz und Störungsvarianz. Wegen der Linearität des Fehlermodells spielt es keine Rolle, mit welcher Amplitude die Störsignale eingespielt werden. Ein Nachteil des Ansatzes besteht darin, dass pro Simulationslauf nur der gemeinsame Einfluss aller Störungen ermittelt werden kann. Der Ansatz kann nicht unterscheiden, welche Störung ein Signal am stärksten beeinflusst. Gerade diese Information ist aber besonders wertvoll, um unter einer gegebenen Genauigkeitsanforderung die notwendige Rechengenauigkeit zu bestimmen. Man könnte den Makel durch mehrere Simulationsläufe beheben: Aktivierte man pro Simulationslauf nur ein einziges Störsignal, könnte man den Einfluss einer Störung isoliert messen. Bei $n$ Störsignalen bräuchte man $n$ Simulationsläufe. Ein solches Vorgehen wird in [Con06b] zwar nicht angesprochen, wäre aber wegen der Linearität des Fehlermodells valide.

Das hier entwickelte Sensitivitätsanalyseverfahren beruht auf denselben Grundprinzipien wie der Ansatz aus [Con06b]. Allerdings arbeitet es nicht mit simulierten Rauschsignalen. Stattdessen wird noch während eines Simulationslaufs eine Sensitivitätsmatrix aufgebaut, welche die Sensitivitäten direkt und pro Störeinfluss getrennt erfasst. Die Sensitivitätsmatrizen aus mehreren Simulationsläufen werden kombiniert, um Variationen unter verschiedenen Parametersätzen und Stimuli zu erfassen. Die kombinierte Sensitivitätsmatrix liefert ein quantitatives Maß für die Fehlerverstärkung im System und kann direkt zur Wortbreitenbestimmung herangezogen werden.

## 6.5.3 Bestimmung der Wertebereiche

Ein zeitdiskretes System sei beschrieben durch zwei Funktionen $f(p, u, x)$ und $g(p, u, x)$. Dabei bezeichne $f$ die Zustandsübergangsfunktion und $g$ die Ausgabefunktion. $p$ sei der Parametervektor (zeitunveränderliche Eingabegrößen), $u$ der Eingabevektor (zeitveränderliche Eingabegrößen), $x$ der Zustandsvektor und $y$ der Ausgabevektor. Es sei vorausgesetzt, dass $f$ und $g$ jeweils nach $u$ und $x$ differenzierbar sind. Die Simulation des Systems erfolgt durch Ausführen der Rechenvorschrift

$$x_{i+1} := f(p, u_i, x_i)$$
$$y_{i+1} := g(p, u_i, x_i)$$

mit einem Startzustand $x_0$ und einer Eingabesequenz $u_i$, so dass die Ausgabesequenz $y_i$ erzeugt wird.

Es ist anzunehmen, dass der Anwender Wertebereiche für $p$ und $u_i$ bereitstellen kann. Geeignete Zahlenwerte können meist direkt aus der technischen Spezifikation des simulierten Objekts entnommen werden. Elektrische Maschinen werden beispielsweise mit einer maximal zulässigen Eingangsspannung und einem maximalen Drehmoment spezifiziert. Für Maschinenparameter, z.B. Induktivitäten, Widerstände und Trägheit, liegen meist schon konkrete Werte bzw. Toleranzen vor. Aus diesen Angaben gilt es nun, Wertebereiche für alle an der Simulation beteiligten Variablen abzuleiten. Dies betrifft nicht nur $x_i$ und $y_i$, sondern auch alle Zwischenterme, die in der algorithmischen Implementierung von $f$ und $g$ auftauchen.

Zu diesem Zweck wurde eine virtuelle Maschine implementiert, die eine in XIL spezifizierte Funktion ausführen und instrumentieren kann, so dass Extremwerte für alle Berechnungen aufgezeichnet werden. Dies ist ein rein simulativer Ansatz, der davon abhängt, dass ein geeigneter Parametersatz und eine geeignete Eingabesequenz vom Anwender bereitgestellt werden. Mit „geeignet" sind solche Werte gemeint, die das tatsächliche und realistische Wertespektrum der Simulation abdecken.

### 6.5.4 Sensitivitätsanalyse

Zur Konstruktion eines Fehlermodells werden symbolische Störgrößen in $f$ und $g$ eingearbeitet:

- Parameterstörung $\hat{p}$,

- Eingabestörung $\hat{u}$,

- Zustandsstörung $\hat{x}$,

- Störung der internen Variablen von $f$ bzw. $g$: $\hat{v_f}$ bzw. $\hat{v_g}$.

Eine Programmtransformation ersetzt in $f$ und $g$ jedes Vorkommen von $p/u/x$ durch $p + \hat{p}/u + \hat{u}/x + \hat{x}$ und jeden Term durch die Summe des Terms mit einer (neuen) Störvariablen aus $\hat{v_f}$ bzw. $\hat{v_g}$. Man erhält die Funktionen $\tilde{f}(p, u, x, \hat{p}, \hat{u}, \hat{x}, \hat{v_f})$ und $\tilde{g}(p, u, x, \hat{p}, \hat{u}, \hat{x}, \hat{v_g})$, für die offensichtlich gilt:

$$\tilde{f}(p, u, x, 0, 0, 0, 0) \equiv f(p, u, x),$$
$$\tilde{g}(p, u, x, 0, 0, 0, 0) \equiv g(p, u, x).$$

$f$ und $g$ erzeugen eine gestörte Sequenz von Zuständen und Ausgaben:

$$\tilde{x}_0 := x_0$$
$$\tilde{x}_{i+1} := \tilde{f}(p, u_i, \tilde{x}_i, \hat{p}, \hat{u}_i, \hat{x}_i, \hat{v_{f,i}})$$
$$\tilde{y}_i := \tilde{g}(p, u_i, \tilde{x}_i, \hat{p}, \hat{u}_i, \hat{x}_i, \hat{v_{g,i}})$$

Mit

$$\chi_i := (p, u_i, x_i, 0, 0, 0, 0)$$
$$\hat{\mu} := (\hat{p} \ \hat{u} \ \hat{x} \ \hat{v_f})$$
$$\hat{\nu} := (\hat{p} \ \hat{u} \ \hat{x} \ \hat{v_g})$$
$$\hat{\mu}_i := (\hat{p}, \hat{u}_i, \hat{x}_i, \hat{v_{f,i}})$$
$$\hat{\nu}_i := (\hat{p}, \hat{u}_i, \hat{x}_i, \hat{v_{g,i}})$$

lässt sich die Störung durch Taylor-Expansion abschätzen:

$$\tilde{x}_{i+1} - x_{i+1} = \tilde{f}(p, u_i, \tilde{x}_i, \hat{u}_i, \hat{x}_i, v_{\hat{f},i}) - f(p, u_i, x_i)$$

$$= \tilde{f}(p, u_i, x_i + \tilde{x}_i - x_i, \hat{u}_i, \hat{x}_i, v_{\hat{f},i}) - f(p, u_i, x_i)$$

$$= \frac{\partial \tilde{f}}{\partial x}(\chi_i) \cdot (\tilde{x}_i - x_i) + \frac{\partial \tilde{f}}{\partial \hat{\mu}}(\chi_i) \cdot \hat{\mu}_i + \xi_i$$

$$\tilde{y}_i - y_i = \frac{\partial \tilde{g}}{\partial x}(\chi_i) \cdot (\tilde{x}_i - x_i) + \frac{\partial \tilde{g}}{\partial \hat{\nu}}(\chi_i) \cdot \hat{\nu}_i + \zeta_i$$

$\xi_i$ und $\zeta_i$ sind Restterme der Taylor-Expansion und werden vernachlässigbar klein angenommen. Das linearisierte Fehlermodell lässt weitere Vereinfachungen zu. Hierzu definiert man zunächst die Matrixfolgen $A_i$, $B_i$, $C_i$, $D_i$, $F_i$ und $G_i$:

$$A_i := \frac{\partial \tilde{f}}{\partial x}(\chi_i) \qquad\qquad B_i := \frac{\partial \tilde{f}}{\partial \hat{\mu}}(\chi_i)$$

$$C_i := \frac{\partial \tilde{g}}{\partial x}(\chi_i) \qquad\qquad D_i := \frac{\partial \tilde{g}}{\partial \hat{\nu}}(\chi_i)$$

$$F_1 := B_0$$

$$F_{i+1} := A_i F_i + B_i \qquad\qquad i \geq 1$$

$$G_1 := D_0$$

$$G_{i+1} := C_i F_i + D_i \qquad\qquad i \geq 1$$

Seien $[\mu] \in [\mathbb{R}]^{d_1}$ und $[\nu] \in [\mathbb{R}]^{d_2}$ Intervallvektoren, die alle $\hat{\mu}_i$ bzw. $\hat{\nu}_i$ einschließen ($d_1 = \dim \hat{\mu}$, $d_2 = \dim \hat{\nu}$). Dann lässt sich die Abschätzung ausdrücken durch

$$\tilde{x}_{i+1} - x_{i+1} \in A_i(\tilde{x}_i - x_i) + B_i[\mu] + \xi_i \tag{6.3}$$

$$\subseteq A_i\left(A_{i-1}(\tilde{x}_{i-1} - x_{i-1}) + B_{i-1}[\mu] + \xi_{i-1}\right) + B_i[\mu] + \xi_i \tag{6.4}$$

$$\tilde{y}_{i+1} - y_{i+1} \in C_i(\tilde{x}_i - x_i) + D_i[\nu] + \zeta_i, \tag{6.5}$$

Könnte man in Gleichung 6.4 den Term $[\mu]$ ausfaktorisieren, so könnte man weiter vereinfachen. Leider gilt in der IA nur das Subdistributivitätsgesetz [Dim80], d.h.

$$A_i B_{i-1}[\mu] + B_i[\mu] \supseteq (A_i B_{i-1} + B_i)[\mu].$$

Andererseits liefert [Dim80] eine hinreichende Bedingung: Wenn die Koeffizienten von $A_i B_{i-1}$ und $B_i$ paarweise dasselbe Vorzeichen haben, gilt echte Mengengleichheit. Nun lässt sich begründen, dass dies fast immer der Fall ist. Man setze voraus, dass die Integrationsschrittweite hinreichend klein gewählt ist, so dass sich die Zustandsfolge $x_i$ nur langsam entwickelt: $x_{i+1} \approx x_i$. Somit liegt $A_i = \frac{\partial \tilde{f}}{\partial x}$ nahe an der Einheitsmatrix, d.h. $A_i = E + \Delta_i$, wobei $\|\Delta_i\| \ll 1$. Setzt man weiter $f$ als Lipschitz-stetig voraus, d.h. „kleine" Änderungen der Argumente bewirken „kleine" Änderungen der Bildwerte, gilt

$B_{i-1} \approx B_i$. Man erhält

$$A_i B_{i-1}[\mu] + B_i[\mu] \approx (A_i B_{i-1} + B_i)[\mu].$$

Setzt man außerdem $g$ Lipschitz-stetig voraus, lassen sich sowohl $\tilde{x}_i - x_i$ als auch $\tilde{y}_i - y_i$ mit Hilfe der Matrixfolge $F_i$ abschätzen:

$$
\begin{aligned}
[\tilde{x}_{i+1} - x_{i+1}] &\approx A_i(\tilde{x}_i - x_i) + B_i[\mu] \\
&\approx (A_i F_i + B_i)[\mu] \\
&= F_{i+1}[\mu] \\
[\tilde{y}_{i+1} - y_{i+1}] &\approx (C_i F_i + D_i)[\nu] \\
&= G_{i+1}[\nu].
\end{aligned}
$$

Der Mehrwert dieser Abschätzung wird offenbar, wenn man bedenkt, dass die Matrixfolgen $F_i$ und $G_i$ nicht von den konkreten Störungen $\hat{\mu}_i$ bzw. $\hat{\nu}_i$ abhängen. Man benötigt keine Rauschstimuli mehr, sondern kann $F_i$ und $G_i$ völlig unabhängig von den zu erwartenden Störeinflüssen berechnen. Somit erhält man eine a priori-Abschätzung der Sensitivität des Systems gegenüber Rundungsfehlern. Die Implementierung des Verfahrens zeichnet pro Simulationslauf die betragsmäßig größten Koeffizienten der Matrixfolgen $F_i$ und $G_i$ auf. Um den implementierten Algorithmus genauer darzustellen, werden die Operatoren Betragsmatrix und Maximummatrix wie folgt definiert:

$$
\begin{aligned}
\mathrm{abs}\,((a_{ij})) &:= ((|a_{ij}|)) \\
\max\{((a_{ij})),((b_{ij}))\} &:= ((c_{ij})), \text{ so dass} \\
c_{ij} &= \max\{a_{ij}, b_{ij}\}
\end{aligned}
$$

Algorithmus 11 zeigt das implementierte Verfahren. In einer äußeren Schleife werden mehrere Simulationsläufe mit unterschiedlichen Parametersätzen und Eingabesequenzen durchgeführt. Beides muss jeweils vom Anwender bereitgestellt werden. Der Gedanke, Parametersätze und/oder Eingabesequenzen automatisiert zu erzeugen, wurde aus mehreren Gründen wieder verworfen. Einerseits ist es im Allgemeinen nicht offensichtlich, welche Parameterkombinationen und Eingabefolgen die Simulation an die Punkte „höchster" Sensitivität führen und zugleich im Sinne des modellierten Problems physikalisch sinnvoll sind. Man könnte Parametersätze zwar aus einer Minimum-/Maximum-Vorgabe des Anwenders zufällig erzeugen, doch wäre die Qualität der Ergebnisse dann nicht reproduzierbar. Gleichzeitig würde die Zahl der notwendigen Parametersätze exponentiell in der Anzahl der Parameter steigen, falls man den Parameterraum gleichmäßig abdecken möchte. Als Eingabesequenzen kommen Zufallsfolgen genauso wenig in Frage. Dies wird am Beispiel eines Gleichstrommotors deutlich: Eine Zufallsfolge würde den Motor letztlich mit einem Rauschsignal speisen. Offensichtlich würde (eine Null-zentrierte Folge vorausgesetzt) der Motor gar nicht erst hochlaufen. Mit Domänenwissen können jedoch geeignete Stimuli gefunden werden, was in Abschnitt 7.3 ausführlicher diskutiert werden wird.

---

**Algorithmus 11** Sensitivitätsanalyse

---

**function** $\textsc{Sensitivitätsanalyse}(\tilde{f}, \tilde{g})$
    $j \leftarrow 0$
    $F^{max} \leftarrow 0$                                           $\triangleright$ Nullmatrix
    $G^{max} \leftarrow 0$
    **repeat**
        $p \leftarrow \textsc{ErzeugeParametersatz}$
        $(u_i) \leftarrow \textsc{ErzeugeEingabesequenz}$
        $x_0 \leftarrow \textsc{InitialisiereModell}$
        Berechne $B_0$ und $D_0$
        $F_j^{max} \leftarrow \text{abs}\, B_0$, $G_j^{max} \leftarrow \text{abs}\, D_0$
        $F_1 \leftarrow B_0$
        $i \leftarrow 1$
        **repeat**
            Berechne $A_i$, $B_i$, $C_i$ und $D_i$
            $F_{i+1} \leftarrow A_i F_i + B_i$
            $G_{i+1} \leftarrow C_i F_i + D_i$
            $F_j^{max} \leftarrow \max\{F_j^{max}, \text{abs}\, F_{i+1}\}$, $G_j^{max} \leftarrow \max\{G_j^{max}, \text{abs}\, G_{i+1}\}$
            $x_{i+1} \leftarrow f(p, u_i, x_i)$
            $i \leftarrow i + 1$
        **until** $F_j^{max}$ und $G_j^{max}$ ändern sich nicht mehr
        $F^{max} \leftarrow \max\{F^{max}, F_j^{max}\}$, $G^{max} \leftarrow \max\{G^{max}, G_j^{max}\}$
        $j \leftarrow j + 1$
    **until** keine weiteren Parametersätze/Eingabesequenzen mehr
    **return** $F^{max}$, $G^{max}$
**end function**

---

In der inneren Schleife wird ein Simulationslauf berechnet. Zur Berechnung von $A_i$, $B_i$, $C_i$ und $D_i$ werden die Jacobi-Matrizen von $\tilde{f}$ bzw. $\tilde{g}$ benötigt. Diese können durch automatisches Differenzieren [Gri00] gewonnen werden, oder durch numerische Approximation mit Hilfe der zentralen Differenzenquotienten

$$\frac{\partial f}{\partial x}(x) \approx \left( \frac{f(x+\varepsilon e_1) - f(x-\varepsilon e_1)}{2\varepsilon} \quad \cdots \quad \frac{f(x+\varepsilon e_n) - f(x-\varepsilon e_n)}{2\varepsilon} \right),$$

wobei $e_i$ den $i$-ten Einheitsvektor darstellt und $n = \dim x$. Die gegenwärtige Implementierung verwendet die letztere Variante, da diese mit geringem Aufwand implementiert werden kann und keiner Anpassung bedarf, wenn neue Elementeroperationen hinzukommen.

Die innere Schleife wird wiederholt, bis keine betragsmäßig größeren Koeffizienten mehr in $F_i$ und $G_i$ gefunden werden. Im Sinne einer robusten Implementierung wird die Anzahl der Iterationen jeweils sowohl nach unten als auch nach oben begrenzt. Eine Mindestanzahl von Iterationen soll zusichern, dass lokale Extrema überwunden werden und eine hinreichend große Datenbasis erhoben wird. Die Höchstzahl von

Iterationen garantiert, dass das Verfahren abgebrochen wird, falls keine Konvergenz eintritt. Insbesondere ist es möglich, dass Konvergenz nur asymptotisch eintritt. Dies ist beispielsweise bei der Simulation elektrischer Maschinen der Fall, die ihre Nenndrehzahl nur asymptotisch erreichen. In der Simulation wird dieser stationäre Zustand in Folge der Quantisierung nach endlicher Zeit erreicht. Innerhalb dieses Zeitraums akkumulieren sich Rundungsfehler, so dass dieser vollständig von der Sensitivitätsanalyse abgedeckt werden muss. Bei realen Maschinen kann der Anlaufvorgang mehrere Sekunden dauern, so dass die Analyse mit realen Parametersätzen extrem viel Rechenzeit verschlingen kann. Wird die Analyse zu früh abgebrochen, ist nicht mit validen Ergebnissen zu rechnen. In diesem speziellen Anwendungsfall ist es aber möglich, die Resultate nachträglich zu „retten": Unter der Annahme, dass die Koeffizienten einem beschränkten Wachstumsgesetz unterliegen, wird aus der Historie eine Wachstumsschranke extrapoliert. Der bisherige Koeffizient wird durch diese Schranke ersetzt.

## 6.5.5 Wortbreitenbestimmung

Mit Hilfe der in Algorithmus 11 bestimmten Sensitivitätsmatrizen $F^{max}$ und $G^{max}$ können auf elegante Weise verschiedene Fragestellungen beantwortet werden. Man setze $H = \begin{pmatrix} F^{max} & G^{max} \end{pmatrix}$.

- *Vorwärtsproblem*: Gegeben ein Vektor von lokalen Quantisierungsfehlern $q = (\hat{p}, \hat{u}, \hat{x}, \hat{v}_f, \hat{v}_g)$ – welcher globale Fehler $Q$ wird sich für $x$ und $y$ einstellen, wenn $t \to \infty$? Man erhält

$$Q = Hq.$$

- *Rückwärtsproblem*: Gegeben ein Vektor $Q$ von höchstzulässigen globalen Abweichungen über $x$ und $y$ – welche lokalen Quantisierungsfehler $q$ sind maximal zulässig?

$$\text{Maximiere } K(q), \text{ so dass}$$
$$q \geq 0$$
$$Hq \leq Q.$$

  Um das Problem eindeutig zu stellen, muss eine Kostenfunktion $K(q)$ definiert werden. Setzt man z.B. $K(q) = \sum_i q_i$, erhält man ein klassisches LP-Problem [Sch00b]. Bezieht man ein, dass Wortbreiten diskret sind, ist $q$ über diskreten Quantisierungsstufen definiert. Dies kann durch die LP-Formalisierung nicht erfasst werden. Wegen des nichtlinearen Zusammenhangs zwischen Wortbreite $b$ und Quantisierungsfehler $q_b \propto 2^{-b}$ ist allerdings auch keine Rückführung auf ILP möglich.

- *Gemischtes Problem*: Gegeben einige (aber nicht notwendig alle) lokale Quantisierungsfehler, sowie höchstzulässige globale Fehler für einige (aber nicht notwendig alle) Größen – finde maximale lokale Quantisierungsfehler, so dass die geforderten globalen Fehlergrenzen nicht überschritten werden (falls überhaupt lösbar).

Die letzte Fragestellung liegt am dichtesten an der Praxis. Randbedingungen werden u.a. durch Anforderungsanalyse, DuT-Kenndaten und Mess- bzw. Ausgabegenauigkeit des HiL-Prüfstands gesetzt. Deshalb wurde eine Heuristik zur Lösung des gemischten Problems entwickelt. Sie zeichnet sich durch folgende Eigenschaften aus:

- Quantisierungsschritte durch diskrete Wortbreite werden berücksichtigt.

- Es wird exakt festgestellt, ob eine Lösung existiert oder nicht.

- Falls eine (nicht notwendig optimale) Lösung existiert, wird diese gefunden.

Zur Darstellung des Verfahrens wird folgende Notation vereinbart:

- $q = (q_1, \ldots, q_m) \in (\mathbb{R}^+ \cup \{\bot\})^m$ ist der Vorgabe-Vektor lokaler Quantisierungsfehler. $m$ ist die Anzahl der zu quantisierenden Variablen, entsprechend der Spaltenanzahl von $H$. $q_i = \bot$, falls unspezifiziert.

- $Q = (Q_1, \ldots, Q_m) \in (\mathbb{R}^+ \cup \{\infty\})^n$ ist der Vorgabe-Vektor globaler Quantisierungsfehler. $n$ entspricht der Anzahl von Zeilen in $H$. $Q_i = \infty$, falls unspezifiziert.

---

**Algorithmus 12** Quantisierung

---

  **function** QUANTISIERE($H = ((h_{ij}))$, $q$, $Q$)
    $q' = (q'_1, \ldots, q'_m) \leftarrow q$
    $frei \leftarrow \emptyset$, $blockiert \leftarrow \emptyset$
    **for** $j := 1 \rightarrow m$ **do**                   ▷ Initialisierung
      **if** $q'_j = \bot$ **then**
        $q'_j \leftarrow$ "Großer Wert"
        $frei \leftarrow frei \cup \{j\}$
      **else**
        $blockiert \leftarrow blockiert \cup \{j\}$
      **end if**
    **end for**
    **for** $i := 1 \rightarrow n$ **do**                   ▷ Lösbarkeit prüfen
      $s \leftarrow \sum_{j \in blockiert} h_{ij} q_j$
      **if** $s \geq Q_i$ **then return** unlösbar **end if**
    **end for**
    **loop**                             ▷ Optimierung
      $Q' \leftarrow Hq'$
      **if** $Q' \leq Q$ **then return** $q'$ **end if**     ▷ Lösung gefunden
      $i^* \leftarrow \arg\max_{i \in \{1, \ldots, n\}} (Q'_i - Q_i)$
      $j^* \leftarrow \arg\max_{j \in frei} (h_{i^*j} q_j)$
      $q'_{i^*j^*} \leftarrow \frac{1}{2} q'_{i^*j^*}$
    **end loop**
  **end function**

---

Algorithmus 12 zeigt das Verfahren. Es gliedert sich in drei Abschnitte. Im ersten Abschnitt wird eine Initialisierung durchgeführt. Hierzu werden unspezifizierte Variablen ermittelt, um die Mengen freier bzw. blockierter Indizes aufzubauen. Ferner wird für unspezifizierte Variablen ein „großer" Quantisierungsfehler vorinitialisiert. Ein Wert in der Größenordnung des Wertebereichs der Variablen ist sinnvoll, da in diesem Fall gerade keine Information durch die Variable repräsentiert wird („Wortbreite von 0"). Im zweiten Abschnitt wird überprüft, ob überhaupt eine Lösung des Problems existiert. Falls die vorgegebenen lokalen Fehler bereits dafür sorgen, dass der globale Fehler an einer Stelle überschritten wird, kann dies nicht mehr korrigiert werden, und das Problem ist unlösbar. Andernfalls gibt es immer eine Lösung, da die verbleibenden Quantisierungsfehler immer nach unten skaliert werden können, bis die Ungleichung erfüllt ist.

Im dritten Abschnitt findet die eigentliche Optimierung statt. Ausgehend von der initialen Belegung wird derjenige lokale Fehler gesucht, der am stärksten zur Überschreitung beiträgt. Zunächst wird die Zeilensumme von $Hq'$ gesucht, welche zur größten Überschreitung führt. Dann wird innerhalb der Zeilensumme der größte Summand ermittelt. Der zur Spalte gehörige lokale Fehler wird halbiert, wodurch die Wortbreite der assoziierten Variablen implizit um Eins erhöht wird. Das Verfahren wird mit dem korrigierten Fehlervektor wiederholt, bis die Ungleichung erfüllt ist. Dadurch, dass pro Iteration nur ein Fehler halbiert wird, soll eine gewisse „Ausgewogenheit" zwischen Wortbreiten hergestellt werden: Einerseits sollen die kritischsten lokalen Fehler am ehesten reduziert werden, andererseits soll jede Variable die „Chance" erhalten, im nächsten Durchgang vom Verfahren ausgewählt zu werden.

Aus den Wertebereichen und lokalen Quantisierungsfehlern können nun direkt die Parameter der Festkommadarstellungen aller Variablen gewonnen werden. Zu einer Variable $v$ bezeichne

- $min_v$ den minimalen Wert, den $v$ annehmen kann,

- $max_v$ den maximalen Wert, den $v$ annehmen kann,

- $q_v$ den Quantisierungsfehler von $v$,

- $n_{I,v}$ die Anzahl der Ganzzahlbits von $v$,

- $n_{F,v}$ die Anzahl der Nachkommabits von $v$.

Falls $min_v \geq 0$, wird $v$ als vorzeichenloser Festkommawert implementiert:

$$n_{I,v} = \lfloor \log_2 max_v \rfloor + 1$$
$$n_{F,v} = \lceil -\log_2 q_v \rceil$$

Andernfalls wird $v$ als vorzeichenbehafteter Festkommawert implementiert:

$$n_{I,v} = \begin{cases} \max\{\lfloor \log_2 max_v \rfloor + 1, \lceil \log_2 -min_v \rceil\} + 1, & \text{falls } max_v > 0 \\ \lceil \log_2 -min_v \rceil + 1, & \text{sonst} \end{cases}$$
$$n_{F,v} = \lceil -\log_2 q_v \rceil$$

# 6.6 Synthesewerkzeug

## 6.6.1 Übersicht

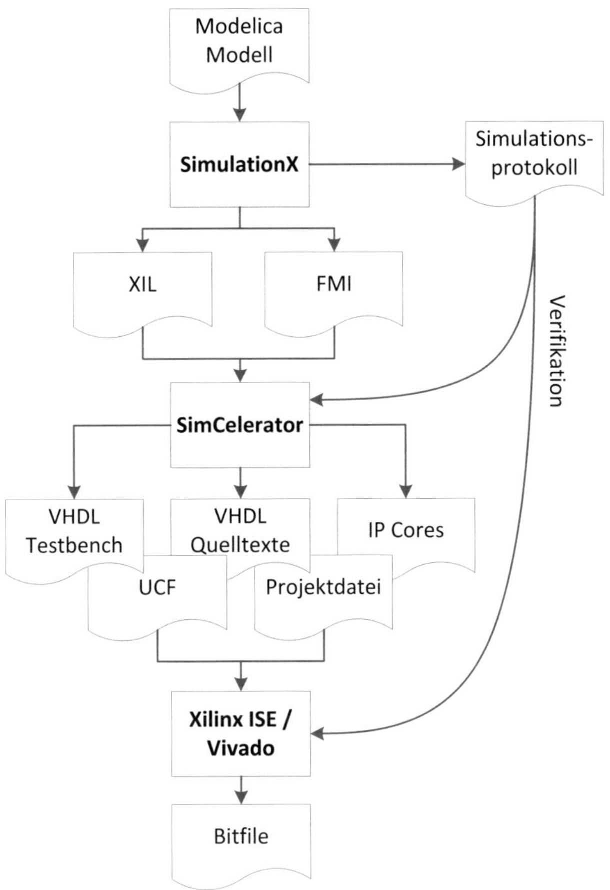


**Abbildung 6.17:** Mit SimCelerator realisierter Entwurfsfluss

Um die Durchgängigkeit des Entwurfsflusses und ein anwenderfreundliches Bedienkonzept demonstrieren zu können, wurde das prototypische Werkzeug „SimCelerator" entwickelt. Es steht als Bindeglied zwischen der Modelica-Werkzeugumgebung SimulationX und der FPGA Werkzeugkette (siehe Abbildung 6.17). Der Modellierer wählt in SimulationX den Code-Exportassistenten für das Hardware-Ziel, woraufhin SimulationX zwei für SimCelerator wesentliche Generate erzeugt:

- Modellbeschreibung im FMI-Format (vgl. Unterabschnitt 5.1.3)

- Simulationsalgorithmus im XIL-Format (vgl. Abschnitt 5.2)

Diese Generate werden in SimCelerator eingelesen, woraufhin der Anwender den Synthesevorgang konfiguriert. Dies umfasst Einstellungen zu E/A-Schnittstellen, Parameter- und Wertebereichen, Arithmetik (inklusive Auslegung der Datentypen), HLS-Optionen und Zielbaustein. SimCelerator wurde als grafisches Front-End zu den in diesem Kapitel geschilderten Verfahren entwickelt und koordiniert deren Ausführung. Die Software wurde in der Programmiersprache C# für das .NET Framework entwickelt und ist somit auf MS Windows-Plattformen lauffähig.

## 6.6.2 Mensch-Maschine-Schnittstelle

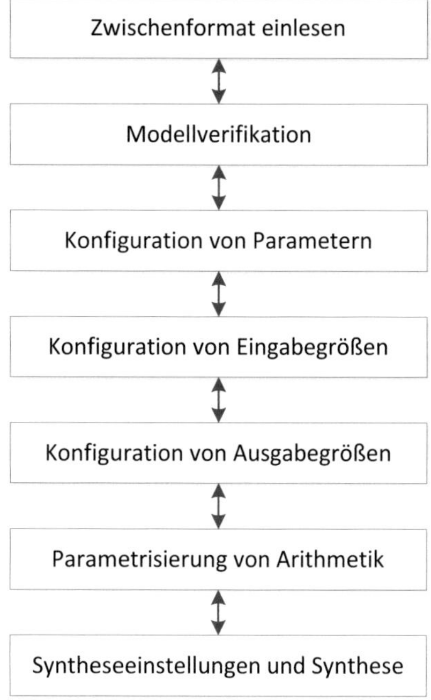


**Abbildung 6.18:** Konfigurationsfluss in SimCelerator

SimCelerator realisiert das Konzept eines Assistenten-Dialogs. Der Konfigurationsvorgang wird in mehrere Teilschritte zerlegt, die dem Anwender auf jeweils einer Dialogseite präsentiert werden. Dieser kann vorwärts und rückwärts durch den Assistenten navigieren. Abbildung 6.18 zeigt die Schritte des Assistenten, die nachfolgend genauer erläutert werden.

### Vorab-Verifikation

Die Vorab-Verifikation wurde primär als Instrument entwickelt, um die korrekte Umsetzung des Übergabeformats in beiden Werkzeugen SimulationX und SimCelerator zu verifizieren. Zunächst werden einige Konsistenzprüfungen auf XIL- und FMI-Beschreibung durchgeführt und eine Problemliste aufgebaut. Liegen keine fatalen Probleme vor, können Startwerte und Stimuli eingetragen werden und ein Simulationslauf ausgeführt werden. Die XIL-Verhaltensbeschreibung wird hierzu innerhalb einer virtuellen Maschine ausgeführt und protokolliert die Simulation. Durch Vergleich des Protokolls mit einem direkt aus Modelica gewonnenen Referenzprotokoll lässt sich einfach feststellen, ob der XIL-Code sowohl korrekt erzeugt als auch korrekt interpretiert wurde.

### Parameter- und Eingabe-Konfiguration

Während der Parameter- bzw. Eingabe-Konfiguration definiert der Anwender Wertebereiche, Standardwerte sowie die gewünschte hardwareseitige Repräsentation von Parametern bzw. Eingabegrößen. Es stehen folgende Möglichkeiten zur Auswahl:

- *Fixed* übernimmt den Standardwert der Modellgröße als hart kodierte Konstante in den VHDL Quelltext.

- *Port* führt die Modellgröße als dedizierten VHDL Port der Top-Level-Komponente heraus.

- *Shared port* gliedert die Modellgröße in einen gemeinsamen array-wertigen VHDL Port der Top-Level-Komponente ein.

### Ausgabe-Konfiguration

Dieser Schritt ist konzeptuell ähnlich zu Parameter- und Eingabe-Konfiguration. Lediglich die Auswahl der hardwareseitigen Repräsentation weicht geringfügig ab:

- Unter *Not available* ist die Modellgröße nicht von außen verfügbar.

- *Port* führt die Modellgröße als dedizierten VHDL Port der Top-Level-Komponente heraus.

- *Shared port* gliedert die Modellgröße in einen gemeinsamen Array-wertigen VHDL Port der Top-Level-Komponente ein.

### Typ-Parametrisierung

In diesem Schritt kann der Anwender eine Verfeinerung der arithmetischen Datentypen im XIL-Code vornehmen. Im einfachsten Fall behält man die Originaltypisierung des aus SimulationX exportierten Codes bei. Zum Zeitpunkt des Schreibens war diese auf Fließkomma-Arithmetik doppelter Genauigkeit beschränkt. Um eine Exploration verschiedener Arithmetiken zu ermöglichen, werden sämtliche Variablen und Zwischenterme in einer Tabelle gelistet, in der jeder Eintrag einzeln als Fließkomma- oder Festkommatyp mit entsprechenden Parametern umkonfiguriert werden kann. Bereits das einfache Modell eines Gleichstrommotors kommt auf eine Summe von knapp 90 Variablen und Zwischentermen. Da die Einzelbearbeitung damit sehr mühselig und fehleranfällig wird, stehen Optionen zur automatisierten Auslegung der Datentypen bereit:

- Pauschal alle Datentypen auf Gleitkommaarithmetik einfacher Genauigkeit parametrieren,

- Pauschal alle Datentypen auf Gleitkommaarithmetik doppelter Genauigkeit parametrieren,

- Analyse der Systemdynamik und automatisierte Auslegung als Festkommaarithmetik.

Die letzte Variante greift auf die in Abschnitt 6.5 beschriebenen Verfahren zurück. Hier ist besonders darauf zu achten, dass vorab sinnvolle Wertebereiche für Parameter und Eingabegrößen spezifiziert wurden. Besonders Parameter, die von ihrer Natur her positive Werte annehmen, erzeugen oft mathematische Singularitäten, falls man die Null in den Wertebereich einschließt (z.B. Spulenwiderstände, Induktivitäten, Trägheiten). Je näher solche Parameter bei 0 liegen dürfen, desto größer werden Sensitivitätskoeffizienten und benötigte Wortbreiten. Man sollte daher sorgfältig abschätzen, welche Wertebereiche für das Simulationsvorhaben tatsächlich gebraucht werden, da umgekehrt eine präzise Abschätzung zu massiven Einsparungen an Hardware-Ressourcen führen kann.

### Synthese-Konfiguration

Im letzten Schritt werden synthesespezifische Einstellungen vorgenommen. Dies umfasst den Typ des Zielbausteins, die Zielversion der FPGA-Werkzeugkette, Ausgabeverzeichnis, beabsichtigte Taktperiode, sowie HLS-Parameter. Letztere beeinflussen die Charakteristika des erzeugten Entwurfs in Bezug auf Performanz und Flächenbedarf. Sie wurden bewusst als skalenlose Schieberegler ausgelegt, da sie den Entwurf zwar qualitativ beeinflussen, aber eine verlässliche quantitative Vorhersage der Entwurfscharakteristika nur schwer möglich ist. Sie sollen vielmehr zum Experimentieren einladen, um verschiedene Entwurfsalternativen zu evaluieren. Konkret kann der Anwender folgende Größen beeinflussen:

- *Resource sharing* bezeichnet den gewünschten Grad an der gemeinsamen Nutzung funktionaler Einheiten (siehe Abschnitt 6.3.5), von „überhaupt nicht" (links) bis „wann immer möglich" (rechts). Ein hoher Grad erzeugt kompaktere Datenpfade mit höherem Vernetzungsgrad, so dass die erreichbare Taktfrequenz im Vergleich zu Datenpfaden mit wenig gemeinsamer Nutzung meist geringer ausfällt.

- *Arithmetic operator latency* bezeichnet die gewünschte Latenz arithmetischer Operationen (siehe Unterabschnitte 6.3.8 und 6.4.3) von „minimal" (links) bis „maximal" (rechts). Sinnvolle Extremwerte hängen vom Typ der Rechenoperation und der Wortbreite ab. Sie wurden aus den Dokumentationen der betroffenen Xilinx IP Cores entnommen. Kleine Latenzen bewirken, dass die gesamte Berechnung in weniger Taktschritten ausgeführt wird, können aber innerhalb der arithmetischen Einheiten zu langen kombinatorischen Pfaden führen und somit die Taktfrequenz negativ beeinflussen. Große Latenzen verbessern die Chancen für gemeinsame Ressourcennutzung.

- *Schedule stretch* bezeichnet den Spielraum, der dem FDS-Algorithmus (siehe Abschnitt 6.3.4) in Bezug auf die Länge des Schedule eingeräumt wird, von „Schedule minimaler Länge" (links) bis „großzügige Längenvorgabe" (rechts). Kurze Schedules verkürzen die Rechenzeit und führen zu hochparallelen Datenpfaden. Mit längeren Schedules werden wiederum die Chancen für gemeinsame Ressourcennutzung verbessert.

## 6.6.3 Verifikation und Logiksynthese

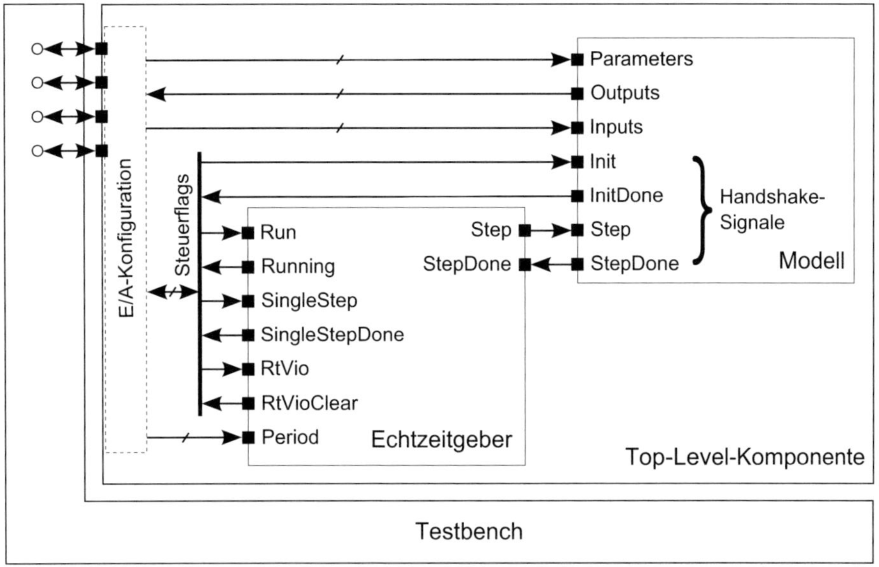


**Abbildung 6.19:** Struktur eines von SimCelerator generierten Entwurfs

SimCelerator erzeugt vollständige Hardware-Entwürfe, die direkt mit der Xilinx Werkzeugkette ISE bzw. Vivado verarbeitet werden können (vgl. Unterabschnitt 5.3.2). Dies beinhaltet VHDL Quelltexte von Modell und Testbench, aber auch herstellerspezifische Formate wie Projektdatei, Core Generator Skripte (vgl. Unterabschnitt 6.4.3) und User Constraints File (spezifiziert gewünschte Taktperiode). Die Generate sind zwar besonders auf die Xilinx Werkzeugkette abgestimmt, doch könnte man mit gewissen Einschränkungen auch mit anderen Werkzeugketten bzw. FPGA-Familien anderer Hersteller arbeiten. Man müsste hierzu auf den Einsatz der bausteinspezifischen IP Cores verzichten, was durch eine Option während der Synthese-Konfiguration eingestellt werden kann. Allerdings funktioniert dies nur bei Modellen, deren Arithmetik ausschließlich aus Additionen, Subtraktionen und Multiplikationen von Festkommawerten bestehen. Für alle anderen arithmetischen Operationen (Divisionen, Trigonometrie, Fließkommaarithmetik) sind IP Cores derzeit alternativlos.

Abbildung 6.19 zeigt die Struktur eines von SimCelerator generierten Entwurfs. Die Modellberechnung wird mit zusätzlichen Handshake-Signalen ausgestattet, die eine Steuerung des Simulationsverlaufs erlauben. Mit diesen kann zunächst nur die Initialisierung des Modells oder die Ausführung eines einzelnen Simulationsschritts veranlasst werden. Um auch die autonome Operation des Modells zu ermöglichen, kommt ein Echtzeitgeber zum Einsatz. Dieser stößt Simulationsschritte mit einer in Vielfachen des Eingangstakts programmierbaren Periodendauer an. Kommt es dabei zu einer Echtzeitverletzung, wird dies durch eine Steuerleitung signalisiert.

Zusätzlich zur synthetisierbaren Top-Level-Komponente wird eine Testbench generiert. Mit ihrer Hilfe kann der erzeugte Code simulativ verifiziert werden. Die Testbench stimuliert das Modell mit den zuvor konfigurierten Standardwerten für Parameter und Eingabegrößen, zeichnet die Ausgabegrößen des Modells auf und gibt diese in Textform aus. Durch den Vergleich dieses Simulationsprotokolls mit dem Referenzprotokoll der Simulationsumgebung kann die erzeugte Implementierung durchgängig abgesichert werden. Ein weiterer Testfall sichert das erwartete Echtzeitverhalten ab.

# 7 Praxis-Erprobung: Elektromotoren

## 7.1 Ausgewählte Beispiele

Da sich das Gesamtvorhaben aus der Echtzeitsimulation elektrischer Maschinen von Elektrofahrzeugen motiviert, sollen die wichtigsten Maschinentypen Gleichstrommotor, Asynchronmaschine und Synchronmaschine zur Validierung dienen. Idealer Weise würde dies mit den in Unterabschnitt 5.4.1 angesprochenen Modellen geschehen, die für Hardware-Generierung optimiert wurden. Allerdings war zum Zeitpunkt des Schreibens die Bibliothek noch nicht fertig entwickelt, so dass nur das Modell eines Gleichstrommotors zur Verfügung stand. Modelle der anderen beiden Maschinentypen mussten daher aus anderen Quellen bezogen und angepasst werden. Hierfür wurden folgende Bibliotheken in Betracht gezogen:

- Modelica Standardbibliothek,

- SimulationX Standardbibliothek.

Beide enthalten sowohl Modelle von Asynchron- als auch Synchronmaschinen. Leider waren die Fähigkeiten des SimulationX Zwischencodegenerators noch nicht fortgeschritten genug, um direkt den im Entwurfsfluss benötigten XIL Code für diese Modelle zu generieren. Lediglich das Modell des Gleichstrommotors aus der SimCelerate FPGA Bibliothek ließ sich umsetzen. Da System# als HLS-Framework auch C#-Code verarbeiten kann, wurde für die nicht nach XIL generierbaren Modelle ein Umweg gewählt. Mit Hilfe von SimulationX wurde zunächst C Code aus diesen Modellen exportiert, der dann manuell nach C# portiert wurde. Zum Code-Export wurde das Euler-Vorwärtsverfahren mit einer Integrationsschrittweite von 1 µs eingestellt. Es stellte sich heraus, dass das Modell der Asynchronmaschine aus der Modelica Standardbibliothek[1] unter dem Euler-Vorwärtsverfahren numerisch instabil wurde und sich nicht für die Portierung eignete. Die Synchronmaschine aus der Modelica Standardbibliothek blieb zwar stabil, driftete unter dem Euler-Vorwärtsverfahren jedoch stark und erzeugte übermäßig komplexen C Code. Daher wurde die Evaluation auf Asynchron- und Synchronmaschinen aus der SimulationX-Bibliothek festgelegt. Sie berücksichtigen zwar weniger physikalische Effekte (keine thermischen Verluste) als die vergleichbaren Implementierungen der Modelica Standardbibliothek, bleiben dafür aber unter dem Vorwärts-Eulerverfahren numerisch treu und erzeugen einfach portierbaren Code.

---

1 `Modelica.Electrical.Machines.BasicMachines.AsynchronousInductionMachines.` `AIM_SquirrelCage`, Modelica 3.2 Standardbibliothek

| Modellname | Erläuterungen | Generierung |
|---|---|---|
| DCM1 | Gleichstrommotor aus der SimCelerate FPGA-Bibliothek, quadratische Last | SimulationX → XIL |
| DCM2 | Gleichstrommotor aus der SimCelerate FPGA-Bibliothek, Haft-/Gleitreibstelle, lineare + quadratische Last | SimulationX → C → C#→ XIL |
| ASM1 | Asynchronmaschine aus der SimulationX-Bibliothek: Käfigläufer | SimulationX → C → C#→ XIL |
| ASM2 | Asynchronmaschine aus der SimulationX-Bibliothek: Stromverdrängungsläufer | SimulationX → C → C#→ XIL |
| PMSM | Permanenterregte Synchronmaschine aus der SimulationX-Bibliothek | SimulationX → C → C#→ XIL |

**Tabelle 7.1:** Die zur Validierung ausgewählten Motormodelle

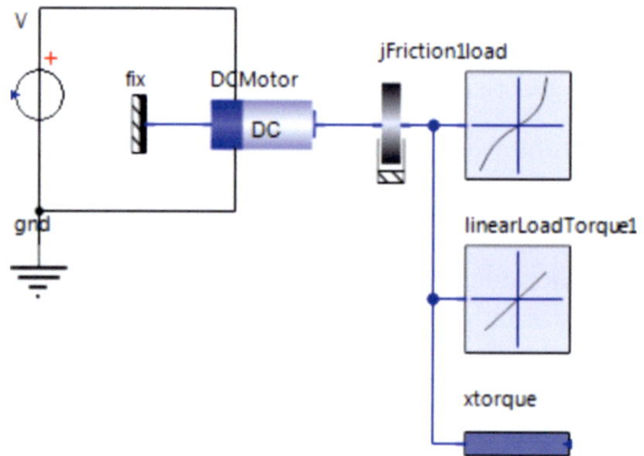


**Abbildung 7.1:** Modell DCM2

Tabelle 7.1 fasst die ausgewählten Modelle zusammen. Bei allen Drehstrommaschinen wurden interne Speisungen ("virtuelle Umrichter") in die Modelle integriert (Abbildung 7.2). Die Asynchronmaschine ASM1 wird mit dreiphasiger Drehspannung konstanter Frequenz versorgt, während die Drehfrequenz bei der Synchronmaschine PMSM über eine Rampenfunktion hochgefahren wird. Dies ist notwendig, um den Anlauf der Maschine zu gewährleisten. Über einen Schalteingang können ASM1 und PMSM alternativ mit externer Versorgung gespeist werden. Somit wurde sichergestellt, dass vom Modelica Übersetzer keine Optimierungen durchgeführt werden, die sich aus einer Kombination der internen Speisung mit den Maschinengleichungen ergeben könnten. Unter realistischen Einsatzbedingungen würde die interne Speisung fehlen, da die Eingangsspannungen ausschließlich vom DuT bereitgestellt werden. Das Vorgehen bringt jedoch den großen Vorteil, dass weder die portierten Codes noch die generierten Hardware-Entwürfe mit externen Stimuli versorgt werden müssen. Dies erleichtert die Verifikation erheblich.

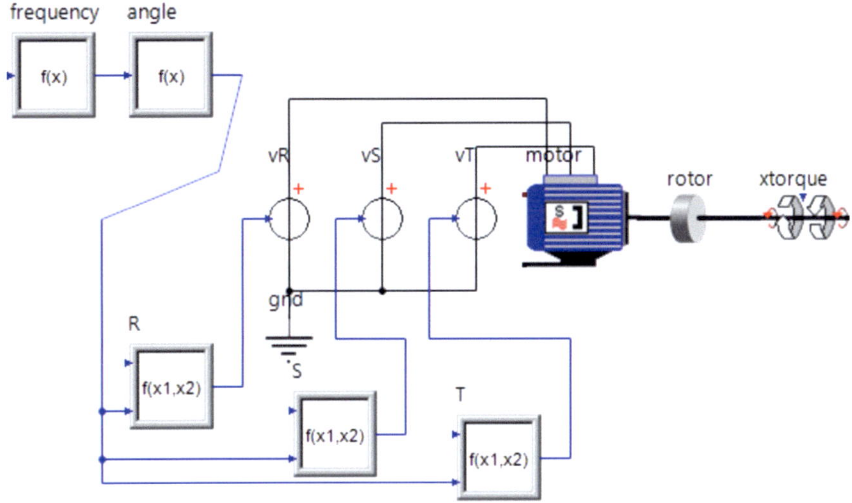


**Abbildung 7.2:** Modell PMSM (ASM1 ähnlich)

Modell DCM2 (Abbildung 7.1) wurde gegenüber DCM1 so erweitert, dass es in etwa dem Funktionsumfang eines in kommerziellen HiL-Emulatoren eingesetzten Motormodells entspricht. Hierzu wurde eine Haft-/Gleitreibstelle integriert, die das Haftmoment der Motorwelle und deren Lagerreibung darstellt. Zusätzlich wurden Komponenten mit linearer und quadratischer Dämpfung angebracht, mit denen sich das Verhalten eines Inverters unter belasteter Maschine verifizieren lässt. Über eine Koppelkomponente kann ein externes Drehmoment aufgebracht werden, so dass sich das Modell mit einer Fahrdynamiksimulation koppeln lässt. Modell ASM2 simuliert zusätzlich den Stromverdrängungseffekt eines Stromverdrängungsläufers. Es eignet sich gut als „Stresstest" der Synthese-Algorithmen, da die Berechnung vergleichsweise komplex wird und neben Sinus-/Kosinus-Berechnungen auch Divisionen und Quadratwurzelberechnungen enthalten sind. Die Portierung des C-Codes nach C# umfasste notwendige syntaktische Anpassungen, sowie einige Optimierungen:

- Überflüssige Variablen und nicht benötigte Berechnungen wurden entfernt.

- Gemeinsame Faktoren in Termen wurden ausgeklammert.

- Konstante zusammengesetzte Terme wurden als Parameter vorberechnet.

- Unbeschränkt wachsende Größen (z.B. Rotorwinkel $\varphi$) wurden mit einem kontrollierten Überlauf versehen („falls $\varphi > \pi$, subtrahiere $2\pi$").

Alle numerischen Berechnungen wurden zunächst in Fließkommaarithmetik doppelter Genauigkeit beibehalten. Der C#-Code wurde mit Hilfe des System#-Frameworks in XIL-Code konvertiert. Ab dieser Stelle konnte das Werkzeug SimCelerator eingesetzt werden, als wäre der XIL Zwischencode direkt von SimulationX erzeugt worden.

## 7.2 Inbetriebnahmen bei Projektpartnern

Für eine erste Validierung auf den Integrationsplattformen der Projektpartner wurde Modell DCM1 in einen Hardware-Entwurf überführt. Hierzu wurden folgende Schritte unternommen:

- Mit SimulationX wurde XIL Code exportiert.

- Mit SimCelerator wurde zunächst automatisiert eine Festkomma-Parametrierung mit 16 Bit Ausgabegenauigkeit für Strom und Winkelgeschwindigkeit des Rotors berechnet. Eine ausführliche Evaluation dieses Vorgehens erfolgt in Abschnitt 7.3. Die Parametrierung einiger E/A-Größen und Parameter wurde mit Rücksicht auf die von den Integrationsumgebungen der Projektpartner vorgegebenen Zahlenformate manuell angepasst.

- Unter Berücksichtigung der bei den Projektpartnern vorhandenen Hardware-Plattformen wurde mit SimCelerator ein Hardware-Entwurf für ein Virtex-5 FPGA erzeugt.

- Der Entwurf wurde mit Hilfe der miterzeugten Testbench simulativ verifiziert.

Projektpartner SET Powersystems integrierte das Modell in die hauseigene Emulatorplattform, deren Architektur in Abbildung 7.3 zu sehen ist. Die das Modell umgebende Infrastruktur steuert den Simulationsablauf und sorgt für den Datenaustausch mit Leistungselektronik und Prüfstandssteuerung. Eine zusätzliche Sicherheitsschicht verhindert eine Überlastung der Leistungselektronik durch etwaige Modell- oder Kommunikationsfehler. Projektpartner ITI integrierte den erzeugten Entwurf mit Hilfe der LabVIEW-Umgebung von National Instruments als „Component Level IP" in eine NI PCIe-7842R Erweiterungskarte. Inbetriebnahme und Steuerung erfolgten mit NI VeriStand. Abbildung 7.4 zeigt einen Screenshot der angehörigen grafischen Benutzeroberfläche. Gut zu erkennen sind die Drehzahlschwankungen (obere Kurve), die sich auf Grund der Motorspeisung mit einem virtuellen PWM-Signal (untere Kurve) ergeben. In beiden Fällen kamen Bausteine der Virtex-5 (Xilinx) FPGA-Familie zum Einsatz. Tabelle 7.2 fasst die synthesetypischen Kennzahlen des Modells exemplarisch

| | |
|---|---|
| Anzahl c-steps | 52 |
| Minimale Zykluszeit | 26 Takte |
| Belegte Slice Register | 656 (2%) |
| Belegte Slice LUTs | 673 (2%) |
| Slices | 276 (3%) |
| DSP48Es | 20 (41%) |
| Maximale Taktfrequenz (post PAR) | 155 MHz |

**Tabelle 7.2:** Kennzahlen des Modells DCM1 nach Implementierung für ein XC5VLX50 FPGA

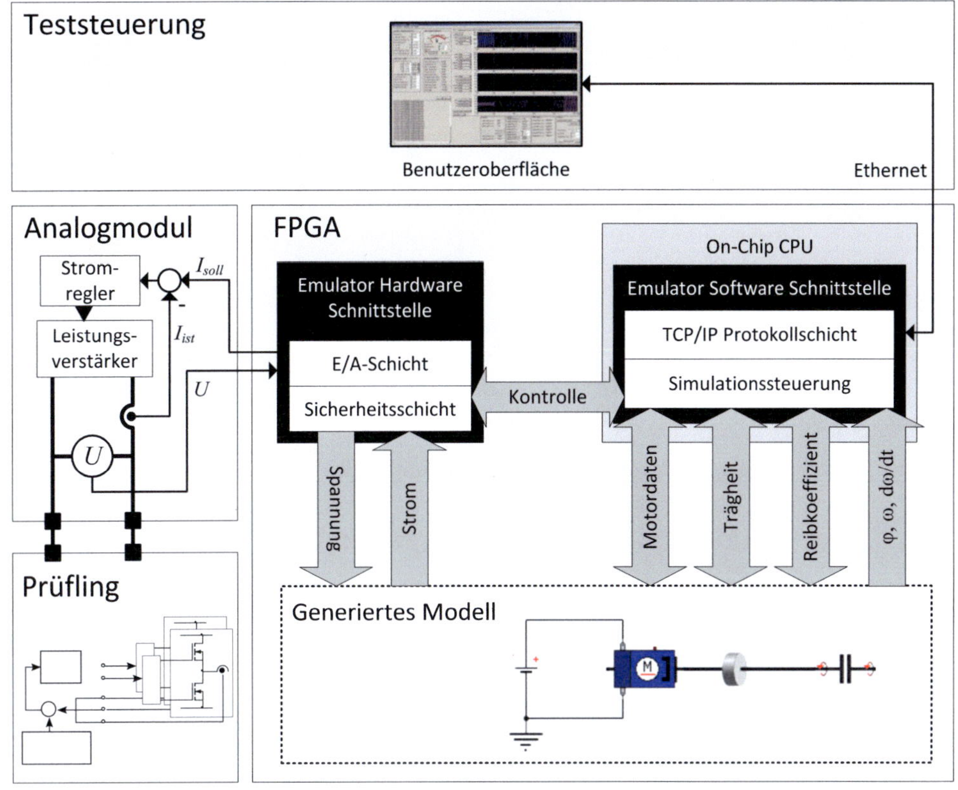


**Abbildung 7.3:** Emulatorsystem bei SET Powersystems *(nach einer Originalgrafik von Thomas Hodrius, mit freundlicher Genehmigung der SET Powersystems GmbH)*

für einen Baustein des Typs XC5VLX50 zusammen. Mit 276 Slices benötigt es ca. 3% der Chipfläche und eignet sich für Taktfrequenzen zwischen 26 MHz und 155 MHz.

Beide Integrationsphasen lieferten wertvolle Erfahrungen, die zur Verbesserung des Werkzeugs SimCelerator beitrugen. Unter anderem wurde der in Unterabschnitt 6.6.3 dargestellte Echtzeitgeber in die Hardware-Architektur aufgenommen, der das Modell mit einer laufzeit-konfigurierbaren Zykluszeit autonom arbeiten lässt. Darüber hinaus wurden dem Werkzeug Auswahloptionen hinzugefügt, mit denen sich die Schnittstelle des Modells gegenüber der Integrationsplattform flexibler gestalten lässt. Die Auswertung wird nun mit den restlichen Modellen fortgesetzt. Sie sind allesamt komplexer als DCM1 und ergeben somit eine bessere Datengrundlage.

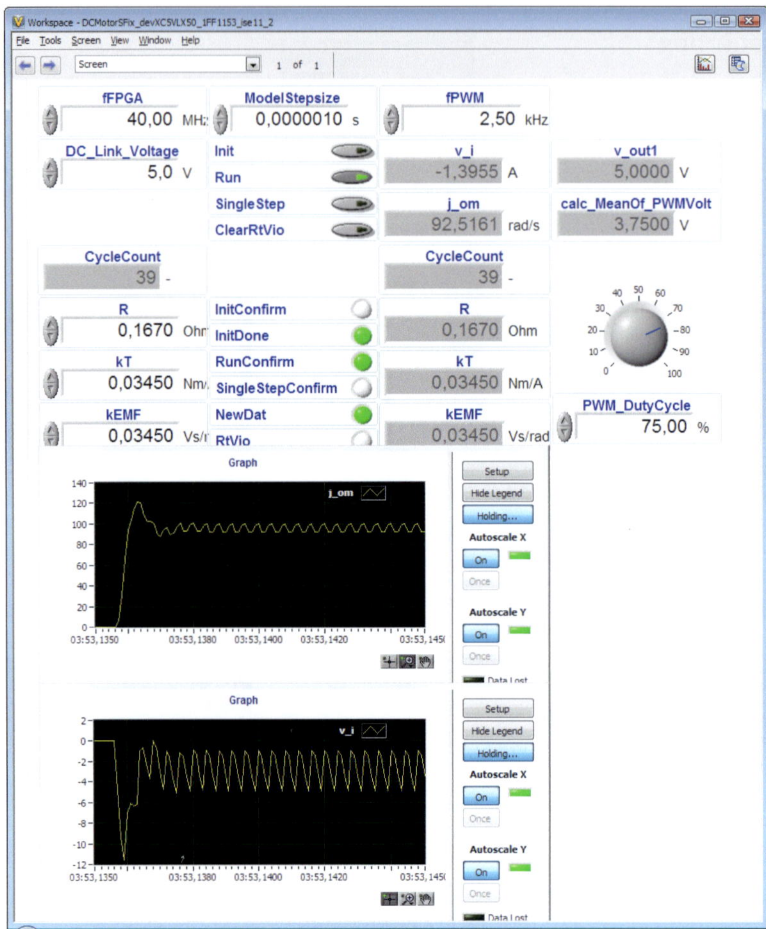

**Abbildung 7.4:** Gleichstrommotorsimulation auf NI Hardware bei ITI *(Modellintegration und Screenshot von Thomas Heinl, mit freundlicher Genehmigung der ITI GmbH)*

## 7.3 Parametrierung von Festkommaarithmetik

Mit Hilfe des in Abschnitt 6.5 vorgestellten Verfahrens zur automatisierten Auslegung von Festkommaarithmetik wurden für jedes der ausgewählten Modelle Festkomma-Implementierungen erzeugt. Die resultierenden Simulationsläufe wurden mit denjenigen der Referenzimplementierungen in Gleitkommaarithmetik (64 Bit doppelte Genauigkeit) verglichen. Hierzu wurden für alle Modelle einheitlich folgende Merkmale ausgewählt:

- Strom $I$ durch die Spannungsquelle in [A] (bei Drehstrommaschinen stellvertretend der Strom durch die erste Phase),

- Winkelgeschwindigkeit $\omega$ des Rotors in $[\mathrm{rad} \cdot s^{-1}]$.

Die Genauigkeit der Strom- und Drehzahlsensorik im Antriebsstrang eines Elektrofahrzeugs beläuft sich grob geschätzt auf eine Auflösung von 8 bis 16 Bit, so dass die Benchmark-Modelle als Festkomma-Implementierung mit 16 Bit Ausgabegenauigkeit für $I$ und $\omega$ ausgelegt wurden. Liegt ein Merkmal im Wertebereich $[min, max]$, so bedeutet eine Genauigkeit von $n$ Bit, dass der absolute Fehler des Merkmals im Vergleich zur Referenzsimulation unter $2^{-n}(max - min)$ liegen muss. 16 Bit Genauigkeit bezeichnen mit dieser Definition eine maximale Abweichung von ca. $1{,}5 \cdot 10^{-5}$ des Wertebereichs.

Tabelle 7.3 fasst die zulässigen und tatsächlichen Ausgabetoleranzen unter einer Parametrierung mit 16 Bit Ausgabegenauigkeit zusammen. Alle Modelle wurden bis zum Erreichen des stationären Zustands simuliert. Bei den Drehstrommaschinen entspricht dies einer simulierten Dauer von ca. 1 s, beim Gleichstrommotor ca. 100 s. Dieser Unterschied hat nichts mit den Funktionsprinzipien der Maschinen zu tun, sondern ist auf einen großen Ankerträgheitsparameter im Fall des verwendeten Gleichstrommotormodells zurückzuführen. Für alle untersuchten Modelle lieferte das Verfahren trotz der enthaltenen Nichtlinearitäten sehr zuverlässige Ergebnisse. Im Fall der Drehstrommaschinen wurde der Fehler des Phasenstroms um einen Faktor von ca. 20 überschätzt. Somit ist die Genauigkeitsanforderung zwar erfüllt, die Wortbreiten der beteiligten Operationen werden jedoch größer ausgelegt als nötig.

Neben der Wahl der Stimuli beeinflusst die simulierte Dauer der Sensitivitätsanalyse maßgeblich die Qualität der Ergebnisse. Um die Verlässlichkeit des Ansatzes zu untersuchen, wurde die numerische Treue der Modelle jeweils bis zum stationären Zustand gefordert. In der Praxis dürfte diese Forderung überzogen sein: Da ein Modell in der HiL-Simulation Teil eines Regelkreises sein wird, können Ungenauigkeiten ausgeregelt werden. Die Iterationszahl der Sensitivitätsanalyse kann dann deutlich kleiner gewählt

| **Modell** | $\Delta I_{max}$ | $\Delta I_{ist}$ | $\Delta \omega_{max}$ | $\Delta \omega_{ist}$ |
|:---:|:---:|:---:|:---:|:---:|
| | [mA] | | [mrad s$^{-1}$] | |
| DCM2 | 15,2 | 14,9 | 160 | 110 |
| ASM1 | 1,4 | 0,089 | 4,8 | 4,2 |
| ASM2 | 1,2 | 0,051 | 9,6 | 7,9 |
| PMSM | 3,9 | 0,2 | 4,8 | 4,2 |

**Tabelle 7.3:** Absolute Toleranzen bei 16 Bit Ausgabegenauigkeit

| **Modell** | min. WB | max. WB | Median |
|:---:|:---:|:---:|:---:|
| DCM2 | 19 | 48 | 32 |
| ASM1 | 21 | 42 | 27 |
| ASM2 | 18 | 49 | 28 |
| PMSM | 15 | 49 | 28,5 |

**Tabelle 7.4:** Wortbreiten bei 16 Bit Ausgabegenauigkeit (WB steht für Wortbreite)

werden. Zum späteren Vergleich der Festkomma-Implementierungen mit Fließkomma-Implementierungen wurden die auftretenden Wortbreiten der Modelle in Form Minimum, Maximum und Median charakterisiert. Dies wird in Tabelle 7.4 zusammengefasst.

Eine besondere Herausforderung besteht in der Auslegung generischer Modelle, was am Beispiel DCM2 verdeutlicht werden soll. Es sei angenommen, dass man eine Hardware-Implementierung gewinnen möchte, die sich zur Laufzeit mit den gewünschten Motorparametern konfigurieren lässt. Dieses Szenario bildet Praxis-bezogene Anforderungen ab, da man nicht für jede Parameteränderung eine neue Implementierung synthetisieren möchte. Bei DCM2 kommen bereits 10 Freiheitsgrade zusammen:

- Maschinenkonstante $k_{EMF} > 0$ $[\mathrm{V\,s\,rad^{-1}}]$

- Induktivität $L > 0$ der Ankerwicklung $[\mathrm{H}]$ (reziprok spezifiziert)

- Widerstand $R > 0$ der Ankerwicklung $[\Omega]$

- Ankerträgheit $J > 0$ $[\mathrm{kg\,m^2}]$ (reziprok spezifiziert)

- Gleitreibmoment $M_G \geq 0$ $[\mathrm{N\,m}]$

- Haftreibmoment $M_H \geq 0$ $[\mathrm{N\,m}]$

- Linearer Dämpfungskoeffizient $r_1 \geq 0$ $[\mathrm{N\,m\,s\,rad^{-1}}]$

- Quadratischer Dämpfungskoeffizient $r_2 \geq 0$ $[\mathrm{N\,m\,s^2\,rad^{-2}}]$

- Eingangsspannung $U$ $[\mathrm{V}]$

- Externes Drehmoment $M_{last}$ $[\mathrm{N\,m}]$

Zunächst müssen die Wertebereiche aller Parameter sorgfältig gewählt werden: Liegen beispielsweise $R$ oder $J$ zu nahe bei 0, wird die Simulation unter Beibehaltung der Integrationsschrittweite instabil. Ebenso wurden Instabilitäten beobachtet, wenn $r_1$ und $r_2$ zu groß gewählt werden. Im Folgenden sei ein Parameterraum angenommen, aus dem jeder Parametersatz zu einer stabilen Simulation führt. Dann stellt sich als nächstes die Frage, für welche Punkte des Parameterraums die Simulationsvariablen im Lauf der jeweiligen Simulationen ihre Extremwerte erreichen werden. Im Fall des Gleichstrommotors lässt die Intuition vermuten, dass dies der Fall ist, wenn die Parameter ihre Randwerte annehmen. Selbst unter dieser Annahme bleiben noch $2^{10}$ mögliche Parametersätze, die ein vollautomatischer Ansatz sowohl zur Wertebereichsbestimmung als auch zur Sensitivitätsanalyse durchrechnen müsste. Mit Hilfe von Domänenwissen kann man folgern, dass der Motor seine maximale Drehzahl für $t \to \infty$ erreichen wird, wenn dieser mit maximaler Eingangsspannung frei von Reibung und Dämpfung betrieben wird und zusätzlich ein maximales externes Moment in Drehrichtung aufgebracht wird. Mit ergänzenden Überlegungen wurde für Modell DCM2 folgendes Vorgehen angewandt:

- Alle Maschinenparameter wurden auf diejenigen eines realen Prüflings gesetzt.

- $J$ wurde (abweichend von den realen Daten) auf einen sehr kleinen, aber noch stabilen Wert gesetzt. Die Simulation erreicht dann schnell einen stationären Zustand, womit die Rechenzeit pro Analyse auf einige Minuten reduziert wird[1].

- Für $r_1 = r_2 = 0$ wurden Bereichs- und Sensitivitätsanalyse in den vier Kombinationen $(U, M_{last}) \in \{U_{min}, U_{max}\} \times \{M_{last,min}, M_{last,max}\}$ durchgerechnet.

- Für $r_1 = r_2 = 0{,}1$ wurden Bereichs- und Sensitivitätsanalyse in den zwei Kombinationen $(U, M_{last}) \in \{(U_{min}, M_{last,min}), (U_{max}, M_{last,max})\}$ wiederholt.

- $J$ wurde auf den realen Wert gesetzt und die Sensitivitätsanalyse für $r_1 = r_2 = 0$, $r_2 = 0$, $U = U_{max}$, $M_{last} = 0$ wiederholt. Eine erneute Bereichsanalyse war nicht mehr notwendig, da $J$ lediglich das transiente, nicht aber das stationäre Simulationsverhalten beeinflusst. Um Rechenzeit zu sparen, wurde die Analyse nach ca. $2 \cdot 10^4$ Schritten (entsprechend $20\,\mathrm{ms}$ simulierter Systemlaufzeit) abgebrochen, so dass das Verfahren die in Unterabschnitt 6.5.4 besprochenen Sättigungsschranken extrapolierte.

- Alle Wertebereiche wurden um einen Sicherheitsbereich von jeweils 25% nach oben und unten erweitert.

Die Festkomma-Arithmetik wurde so ausgelegt, dass Ankerstrom $I_A$ und Ankerwinkelgeschwindigkeit $\omega_A$ mit 16 Bit Genauigkeit aufgelöst werden. Tabelle 7.5 zeigt die ermittelten Wertebereiche der Ausgangsgrößen, die zulässigen absoluten Fehler bei 16 Bit Auflösung und die von der Sensitivitätsanalyse ermittelten Mindestwortbreiten. Letztere liegen naturgemäß über 16 Bit, da $I_A$ und $\omega_A$ als Zustandsgrößen Quantisierungsfehler akkumulieren. Man muss mit einer höheren Genauigkeit kodieren, damit zumindest die höchstwertigen 16 Bit der Variable signifikant bleiben. Offensichtlich liegen die ermittelten Wertebereiche unrealistisch hoch, wird doch der Drehzahlbereich einer Gasturbine erreicht. Dies entspricht dem hypothetischen Worst-Case-Szenario, unter dem der Motor bei maximaler Speisung reibungsfrei hochläuft und gleichzeitig

| Größe | Wertebereich | Abs. Tol. | Wortbreite (Bit) |
|---|---|---|---|
| $I_A$ | -496,5…496,5 A | $15{,}2\,\mathrm{mA}$ | 31 |
| $\omega_A$ | -5224…5224 $\mathrm{rad\,s^{-1}}$ | $160\,\mathrm{mrad\,s^{-1}}$ | 41 |

**Tabelle 7.5:** Wertebereiche, Toleranzen und Mindestwortbreiten der Ausgabegrößen bei jeweils 16 Bit Auflösung

---

1 Zum Vergleich: Mit der Originalträgheit wird die stationäre Rotationsgeschwindigkeit nach über $100\,\mathrm{s}$ erreicht. Dies entspricht $10^8$ Integrationsschritten. Ein Einzelschritt der Sensitivitätsanalyse dauert in der derzeitigen Implementierung ca. $10^{-2}\,\mathrm{s}$, so dass man mit einer Rechenzeit von knapp 12 Tagen pro Analyselauf zu rechnen hätte.

| Parameter | Wert/Bereich | Wortbreite (Bit) |
|---|---|---|
| $k_{EMF}$ | $20\,\mathrm{mV\,s\,rad^{-1}}$ | 23 |
| $L^{-1}$ | $(140\,\mu\mathrm{H})^{-1}$ | 20 |
| $R$ | $150\,\mathrm{m\Omega}$ | 23 |
| $J^{-1}$ | $(10^{-5}\ldots0{,}08\,\mathrm{kg\,m^2})^{-1}$ | 38 |
| $M_G$ | $0{,}07\,\mathrm{N\,m}$ | 21 |
| $M_H$ | $0{,}12\,\mathrm{N\,m}$ | 0 |
| $r_1$ | $0\ldots0{,}1\,\mathrm{N\,m\,rad^{-1}}$ | 19 |
| $r_2$ | $0\ldots0{,}1\,\mathrm{N\,m\,rad^{-1}}$ | 22 |
| $U$ | $-30\ldots30\,\mathrm{V}$ | 20 |
| $T$ | $-10\ldots10\,\mathrm{N\,m}$ | 22 |

**Tabelle 7.6:** Grundparametrierung des Motormodells

von einem externen Moment in Drehrichtung beschleunigt wird. Hier zeigt sich wieder die Problematik, realistische Stimuli zu finden. Bemerkenswert ist auch, dass für $\omega_A$ eine wesentlich größere Präzision verlangt wird als für $I_A$. Dies ist auf das im Vergleich zum elektrischen Teil der Simulation langsame Anlaufverhalten zurückzuführen, so dass sich Rundungsfehler über einen längeren Zeitraum akkumulieren.

Tabelle 7.6 fasst die Grundparametrierung des Modells und die ermittelten Mindestwortbreiten für Parameter und Eingabegrößen zusammen. Während sich die reale Trägheit $J$ auf $0{,}08\,\mathrm{kg\,m^2}$ beläuft, wurde zur Beschleunigung der Analysen zunächst mit $J = 10^{-4}\,\mathrm{kg\,m^2}$ gearbeitet. Die Tabelle zeigt, dass der Einfluss des Haftmoments nicht erfasst wurde. Da die Simulation bewusst ohne Ereignisiterationen arbeitet, wird über den Übergang zwischen Haft- und Gleitreibung „hinwegintegriert", so dass kein Einfluss des Haftmoments auf die Berechnung festgestellt werden kann. Entsprechend wurden das Haftmoment und einige abhängige Variablen mit zu geringer Genauigkeit kodiert. Dies war kaum anders zu erwarten, schließlich setzt die in Abschnitt 6.5 vorgestellte Sensitivitätsanalyse eine differenzierbare Berechnungsvorschrift voraus. Die Wortbreite von $M_H$ wurde deshalb manuell auf 21 Bit korrigiert, so dass sie derjenigen des Gleitreibmoments entsprach. Ebenso mussten die Wortbreiten einiger Zwischenterme korrigiert werden, die mit $M_H$ in Zusammenhang standen. Dennoch war das Verfahren hilfreich, da nur wenige Terme manuell nachgebessert werden mussten.

Insgesamt wurden Wortbreiten zwischen 13 und 41 Bit für Terme und Variablen berechnet, was den Vorteil nicht-uniformer Wortbreiten unterstreicht: Würde man uniform parametrieren, müsste man dies konservativ mit der größten auftretenden Wortbreite durchführen und würde letztlich Chip-Ressourcen verschenken. Für die gewonnenen Wortbreiten wurde zunächst verifiziert, dass die Implementierung für $J = 10^{-5}\,\mathrm{kg\,m^2}$, $r_1 = r_2 = 0$, $U = 30\,\mathrm{V}$ und $T = 0$ innerhalb der erwarteten Toleranzen blieb. Dies war der Fall: Die maximalen absoluten Fehler von $I$ und $\omega$ blieben um Faktoren von ca. 51 bzw. 232 unter den zulässigen Abweichungen. In einem weiteren Lauf wurde verifiziert, dass die Simulation auch für $J = 0{,}08\,\mathrm{kg\,m^2}$ akkurat blieb. Die Stoppzeit der Simulation wurde auf $100\,\mathrm{s}$ hochgesetzt. Es wurden absolute Fehler von

14,9 mA für $I_A$ bzw. 110 mrad s$^{-1}$ für $\omega_A$ errechnet, die gerade noch innerhalb der zulässigen Schranken lagen. Obwohl die Sensitivitätsanalyse nach ca. $2 \cdot 10^4$ Iterationen abgebrochen wurde, konnte die Wachstumsschranke des absoluten Fehlers von $\omega_A$ hinreichend genau extrapoliert werden.

Danach wurden – jeweils ceteris paribus – weitere Parameter variiert, bis ein Arithmetik-Überlauf eintrat oder die geforderte Genauigkeit verfehlt wurde. Die Ergebnisse sind in Tabelle 7.7 zusammengefasst. Die Daten legen nahe, dass von den ursprünglichen Kenndaten problemlos um ca. 30% in jede Richtung abgewichen werden darf. Eine Implementierung mit Festkomma-Arithmetik eignet sich vor allem dann, wenn die Betriebsparameter des Motors schon im Vorfeld abgeschätzt werden können. Außerdem sind trotz Werkzeug-Unterstützung Domänen-Kenntnisse notwendig, um die Analysen richtig zu steuern. Die Qualität der Ergebnisse hängt von den gewählten Parametersätzen und Stimuli ab. Unstetigkeiten im Modell können sich negativ auf die Ergebnisqualität der Sensitivitätsanalyse auswirken. Daher sollte die gefundene Parametrierung stets kritisch beurteilt und ggf. nachgebessert werden. In dieser Kombination lassen sich jedoch gute Ergebnisse erzielen, die einer „Pi-mal-Daumen"-Schätzung weit überlegen sind.

| Parameter | Zulässiger Bereich |
|---|---|
| $k_{EMF}$ | 4...30 mV s rad$^{-1}$ |
| $L$ | 100...5000 µH |
| $R$ | 5...250 mΩ |
| $M_G$ | 0...0,1 N m |
| $M_H$ | 0...15 N m |
| $r_1$ | 0...1 N m rad$^{-1}$ |
| $r_2$ | 0...1 N m rad$^{-1}$ |
| $U$ | -30...30 V |
| $T$ | -10...10 N m |

**Tabelle 7.7:** Ermittelte Parameterbereiche unter der gegebenen Festkomma-Auslegung für $J = 10^{-5}$ kg m$^2$

## 7.4 Synthese-Ergebnisse

Die Testmodelle wurden in verschiedenen Varianten synthetisiert, um Richtwerte für die optimale Parametrierung des Synthesevorgangs zu gewinnen. Die Größe des aufgespannten Entwurfsraums verbietet leider eine erschöpfende Exploration. Deshalb wurden nur diejenigen Merkmale ausgewählt, die den größten Einfluss auf die Ergebnisqualität haben. Die vorgestellten Ergebnisse basieren auf einer Auswertung von ca. 100 Entwurfsalternativen. Alle Kennzahlen beziehen sich auf Implementierungen, die mit dem Logiksynthesewerkzeug ISE 13.2 (Xilinx) für ein XC6VLX240T FPGA aus der Virtex-6 Familie (Xilinx) erzeugt wurden. Es wurden folgende Freiheitsgrade betrachtet:

- Arithmetik und Wortbreite,

- Latenzen der arithmetischen Operatoren (siehe Abschnitt 6.3.8),

- Kontrollpfadarchitektur (siehe Unterabschnitt 6.3.7: FSM, HMA).

Analysiert wurden die Alternativen in Bezug auf erzielbare Taktraten und Ressourcen-Verbrauch. Beide Kennzahlen sind methodisch schwierig zu ermitteln, da sie Produkte komplexer, oft heuristischer, Optimierungsalgorithmen im Logiksynthesewerkzeug sind. Die Qualität der Ergebnisse kann von der in Optimierungen investierten Rechenzeit abhängen, die wiederum qualitativ vom Anwender vorgegeben wird. Zur Ermittlung der maximal erzielbaren Taktrate eines Entwurfs bietet das Werkzeug zwar eine „Performance Evaluation"-Option an, doch arbeitet diese sehr ungenau. Alternativ ist eine konkrete Taktrate als Entwurfsparameter vorzuschreiben, auf die von der Logiksynthese hinoptimiert wird. Im „Static Timing Report" des Werkzeugs ist dann die tatsächlich erreichte Taktrate nachzulesen. Dabei sind zwei Effekte zu beachten: Bleibt die vorgeschriebene Taktrate weit unter der erreichbaren Taktrate, nimmt die Logiksynthese keine weiteren Optimierungen vor. Die vom Werkzeug ermittelte Taktrate bleibt hinter der tatsächlich erreichbaren zurück. Gibt man hingegen eine unrealistisch hohe Taktrate vor, wird ggf. nur ein lokales Optimum gefunden. Daher wurden die Taktraten in einem iterativen Verfahren ermittelt, wobei nach jedem Synthesevorgang eine neue Taktrate vorgegeben wurde, die etwas über der gefundenen Rate lag. Nach 2-3 Synthesen stellt sich meist eine Konvergenz ein, so dass man von realistischen Werten ausgehen kann. Dennoch ist das Vorgehen schwer zu systematisieren, so dass individuelle Taktratenvariationen im direkten Vergleich zweier Entwürfe nicht aussagekräftig zu bewerten sind, sofern diese unter geschätzten $5\,\%$ liegen. Alle Synthesen wurden ansonsten konsistent mit denselben Standardeinstellungen durchgeführt.

Eine ähnliche Problematik entsteht bei Betrachtung des Ressourcen-Konsums eines Entwurfs. Während der Bedarf DSP-Blöcken und RAM-Blöcken invariant gegenüber etwaigen Optimierungen bleibt, unterliegen LUT-Elemente und die daraus aggregierten Slice-Elemente einer Optimierung. Da keiner der Entwürfe die Auslastungsgrenze des Zielbausteins erreicht, wird der Synthesevorgang nicht zu Platzoptimierungen gezwungen. Nach Synthesen mit unterschiedlichen Taktratenvorgaben wurden dementsprechend leichte Variationen des Slice-Bedarfs pro Entwurf beobachtet, die im Bereich von ca. $5\,\%$ lagen.

## 7.4.1 Latenzkonfiguration arithmetischer Operatoren

Zur Implementierung arithmetischer Operatoren greift der HLS-Vorgang auf Hersteller-spezifische IP Cores zurück, die sich auf vielfältige Weise parametrieren lassen. Eine erschöpfende Exploration dieser Parameter scheidet angesichts der kombinatorischen Explosion zwar aus, doch wurde die Latenz einer Operation als entscheidend für die Merkmale eines Entwurfs identifiziert. Kleine Latenzen bewirken kurze Schedules und somit eine kürzere Berechnungsdauer. Allerdings können lange kombinatorische Pfade entstehen, so dass die erzielbare Taktfrequenz sinkt. Einen allgemeingültigen Zusammenhang zwischen Operatorlatenz und Ressourcenverbrauch gibt es hingegen nicht: Bei Festkomma-Additionen und Fließkomma-Multiplikationen steigt beispielsweise der LUT- und Register-Verbrauch mit der Latenz. Bei Fließkomma-Additionen ist die Tendenz ähnlich, doch steigt der LUT-Verbrauch nur moderat an. Bei Festkomma-Multiplikationen, die DSP-Blöcke zur Implementierung nutzen, hat die Latenz hingegen überhaupt keinen Einfluss auf den LUT-Bedarf.

Theoretisch könnte man jede funktionale Einheit mit einer individuellen Latenz konfigurieren. Allerdings ist der entstehende Entwurfsraum dann kaum noch zu beherrschen. Darüber hinaus wäre dies wenig sinnvoll, da der kritische Pfad des Entwurfs mit hoher Wahrscheinlichkeit durch die funktionale Einheit mit der kleinsten Latenz führt. Man könnte die Latenzen der übrigen Einheiten reduzieren und erhielte einen qualitativ mindestens gleichwertigen Entwurf. Besser ist es, alle Operatoren gemäß der gewünschten Taktperiode zu konfigurieren. In Ermangelung einer umfassenden Datengrundlage, die für eine prädiktive Einstellung notwendig wäre, wurde ein qualitativer Weg gewählt: Die in System# hinterlegten Modelle der IP Cores berechnen auf Basis ihrer Parametrierung jeweils eine minimal mögliche und eine maximal mögliche Latenz. Passende Berechnungsformeln wurden aus den Datenblättern des Herstellers entnommen. Um ein einfaches und wirkungsvolles Steuerungsinstrument zu erhalten, gibt der Anwender einen globalen Koeffizienten $k$ zwischen 0 und 1 vor. Das Framework interpoliert dann für jede Core-Instanz gemäß dieses Koeffizienten linear zwischen minimaler und maximaler Latenz. Somit werden gleiche Operationen stets mit derselben Latenz konfiguriert. Da die Minimal- und Maximalwerte meist von Wortbreiten abhängen, ist es jedoch möglich, dass gleichartigen Operationen (z.B. Addition) auf unterschiedlichen Wortbreiten auch unterschiedliche Latenzen zugewiesen werden.

In einem Experiment wurde der Einfluss von $k$ auf die Entwurfs-Charakteristika ermittelt. Hierzu wurden die Benchmark-Modelle unter verschiedenen Variationen des Parameters synthetisiert, um die Merkmale der Entwürfe nach Place-and-Route zu vergleichen. Dies geschah jeweils in Parametrierungen mit Fließkomma-Arithmetik einfacher und doppelter Genauigkeit, sowie Festkomma-Arithmetik. Letztere entsprechen genau den in Abschnitt 7.3 ermittelten Parametrierungen.

Zunächst wurden die erzielbaren Taktfrequenzen ermittelt, wobei der Kontrollpfad jeweils als FSM implementiert wurde. Die Ergebnisse sind in den Diagrammen 7.5, 7.6 und 7.7 zusammengefasst. Unabhängig von der eingestellten Arithmetik zeigt sich eine Steigerung der Taktfrequenz mit $k$. Sie lässt den Schluss zu, dass der längste kombinatorische (somit kritische) Pfad eines Entwurfs mit hoher Wahrscheinlichkeit durch dessen arithmetische Einheiten verläuft. Größere Operatorlatenzen implizieren

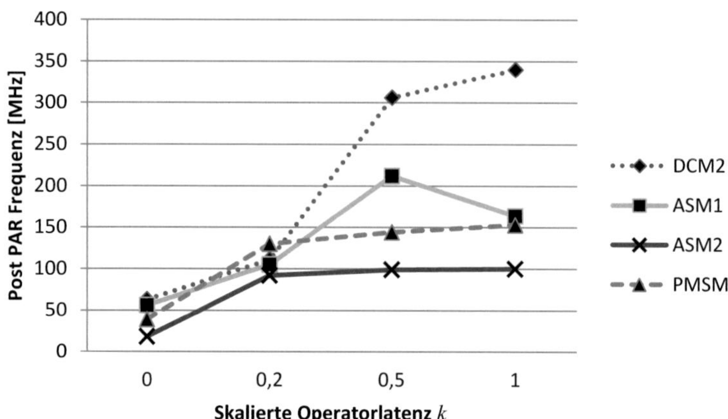

**Abbildung 7.5:** Erzielbare Taktfrequenzen unter Festkomma-Parametrierung

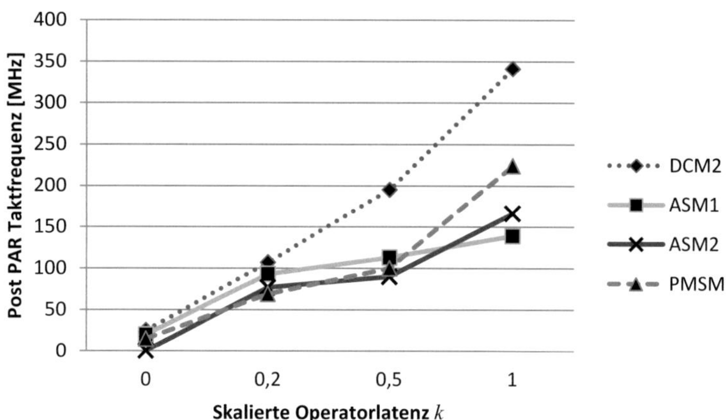

**Abbildung 7.6:** Erzielbare Taktfrequenzen unter Fließkomma-Parametrierung einfacher Genauigkeit

mehr Register in den arithmetischen Einheiten, so dass kombinatorische Pfade früher terminieren. Die erzielbare Taktfrequenz lässt sich qualitativ über $k$ steuern. Nicht in dieses Bild fügt sich Modell ASM1 in Diagramm 7.5: Der Wechsel von $k = 0{,}5$ zu $k = 1$ bewirkte offensichtlich eine Reduktion der Taktfrequenz statt der propagierten Steigerung. Eine Prüfung der Datengrundlage brachte keine spezifische Erklärung für dieses Phänomen hervor. Es liegt in der Natur der Architektursynthese, dass sich Datenpfadarchitekturen unter Variation von Syntheseparametern grundlegend ändern können. Dies ist auch in diesem Fall geschehen, so dass die Datenpfade beider Varianten nicht direkt vergleichbar sind. Offensichtlich fanden Logiksynthese, Technologie-Mapping und Place and Route für die mit $k = 0{,}5$ parametrierte Architektur wider Erwarten eine performantere Realisierung. Es gilt zu bedenken, dass von der XIL Zwischendarstellung

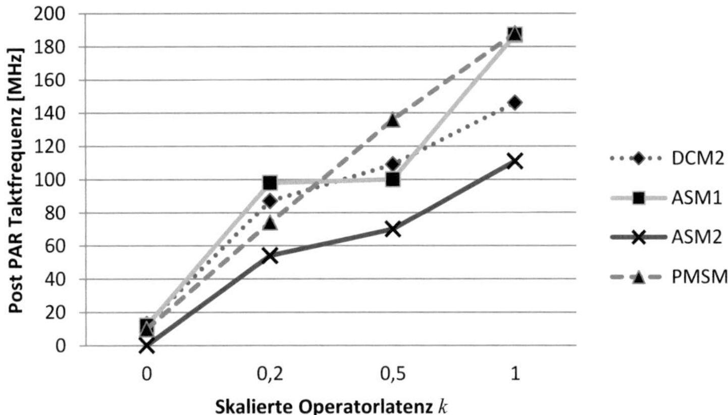

**Abbildung 7.7:** Erzielbare Taktfrequenzen unter Fließkomma-Parametrierung doppelter Genauigkeit

bis zur FPGA-Konfiguration ein komplexes Optimierungsproblem bearbeitet wird, das aus Gründen der Handhabbarkeit durch eine Verkettung von Heuristiken gelöst wird. Jede Heuristik geht bereits für sich genommen von vereinfachenden Formalisierungsannahmen und löst das ihr zugewiesene Teilproblem nicht notwendig optimal. Hinzu kommt, dass selbst mehrere optimale Algorithmen in Verkettung nicht notwendig eine optimale Lösung des Gesamtproblems garantieren würden. Ausnahmen von der Regel sind daher zu erwarten.

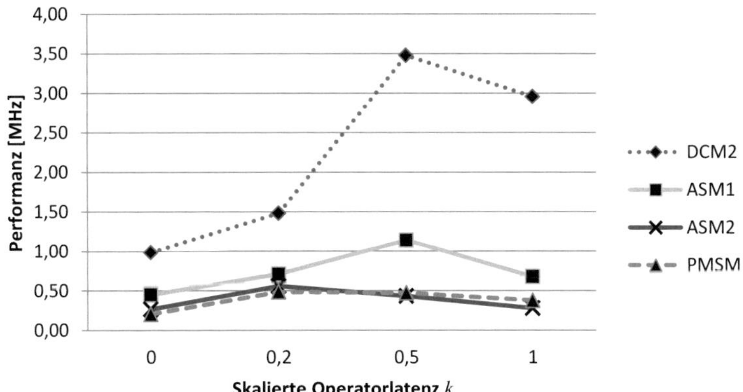

**Abbildung 7.8:** Erzielbare Modellfrequenzen unter Festkomma-Parametrierung

Die Performanz eines Entwurfs wird nicht allein durch dessen Taktfrequenz bestimmt. Schließlich erhöht sich mit $k$ auch die Anzahl der Taktschritte, die zur Berechnung eines Gesamtschritts notwendig sind. Dieser Effekt wurde in Diagrammen 7.8, 7.9 und 7.10 herausgerechnet. Die maximal zulässigen Taktfrequenzen wurden jeweils durch die Anzahl der Taktschritte pro Gesamtschritt dividiert. Das berechnete Performanzmaß

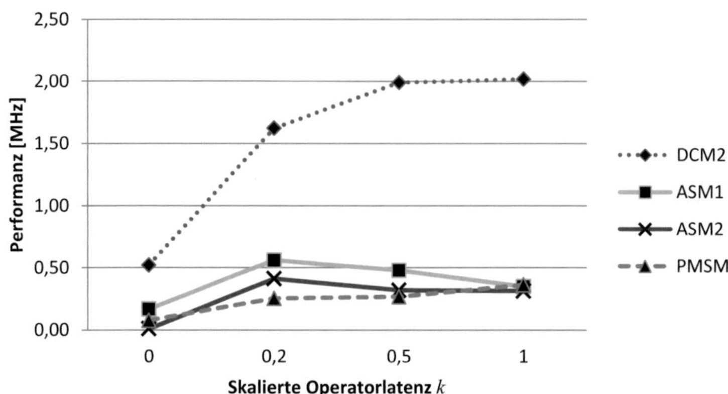

**Abbildung 7.9:** Erzielbare Modellfrequenzen unter Fließkomma-Parametrierung einfacher Genauigkeit

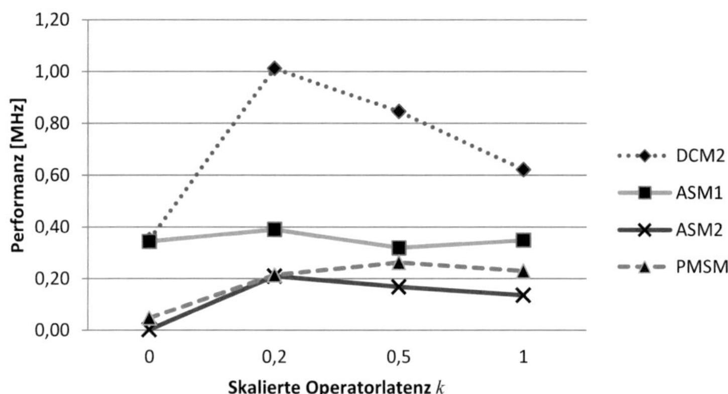

**Abbildung 7.10:** Erzielbare Modellfrequenzen unter Fließkomma-Parametrierung doppelter Genauigkeit

gibt somit an, mit welcher Zyklusfrequenz man ein Modell betreiben könnte, wenn der Taktgeber mit der höchstzulässigen Frequenz arbeiten würde. Hier zeigt sich, dass die optimale Performanz am ehesten bei „mittleren" Taktraten erreicht wird.

In einem weiteren Schritt wurde untersucht, welche Auswirkungen $k$ auf die vom Entwurf konsumierte Chipfläche hat. Diagramme 7.11, 7.12, 7.13 und 7.14 zeigen den Ressourcen-Bedarf der Implementierungsvarianten an Hand der für die betrachtete FPGA-Familie relevanten Ressourcentypen „Slice" und „DSP48E1". Die Suffixe „FX", „FL32" und „FL64" zeigen die Art der verwendeten Arithmetik an: Sie stehen für „Festkomma-Arithmetik", „Fließkomma-Arithmetik einfacher Genauigkeit" bzw. „Fließkomma-Arithmetik doppelter Genauigkeit".

Für $k = 0$ ist meist ein drastischer Anstieg an konsumierten Ressourcen zu verzeichnen. Die Ursache liegt darin, dass umfangreiche arithmetische Ausdrücke nun in einem

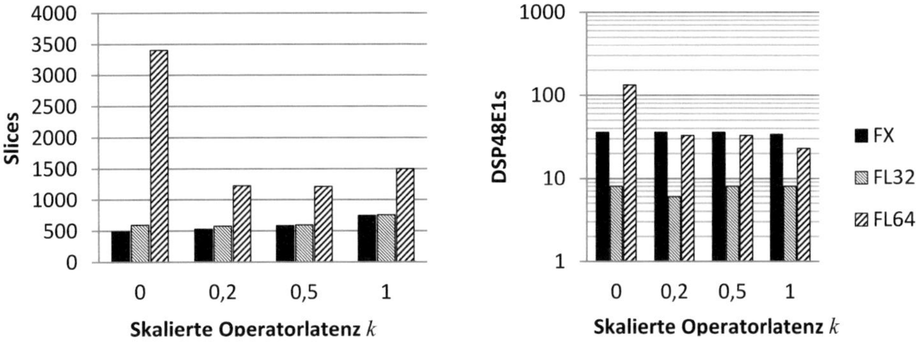

**Abbildung 7.11:** Slice- und DSP-Verbrauch von DCM2

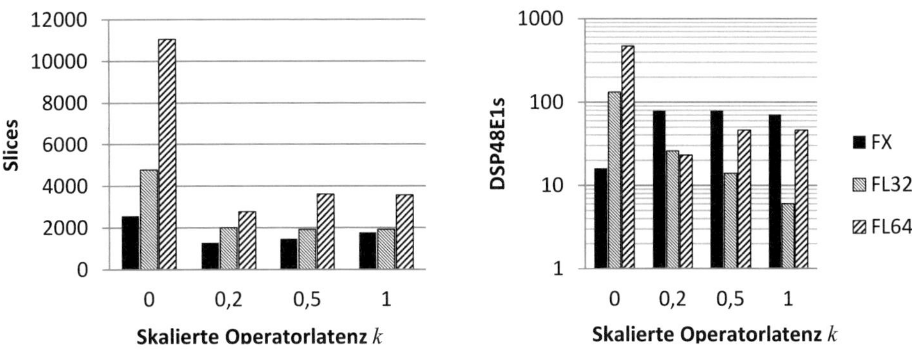

**Abbildung 7.12:** Slice- und DSP-Verbrauch von ASM1

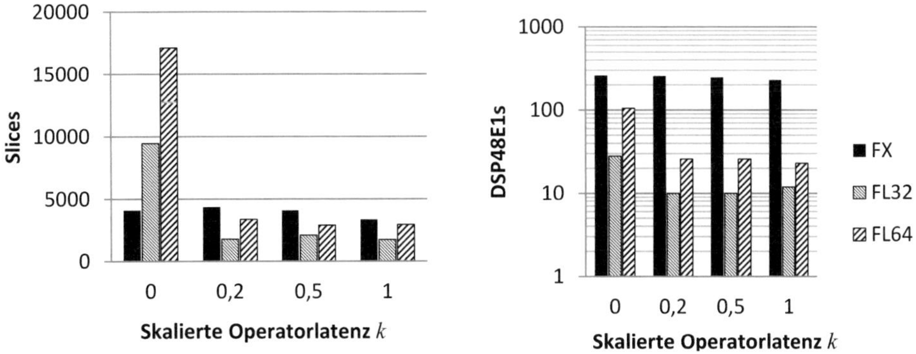

**Abbildung 7.13:** Slice- und DSP-Verbrauch von ASM2

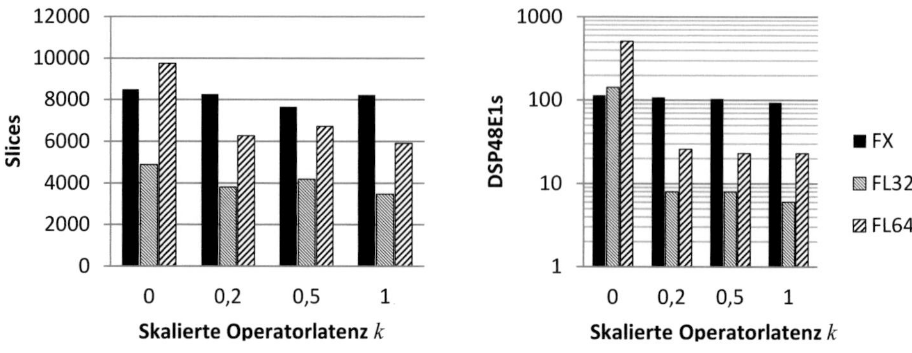

**Abbildung 7.14:** Slice- und DSP-Verbrauch von PMSM

einzigen Taktschritt parallel ausgewertet werden. Unter den involvierten Elementaroperationen ist keine gemeinsame Ressourcennutzung möglich, so dass im Vergleich zu den restlichen Konfigurationen übermäßig viele arithmetische Einheiten angelegt werden müssen. Der Effekt ist nur bei Fließkomma-, nicht aber bei Festkomma-Arithmetik zu beobachten. Dies ist auf die nicht-uniformen Wortbreiten zurückzuführen: Gleichartige Elementaroperationen auf Operanden unterschiedlicher Wortbreiten können derzeit nicht auf dieselbe Hardware-Einheit abgebildet werden. Somit ist unter den stark variierenden Wortbreiten ohnehin kaum gemeinsame Ressourcennutzung möglich. Die Anzahl der instanziierten arithmetischen Einheiten wird kaum vom Schedule beeinflusst. Für die restlichen Werte von $k$ zeigt sich keine klare Tendenz. Der Ressourcen-Verbrauch bleibt ungefähr gleich. Hier heben sich zwei Effekte gegenseitig auf: Einerseits vergrößert sich der Flächenbedarf arithmetischer Einheiten tendenziell mit $k$. Andererseits entsteht durch größere Operatorlatenzen mehr vertikale Parallelität. Arithmetische Einheiten können verstärkt wiederverwendet werden, so dass die Gesamtzahl arithmetischer Einheiten sinkt.

## 7.4.2 FSM vs. HMA

In Abschnitt 6.3.7 wurde die HMA vorgestellt, die alternativ zur FSM-Architektur synthetisiert werden kann. In einer Auswertung wurden von verschiedenen Entwurfsalternativen, jeweils ceteris paribus, drei verschiedene Implementierungen verglichen:

1. Implementierung als FSM (Kürzel FSM),

2. Implementierung als HMA, $b_{max} = 6$ (Kürzel HMA),

3. wie 2., jedoch mit Puffer-Registern an den Dekoder-Ausgängen (Kürzel HMA-R).

Abbildung 7.15 zeigt die Änderung der erzielbaren Taktrate unter Einsatz einer HMA im Vergleich zur FSM. Insgesamt konnten die größten Steigerungen mit Puffer-Registern an den Dekoder-Ausgängen erzielt werden. Während mit dieser Variante eine durchschnittliche Steigerung der Taktfrequenz um 20 % erzielt wurde, verschlechterte sich die

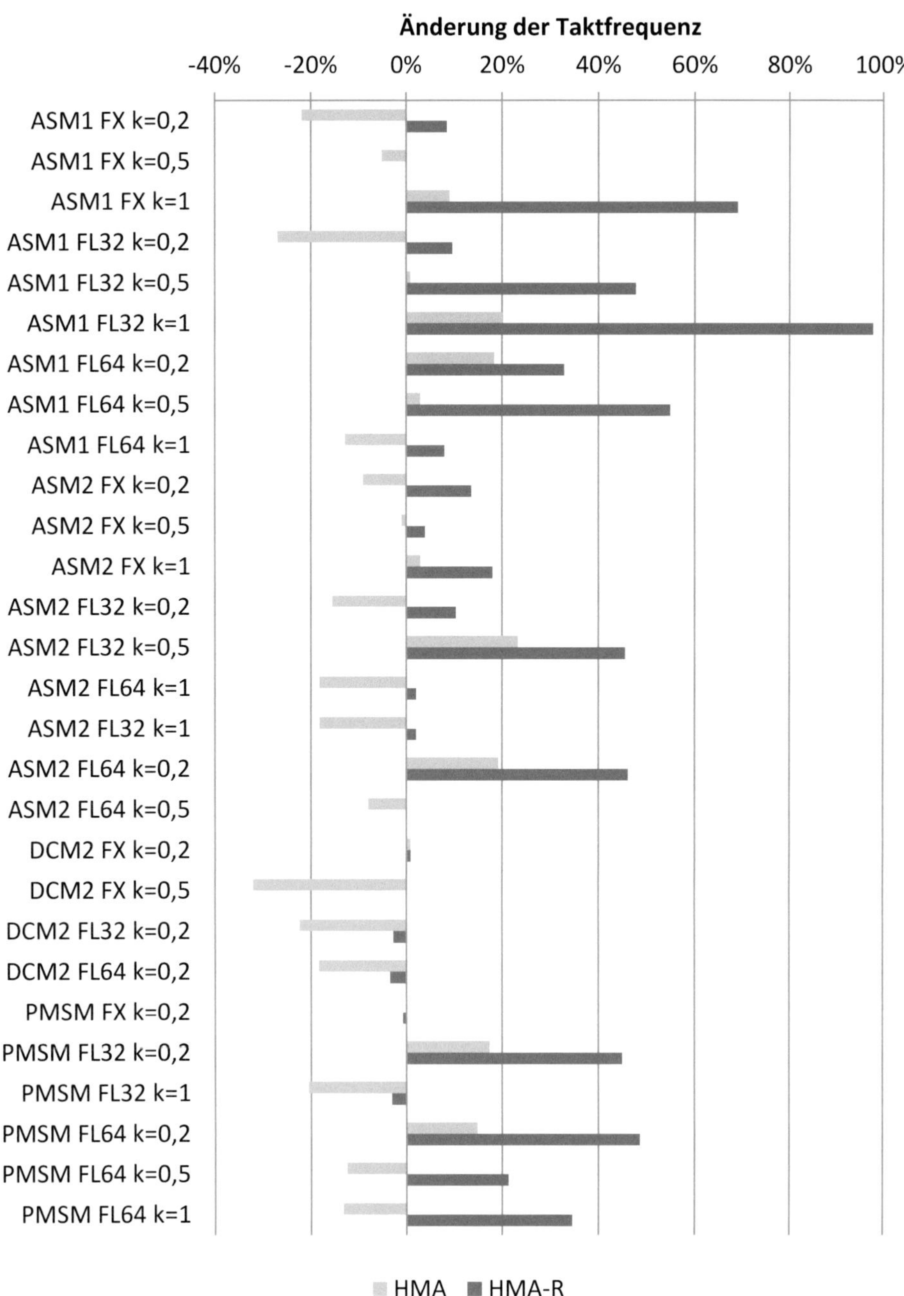


**Abbildung 7.15:** Taktfrequenzänderung – HMA und FSM-Architektur im Vergleich

Taktfrequenz von HMA ohne Puffer-Register im Schnitt um 5 % gegenüber den FSM-basierten Implementierungen. Schlimmstenfalls verschlechterte sich die Taktfrequenz mit HMA-R um 3 %.

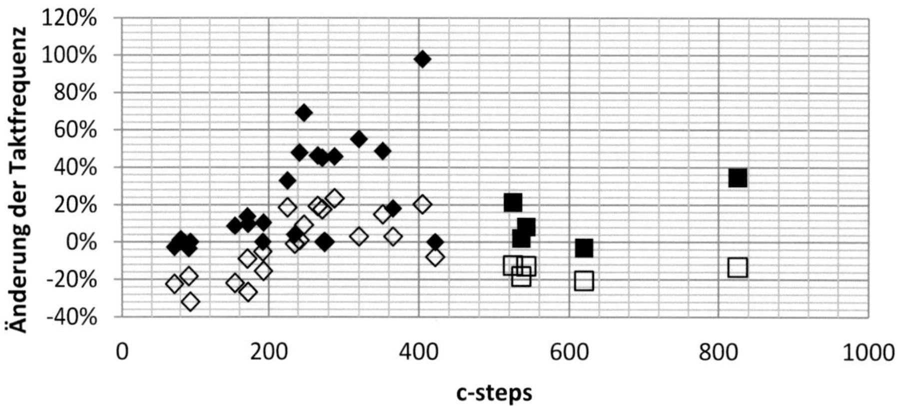



**Abbildung 7.16:** Änderung der Taktfrequenz mit HMA, bezogen auf c-steps

Die Vermutung liegt nahe, dass vor allem umfangreiche Berechnungen mit großen Zustandsräumen von HMA profitieren: Mit zunehmender Zahl von Zuständen steigt die Komplexität der zustandsabhängigen Logik einer FSM, während mit HMA lediglich die Größe des Programmspeichers wächst. Um diesen Effekt zu zeigen, wurden in Abbildung 7.16 die Taktfrequenzänderungen über den c-step-Quantitäten der Entwürfe aufgetragen. Dabei ist zu beachten, dass das Logiksynthesewerkzeug ebenfalls RAM-basierte Implementierungen von Zustandsautomaten erzeugen kann. Diese Option wurde vom Logiksynthesewerkzeug automatisch für Zustandsautomaten mit mehr als 500 Zuständen gewählt. Entwürfe, deren FSM-basierte Implementierung von der Logiksynthese mit RAM-Elementen realisiert wurde, sind in Abbildung 7.16 mit „RAM-FSM" gekennzeichnet, die restlichen LUT-basierten Realisierungen mit „LUT-FSM". Es zeigt sich, dass für Zustandsräume ab ca. 200 c-steps ein signifikanter Geschwindigkeitsvorteil mit HMA-R zu erwarten ist. Dieser wird bis zur Grenze von 500 c-steps immer deutlicher. Ab 500 c-steps brechen die Zuwächse ein, da die Logiksynthese von sich aus eine effizientere Implementierung wählt. Doch auch in dieser Konstellation konnten noch Steigerungen der Taktrate um bis zu 35 % erzielt werden.

Gleichwohl kann mit HMA nicht grundsätzlich eine Beschleunigung erzielt werden, was die Datenpunkte nahe der 0 %-Achse zeigen. Dies ist auf die Tatsache zurückzuführen, dass der längste kombinatorische Pfad als limitierender Faktor nicht grundsätzlich durch die Steuerungslogik eines Entwurfs verlaufen muss. Stattdessen kann dieser auch vollständig innerhalb einer funktionalen Einheit liegen oder bei komplexen Entwürfen auf einer kombinatorischen Verbindung zweier Einheiten, so dass Platzierungs-bedingte Signalverzögerungen ins Spiel kommen.

In einer weiteren Betrachtung wurde der Ressourcen-Verbrauch von HMA-basierten Implementierungen im Vergleich zu den FSM-Varianten untersucht. Da erstere ein Programm-ROM instanziieren, benötigen sie RAM-Ressourcen des FPGA-Bausteins. Dabei nahmen sie allesamt weniger als $5\%$ der verfügbaren RAM-Blöcke des Zielbausteins in Anspruch. Beispielsweise ergibt sich bei typischen Werten von 250 bit Kontrollwortbreite und 400 c-steps eine Programmspeichergröße von 100 kbit, was ca. $0{,}65\%$ der RAM-Ressourcen auf dem Zielbaustein ausmacht. Was den Slice-Bedarf betrifft, wurden Änderungen bis zu $\pm 30\%$ im Vergleich zu den FSM-Architekturen beobachtet. HMA-basierte Implementierungen ohne Puffer-Register brachten im Mittel eine Reduktion des Slice-Bedarfs um $5\%$, während Implementierungen mit Puffer-Registern den Slice-Bedarf im Schnitt um $3\%$ steigerten.

### 7.4.3 Performanz-steigernde Maßnahmen

Offensichtlich erreichen die aus Modellen von Drehstrommaschinen synthetisierten Entwürfe noch nicht die angestrebte Latenz von weniger als einer Mikrosekunde pro Simulationsschritt. Hierfür wurden maßgeblich zwei Ursachen identifiziert:

- Bedingte Zuweisungen wurden in der Form `if c then { x = y }` implementiert. Diese Realisierung verursacht Kontrollfluss, der eine erschöpfende Parallelisierung des Codes verhindert, denn Parallelisierungen über Grundblockgrenzen hinweg werden vom derzeitigen Scheduling-Algorithmus nicht beherrscht.

- Der kritische Pfad des Datenflussgraphen verläuft durch die sin / cos-Berechnung. Die Latenzen der eingesetzten CORDIC-Blöcke sind ungefähr so groß wie die Wortbreite des Resultats, was die Latenzen der übrigen Elementaroperationen bei weitem übersteigt.

Auf Grund dieser Beobachtungen werden exemplarisch an Modell PMSM einige Optimierungen demonstriert. In einem Versuch wurden alle bedingten Zuweisungen in eine Datenflussform umgeschrieben. Hierzu stellt das System#-Framework eine spezielle Methode bereit: `x = MathExt.Select(c, y, x)` entspricht semantisch der bedingten Zuweisung `if c then { x = y }`, nur dass eine Zuweisung in der ersten Form auf die dedizierte XIL-Instruktion `select` abgebildet wird, die auf RT-Ebene als Multiplexer abgebildet wird. Diese XIL-Instruktion kann natürlich auch direkt vom Code-Generator des Simulationswerkzeugs eingebracht werden, wenn man auf den Umweg über C#-Code verzichtet. Dabei ist es plausibel, dass eine derartige Darstellung auch von einem optimierenden Modelica Compiler erzeugt werden könnte. Allein mit dieser Maßnahme konnte für $k = 1$ die Anzahl c-steps von 428 auf 130 reduziert werden. Eine derart drastische Reduktion wurde nicht erwartet, lässt sich aber mit der Parallelisierung des Programmcodes erklären, die ohne Kontrollfluss nun uneingeschränkt stattfinden kann.

Im nächsten Schritt wurde eine Festkomma-Parametrierung des Modells mit 8 Bit Ausgabegenauigkeit in Rotorgeschwindigkeit und Phasenstrom erzeugt. Dies entspricht einer maximalen Abweichung von ca. $0{,}4\%$ des Wertebereichs, was für die meisten

| $\Delta I_{max}$ [A] | $\Delta\omega_{max}$ [rad s$^{-1}$] | ursprünglich | | 10 Bit sin / cos | |
| --- | --- | --- | --- | --- | --- |
| | | $\Delta I_{ist}$ [A] | $\Delta\omega_{ist}$ [rad s$^{-1}$] | $\Delta I_{ist}$ [A] | $\Delta\omega_{ist}$ [rad s$^{-1}$] |
| 1,00 | 1,23 | 0,55 | 1,01 | 0,87 | 1,15 |

**Tabelle 7.8:** Modell PMSM mit 8 Bit Ausgabegenauigkeit

Anwendungen noch ausreichend sein sollte. Für die Genauigkeiten der Sinus-/Cosinus-Berechnungen bestimmte die Sensitivitätsanalyse 5 bis 18 (Median 16) erforderliche binäre Nachkommastellen. Nachträglich wurden alle sin / cos-Terme manuell auf einheitlich 10 binäre Nachkommastellen gesetzt. Trotz der modifizierten Parametrierung verblieb das Modell innerhalb der zulässigen Toleranzen (siehe Tabelle 7.8).

Die Erprobung einiger Operatorlatenzen ergab eine optimale Performanz für $k = 0{,}5$. Die Hardware-Implementierung dieser Konfiguration benötigt nur 55 c-steps, weshalb die Kontrollpfadarchitektur als FSM ausgelegt wurde. Tabelle 7.9 zeigt die neue Implementierung im Vergleich zur performantesten Variante der bisherigen Entwurfsalternativen. Sie rechnet mehr als 6 Mal so schnell. Gleichzeitig reduzieren sich Slice-Bedarf um zwei Drittel und DSP-Bedarf um 40 %. Der Vergleich zeigt, dass mit reduzierten Wortbreiten deutliche Gewinne möglich sind, sowohl in Bezug auf Rechengeschwindigkeit als auch auf Chipfläche. Gerade, wenn kleine Zykluszeiten notwendig sind, ist es wichtig, das Modell nur mit der unbedingt erforderlichen Genauigkeit zu parametrieren. Bei sin / cos-Operationen mit geringer Auflösung, wie im gezeigten Beispiel, bietet sich ferner der Einsatz von RAM-basierten Lookup Tables als Alternative zum derzeit verwendeten CORDIC-Verfahren an: Ein Zugriff auf interne RAM-Ressourcen ist auf üblichen FPGA-Bausteinen mit einem Taktschritt Latenz möglich [WWW/Xil10], so dass sich die Berechnung auf Kosten zusätzlicher RAM-Blöcke noch stärker beschleunigen ließe.

| Merkmal | Alt | Neu | Änderung |
| --- | --- | --- | --- |
| Berechnungsdauer | 1507 ns | 245 ns | -84 % |
| Slice-Bedarf | 3556 | 1138 | -68 % |
| DSP48E1-Bedarf | 94 | 56 | -40 % |
| Genauigkeit | 16 Bit | 8 Bit | |
| Kontrollpfad | HMA-R | FSM | |
| Taktfrequenz | 280 MHz | 200 MHz | |
| Anzahl c-steps | 428 | 55 | |

**Tabelle 7.9:** Alte und neue PMSM-Implementierung im Vergleich

## 7.5 Vergleich mit existierenden Lösungen

Zur Beurteilung der Ergebnisse muss berücksichtigt werden, dass mit der vorliegenden Arbeit ein methodischer Beitrag geleistet werden soll. Insbesondere war es *nicht* das Ziel, existierende Motoremulatoren in Qualität und/oder Funktionsumfang zu übertreffen. Vielmehr sollte der Entwicklungsprozess zwischen physikalischer Modellierung und FPGA-Entwurf vereinfacht werden, so dass sich der Entwickler auf die Problemdomäne konzentrieren kann, anstatt hardwarespezifische Details zu lösen. Selbstverständlich sollte die Qualität der mit Entwurfsautomatisierung gewonnenen Implementierungen im Vergleich zu händisch implementierten Entwürfen wettbewerbsfähig bleiben, was am Anwendungsbeispiel Motorsimulation validiert wurde. Zur Beurteilung der Produktivitätssteigerung spielt jedoch der Vergleich des vorliegenden Ansatzes mit alternativen Modellierungs- und Entwicklungsumgebungen die primäre Rolle. Da dies allgemeingültig kaum möglich ist, bleibt die Betrachtung auf die FPGA-Firmware eines Motoremulators eingeschränkt. Legt man Abbildung 7.3 als Referenzarchitektur zu Grunde, besteht diese im Wesentlichen aus folgenden Komponenten:

- Die **E/A-Schnittstelle zur Signalkonditionierung** realisiert den digitalen Datenaustausch mit Mess- und Stellgliedern, die mit dem Prüfling verbunden sind. Ihre Aufgabe besteht in der Umsetzung geeigneter Datenaustauschprotokolle und der Nachbildung eines Drehgebersignals, das in den Prüfling eingespeist wird.

- Die **E/A-Schnittstelle zur Teststeuerung** realisiert den Datenaustausch zur Steuerung, Parametrierung und Protokollierung der Emulation. Darüber hinaus kann sie der Ankopplung einer Lastmomentsimulation bzw. Fahrdynamiksimulation dienen.

- Die **Sicherheitsebene** verhindert beim Test an der leistungselektrischen Schnittstelle eine Überlastung der Leistungselektronik. Sie überwacht permanent die im System umgesetzten Leistungen und begrenzt diese gegebenenfalls.

- Die **Motorsimulation** bildet das Kernstück des Emulators. Sie bildet die dynamischen Vorgänge der simulierten Maschine nach.

- Die **Invertersimulation** wird lediglich beim Test an der Kleinsignalschnittstelle benötigt. Sie bildet das Verhalten der vom Test ausgeschlossenen Leistungselektronik ab.

Obwohl das Augenmerk dieser Arbeit sicherlich auf der Komponente Motorsimulation liegt, tragen die restlichen Komponenten interessante Teilaspekte bei, die in die Betrachtung einbezogen werden. Die folgenden Unterabschnitte analysieren die beteiligten Komponenten daher genauer und diskutieren jeweils die Eignung folgender Entwurfsmethodiken:

- Beschreibung in einer HDL (vgl. Abschnitt 2.6)

- Modellierung in Simulink und Code-Generierung mit HDL Coder (Abschnitt 4.2)

- Beschreibung in C# und High-Level-Synthese mit System# (Abschnitt 6.1)

- Modellbildung in Modelica und Code-Export mit SimCelerator (Abschnitt 6.6)

## 7.5.1 E/A-Schnittstelle zur Signalkonditionierung

Gängige Datenaustauschprotokolle, z.B. das bei A/D- und D/A-Wandlern häufig eingesetzte Serial Peripheral Interface (SPI)-Protokoll, sind auf der Bitübertragungsschicht
des Open Systems Interconnection (OSI)-Schichtenmodells angesiedelt. Gleiches gilt für
die Erfassung und Erzeugung von PWM-Signalen und die Erzeugung von Signalformen
von Drehgebern, z.B. Inkrementalgebern. Die Problemdomäne lässt sich als zeitgetrie-
ben, wertdiskret, signalorientiert und zustandsbehaftet charakterisieren. Auf Grund der
geringen Komplexität der beteiligten Protokolle lässt sich die Entwicklung geeigneter
Protokollwandler noch gut in einer HDL handhaben. Wegen der Möglichkeit, synthetisierbare Zustandsautomaten durch seriellen, taktgenauen Code in C# zu beschreiben,
bietet System# im Vergleich zur HDL ein intuitiveres Modellierungsparadigma.

Alternativ kommt eine grafische Modellbildung mit Simulink in Frage, wobei zur
Beschreibung zustandslastigen Verhaltens auf Stateflow zurückgegriffen werden kann.
In jedem Fall kann HDL Coder mit guter Aussicht auf hohe Ergebnisqualität eingesetzt
werden. Prinzipiell würde sich auch Modelica zur Modellbildung eignen, wobei aber
einige Einschränkungen berücksichtigt werden müssen. Einerseits wurden erst mit
Sprachversion 3.3 Konstrukte zur Beschreibung endlicher Automaten sowie zur im
Sinne von Unterabschnitt 2.4.1 konzeptuell „sauberen" Modellierung zeitgetriebener
Systeme eingeführt. Andererseits fehlen in Modelica derzeit bitgenaue Datentypen und
Operationen zur Manipulation der Binärdarstellung von Ganzzahlen, was gerade zur
Implementierung serieller Übertragungsprotokolle problematisch ist.

## 7.5.2 E/A-Schnittstelle zur Teststeuerung

Zur Abschätzung des Datenaufkommens zwischen Emulator und Teststeuerung sei
angenommen, dass eine dreiphasige Drehfeldmaschine bei einer Modellschrittweite von
$1\,\mu s$ emuliert wird, die an eine Echtzeit-Lastsimulation mit einer Schrittweite von $100\,\mu s$
auf der Teststeuerung gekoppelt ist. Strangspannungen, Strangströme, Rotorwinkelgeschwindigkeit, Rotorwinkel und Lastmoment seien mit einer Auflösung von jeweils
$16\,bit$ kodiert. Zusätzlich existiere ein Seitenkanal zur Übertragung von Steuerbefehlen
und Modellparametern, der eine Datenrate von $1\,Mbit\,s^{-1}$ benötigt. Dann setzt sich
das Datenaufkommen wie folgt zusammen:

- Protokollierung der Strangspannungen:
  $3 \cdot 16\,bit \cdot 1\,MHz = 48\,Mbit\,s^{-1}$ Datenrate.

- Protokollierung der Strangströme:
  $3 \cdot 16\,bit \cdot 1\,MHz = 48\,Mbit\,s^{-1}$ Datenrate.

- Protokollierung von Rotorwinkelgeschwindigkeit und Rotorwinkel:
  $2 \cdot 16\,bit \cdot 1\,MHz = 32\,Mbit\,s^{-1}$ Datenrate.

- Übertragung des Lastmoments:
  $16\,\text{bit} \cdot 0{,}01\,\text{MHz} = 0{,}16\,\text{Mbit\,s}^{-1}$ Datenrate.

- Seitenkanal: $1\,\text{Mbit\,s}^{-1}$ Datenrate.

In der Summe ergibt sich eine Nettodatenrate von knapp $130\,\text{Mbit\,s}^{-1}$, die in der Praxis mit Peripheral Component Interconnect (PCI) Express oder Gigabit-Ethernet abgedeckt wird. Im Gegensatz zur E/A-Schnittstelle zur Signalkonditionierung sind die eingesetzten Kommunikationsprotokolle komplexer und erreichen Ebene 4 des OSI-Schichtenmodells. Hier ist es sinnvoll, zur Implementierung der „unteren" Ebenen auf IP Cores zurückzugreifen, die für praktisch jeden gängigen Busstandard existieren. Die „oberen" Schichten hingegen werden oft in Software mit Hilfe eines Hard- oder Soft-Core-Prozessors auf dem FPGA implementiert.

Auf Grund der starken Abhängigkeit der Implementierung von Plattformdetails bieten weder Simulink noch Modelica Abstraktionen, die der Domäne gerecht werden. Eine Alternative zur vollkommen händischen Implementierung liegt jedoch in der Definition eines geeigneten Domänenmodells im Rahmen einer modellgetriebenen Entwurfsmethodik [Dum12]: Eine händisch implementierte, generische Kommunikationsinfrastruktur muss dann lediglich in Bezug auf die problemspezifischen Parameter (d.h. in Bezug auf exakte Zusammensetzung, Datenformate und Datenrate der ausgetauschten E/A-Größen) personalisiert werden. Im Rahmen einer betreuten Diplomarbeit wurde am Beispiel PCI Express die Anwendbarkeit dieses Vorgehens aufgezeigt [B/Klu11].

## 7.5.3 Sicherheitsebene

Die Komplexität der Sicherheitsebene kann von einfachen Stellwertbegrenzern bis hin zu thermischen Modellen der beteiligten Leistungshalbleiter reichen. Je nach Ausbaustufe kann diese Domäne zeitdiskret oder zeitkontinuierlich, signalfluss-orientiert oder gleichungs-orientiert betrachtet werden. Somit eignet sich in besonderer Weise Modelica zur Verhaltensbeschreibung, ggf. auch Simulink. Eine Besonderheit liegt in ihrer sicherheitsrelevanten Relevanz: Bei Versagen der Sicherheitsebene droht zumindest materieller Schaden. Es ist unbedingt erforderlich, Modell und Implementierung der Komponente durch geeignete Maßnahmen sorgfältig zu qualifizieren. Während es sich bei Simulink und HDL Coder um eine bewährte Werkzeugkette handelt, ist SimCelerator ein Forschungsprototyp, der sicherlich einen geringeren Reifegrad besitzt. Gleichwohl könnte der Mangel an Vertrauen durch eine hohe Testabdeckung des generierten Codes ausgeglichen werden.

## 7.5.4 Motorsimulation

Die drei wichtigsten Maschinentypen Gleichstrommotor, Asynchronmaschine und Synchronmaschine wurden in FPGA-basierte Simulationen überführt. Darüber hinaus konnten mit Reibstellen, Dämpfungen und quadratischen Lastkurven Merkmale realer Emulatoren abgebildet werden. Hier zeigt sich der Nutzen der entwickelten Werkzeugkette am deutlichsten: Sie entlastet den Entwickler von FPGA-spezifischen Architekturdetails. In Kapitel 4 wurde aufgezeigt, dass Modelicas akausaler Ansatz im Vergleich zum signalfluss-orientierten Ansatz in der physikalischen Modellierung die intuitivere Abstraktion bietet. Die Kombination aus Modellbildung in Modelica und Entwurfsautomation mit SimCelerator reduziert die Entwicklungszeit im Vergleich zu den anderen betrachteten Methodiken erheblich.

In Unterabschnitt 3.1.2 wurden kommerzielle wie akademische Implementierungen FPGA-basierter Maschinensimulationen vorgestellt. In Funktionsumfang und Qualität ähnliche Implementierungen wurden auch mit der in dieser Arbeit entwickelten Werkzeugkette erzeugt. Nicht umgesetzt wurden bisher Motormodelle, die Sättigungseffekte der Induktivitäten berücksichtigen. Die Sättigung einer Spule bewirkt eine stromabhängige Induktivität, wobei die Abhängigkeit üblicher Weise durch ein Kennfeld dargestellt wird. Kennfelder können in Modelica durch ein- oder mehrdimensionale Felder modelliert werden, die auf Hardware-Ebene durch On- oder Off-Chip-Speicher realisiert sind. Entsprechende Anweisungen wurden bereits im XIL-Instruktionssatz vorgesehen.

Einen weiteren Aspekt liefern Motormodelle, die eine nicht sinusförmige Flussverteilung im Luftspalt der Maschine berücksichtigen. Derartige Modelle können, mit FEA-Daten parametriert, das Maschinenverhalten besonders präzise nachbilden (siehe auch Unterabschnitt 3.1.2). Ein beschreibender Gleichungssatz findet sich in Referenz [Moh04]. Im Gegensatz zu Gleichungen (2.54) bis (2.65) wird die Maschine nicht in der d/q-transformierten Darstellung, sondern in den originalen Strangkoordinaten beschrieben. Die Komplikation liegt darin, dass die Koeffizienten der Induktivitätsmatrix nicht mehr konstant, sondern Funktionen des Rotorwinkels sind. In Referenz [Duf08] werden diese als Wertetabellen vorberechnet und während der Simulation interpoliert. Somit ließe sich auch dieses Merkmal mit Hilfe der Kennfeldinterpolation realisieren.

### 7.5.5 Inverter

Einfache Modelle stellen die Leistungshalbleiter als Schalter mit unterschiedlichen Widerständen im ein- bzw. ausgeschalteten Zustand dar. Modelica erlaubt die intuitive Beschreibung auf Schaltplanebene, während mit Simulink wiederum eine künstliche Kausalität in die Modellierung eingeführt werden müsste. Derartig einfache Invertermodelle würden sich problemlos mit der jetzigen Werkzeugkette umsetzen lassen. Komplexere Modelle berücksichtigen zusätzlich Schaltverzögerungen der Halbleiter. Da diese typisch in der Größenordnung von Nanosekunden aufgelöst werden müssen, sind kleinere Modellschrittweiten erforderlich. Es wäre jedoch nicht ökonomisch, die Integrationsschrittweite des gesamten Entwurfs herabzusetzen. Sinnvoller ist es, die Leistungselektronik in einer eigenen Partition mit kleinerer Schrittweite zu simulieren. Hier stößt der derzeitige Ansatz an seine Grenzen: Domänen mit unterschiedlichen Integrationsschrittweiten lassen sich in Modelica erst seit Version 3.3 unter Nutzung der synchronen Spracherweiterungen beschreiben. Die Werkzeugkette müsste diesbezüglich erweitert werden.

### 7.5.6 Fazit

Große Teile der FPGA-Firmware eines Emulators für elektrische Maschinen können intuitiv in Modelica modelliert und mit Hilfe der entwickelten Werkzeugkette in einen

Hardwareentwurf überführt werden. Die elektromechanischen Simulationskomponenten profitieren in besonderer Weise vom akausalen Modellierungsparadigma, wobei die komplexen Transformationsschritte bis hin zur echtzeitfähigen Hardwareimplementierung durch die implementierte Werkzeugkette geleistet werden. Dies wird in Tabelle 7.10 zusammengefasst. Protokollimplementierungen von E/A-Schnittstellen hingegen eignen sich naturgemäß weniger für die akausale Modellierung. Gerade in diesen Fällen kann System# gewinnbringend eingesetzt werden: Mit der Möglichkeit, zeitbehaftete sequentielle Abläufe in synthetisierbare Zustandsautomaten in VHDL zu überführen, steht dem Anwender eine im Vergleich zum HDL-basierten Entwurf intuitivere Abstraktion zur Verfügung.

Mit dem erarbeiteten Ansatz ist es möglich, wichtige Randbedingungen wie Rechengenauigkeit, Taktfrequenz, Performanz und Ressourcen-Verbrauch in den Syntheseprozess einzubeziehen (siehe Tabelle 7.11). Während die Rechengenauigkeit eines Modells präzise steuerbar ist, können die restlichen Merkmale zumindest qualitativ beeinflusst werden. Somit kann ein breites Spektrum Praxis-relevanter Anforderungen abgedeckt werden. Latenzkonfigurationen von $k = 0{,}5$ in Verbindung mit HMA-basierten Implementierungen erscheinen als sinnvolle Standardeinstellung für Performanz-getriebene Anforderungen. Durch die Exploration weiterer Konfigurationen kann eine Feinabstimmung in Bezug auf die konkreten Entwurfsziele vorgenommen werden.

Im Vergleich zu manuellen Entwurfsprozessen für Hardware lässt sich mit Entwurfsautomatisierung ein enormer Aufwand einsparen. Greift man auf Standardkomponenten zurück, können innerhalb von Minuten Modelle erstellt, exportiert, parametriert und synthetisiert werden. Die manuelle Implementierung in einer HDL hingegen kann Wochen in Anspruch nehmen: Hardware-Architekturen zur Auswertung größerer arithmetischer Ausdrücke beinhalten komplexe und schwer nachvollziehbare Datentransfers, wenn eine gemeinsame Nutzung von Ressourcen für Elementaroperationen angestrebt wird.

| | **HDL** | **Simulink + HDL Coder** | **C#+ System#** | **Modelica + SimCelerator** |
|---|---|---|---|---|
| Rechenvorschrift | manuell | manuell | manuell | auto |
| Wertebereiche | manuell | auto | manuell | auto |
| Genauigkeiten | manuell | manuell | manuell | auto |
| Rechenwerk | manuell | manuell | auto | auto |

**Tabelle 7.10:** Automatisierung unter den betrachteten Entwurfsmethodiken

| **Entwurfsziel** | **Steuerbarkeit** |
|---|---|
| Rechengenauigkeit | quantitativ |
| Taktfrequenz | qualitativ |
| Performanz | qualitativ |
| Ressourcen-Verbrauch | qualitativ |

**Tabelle 7.11:** Steuerbarkeit von Entwurfszielen mit dem erarbeiteten Ansatz

Diesbezügliche Entwurfsentscheidungen sind schwer zu revidieren, da die Erprobung von alternativen Architekturen de facto einem Re-Design gleichkommt. Mit Entwurfsautomatisierung hingegen können Implementierungen per Knopfdruck auf veränderte Anforderungen angepasst werden.

# 8 Zusammenfassung

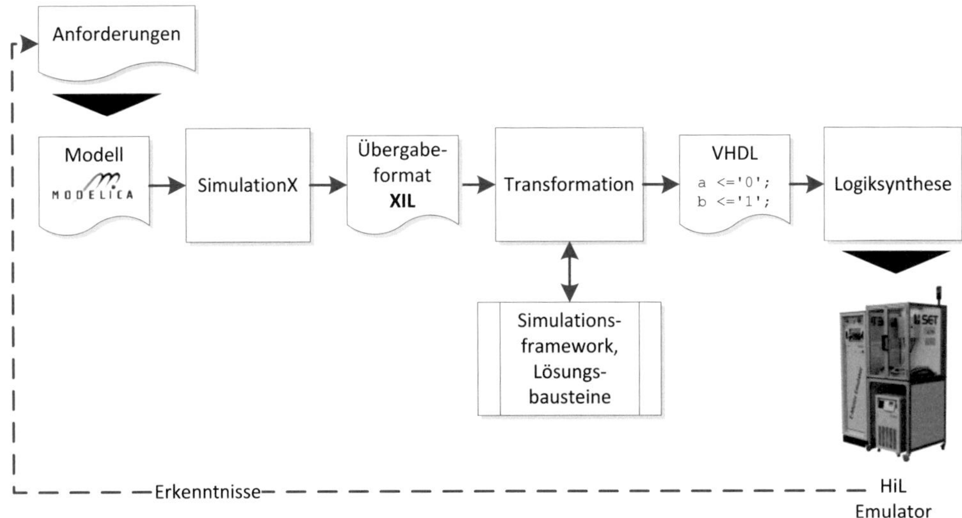



**Abbildung 8.1:** Entwurfsfluss in SimCelerate

Es ist gelungen, eine durchgängige Werkzeugkette vom physikalischen Modell bis zur
FPGA-basierten Echtzeitsimulation zu etablieren. Modelica wurde als Modellierungssprache ausgewählt und mit Hilfe eines von Projektpartner ITI modifizierten Modelica
Übersetzers in die eigens definierte Zwischensprache XIL übersetzt (siehe Abbildung
8.1). XIL wurde so konzipiert, dass alle notwendigen Elementaroperationen abgedeckt
werden und zusätzlich lineare sowie nichtlineare Gleichungssysteme berücksichtigt werden können. Im Hinblick auf rekonfigurierbare Hardware wurde XIL mit nicht-uniformen
Wortlängen ausgelegt, wobei sich sowohl Festkomma- als auch Fließkomma-Arithmetik
darstellen lassen.

Mit Hilfe simulativer Wertebereichsanalyse und simulativ/analytischer Sensitivitätsanalyse kann für ein Modell automatisiert eine geeignete Parametrierung in Festkomma-
Arithmetik bestimmt werden. Dabei können vom Anwender sowohl Genauigkeitsvorga-
ben von Eingabegrößen als auch Genauigkeitsanforderungen für Ausgabegrößen vorgegeben werden, die vom Algorithmus zu einer Gesamtparametrierung für alle Modellgrößen
verarbeitet werden. Trotz des linearisierten Fehlermodells erwies sich das Verfahren
auch bei Maschinenmodellen mit Nichtlinearitäten, die z.B. durch quadratische Lastmo-
mentkurven oder bei der Simulation des Skin-Effekts von Käfigläufern entstehen, als

zuverlässig. Unstetigkeiten, die z.B. bei der Simulation von Haft-/Gleitreibstellen entstehen, werden jedoch nicht korrekt erfasst. Dennoch entsteht eine große Erleichterung für den Anwender, da nur wenige Terme händisch korrigiert werden müssen. Bei der Anwendung des Verfahrens ist zu beachten, dass geeignete Stimuli bereitgestellt werden müssen. Im Fall elektrischer Maschinen sollten diese den Hochlauf der Maschine bis zur stationären Drehzahl und minimale sowie maximale externe Drehmomente umfassen.

Das prototypische Werkzeug SimCelerator verarbeitet das Zwischenformat zu einem Hardware-Entwurf in VHDL, der sich mit einer Hersteller-spezifischen FPGA-Werkzeugkette auf den Zielbaustein abbilden lässt. SimCelerator realisiert einen Assistentendialog, der vom Anwender zusätzliche Entwurfsparameter erfragt. Hierzu zählen die hardwarebezogenen Implementierungen von E/A-Größen, die Parametrierung von Arithmetik, Auswahl von Zielbaustein, Zielfrequenz, Operatorlatenzskalierung, gewünschter Grad an gemeinsamer Ressourcennutzung und ein Streckfaktor für die Schedule-Länge, der den erzielbaren Grad an gemeinsamer Ressourcennutzung mitbestimmt. SimCelerator greift dazu auf das System#-Framework zurück, das im Rahmen dieser Arbeit als Synthese-Framework für physikalische Simulationen entwickelt wurde. System# implementiert Ansätze aus der High-Level-Synthese, darunter Scheduling-Algorithmen, Ressourcen-Allokation und Binding, Interconnect-Allokation/Binding und Kontrollpfad-Allokation. Diese werden modular zu einer durchgängigen Synthese kombiniert. System# eignet sich darüber hinaus auch zur alleinstehenden Verwendung für Entwurf, Simulation und Synthese digitaler Hardware. Analog zu SystemC versteht sich System# als eingebettete domänenspezifische Sprache, basiert dabei jedoch nicht auf der Programmiersprache C++, sondern auf C#. Eine große Stärke von System# liegt in der Existenz des integrierten Metamodells SysDOM mit entsprechender Programmierschnittstelle, welche die skript-getriebene Komposition und Konfiguration von Hardware-Systemen erlaubt. Aus SysDOM-Instanzen kann wiederum durch Unparsen eine Repräsentation in der Hardwarebeschreibungssprache VHDL generiert werden. In C# beschriebene Systeme werden mit Hilfe von Dekompilierungstechniken aus CIL-Code in die SysDOM-Repräsentation überführt, so dass mit System# ein mächtiger Werkzeugkasten geschaffen wurde, der Hardwaresynthesen aus C# als Hardwarebeschreibungssprache heraus ermöglicht.

Der Ansatz wurde an Hand mehrerer Testmodelle aus dem Bereich elektrischer Maschinen evaluiert, darunter ein Gleichstrommotoren, Asynchron- sowie Synchronmaschinen. Dabei wurden insbesondere die Auswirkungen verschiedener Arithmetiken sowie Syntheseparameter auf Entwurf und Entwurfsqualität untersucht. In einem manuellen Entwurfsprozess wäre die Exploration dieser Parameter kaum zu bewältigen gewesen, da auch kleine Änderungen eine Hardware-Architektur vollkommen umstrukturieren können. Mit der entwickelten Entwurfsautomation konnte hingegen eine umfangreiche Exploration durchgeführt werden. Die Ergebnisse lassen sich wie folgt zusammenfassen:

- Performanz und konsumierte Chipfläche eines Entwurfs werden erwartungsgemäß stark von Arithmetik und Wortbreite beeinflusst. Hier sollten Randbedingungen, wie z.B. Toleranzen in Mess- und Regelungshardware einbezogen werden, um Modelle nur mit der Rechengenauigkeit zu parametrieren, die unbedingt erforderlich ist. Mit Fließkomma-Arithmetik einfacher Genauigkeit (32 Bit Wortbreite) erhält man universell einsetzbare Entwürfe mit akzeptabler Genauigkeit. Festkomma-Arithmetik mit vergleichbarer Genauigkeit führt jedoch zu deutlich performanteren und schlankeren Entwürfen.

- Die Performanz eines Entwurfs wird darüber hinaus wesentlich durch die Latenz bestimmt, die für funktionale Einheiten zur Berechnung von Elementaroperationen konfiguriert wurde. Kleine Latenzen verkürzen die Gesamtberechnungsdauer in Taktschritten, senken aber auch die erzielbare Taktfrequenz des Entwurfs. In der Praxis herrschen meist Anforderungen vor, die eine bestimmte Taktfrequenz des Modells vorschreiben, beispielsweise in Synchronisation mit E/A-Komponenten. In diesem Fall eignet sich die Latenzskalierung als Entwurfsparameter, um die vorgeschriebene Mindestfrequenz zu erzielen.

- Horizontal mikrobefehlskodierte Architekturen zahlten sich in den durchgeführten Versuchen überwiegend bei großen Schedules aus. Ab ca. 200 c-steps ist mit einer Steigerung der Taktfrequenz und einer Senkung des Slice-Bedarfs im Vergleich zur Implementierung als FSM zu rechnen. Im Schnitt konnte die Taktfrequenz durch Einsatz einer HMA um 20% gesteigert werden. Zu beachten ist jedoch, dass Register an den Dekoderausgängen eingefügt werden, da sich nur so der besagte Performanz-Vorteil erzielen ließ.

- Bei der Übersetzung physikalischer Modelle in einen Algorithmus, der vom vorgestellten Transformationsframework weiterverarbeitet wird, sollten bereits effektive Optimierungen einfließen. Unter anderem sollte Kontrollfluss gemieden werden: Allein durch das Umschreiben bedingter Zuweisungen in eine Datenflussform konnte die Parallelisierbarkeit eines Codes derart gesteigert werden, dass sich die Anzahl der Taktschritte zur Berechnung eines Integrationsschritts auf weniger als ein Drittel reduzierte. Weiterer Rechenaufwand kann durch Vorberechnen konstanter arithmetischer Terme eingespart werden: Oftmals treten in der Berechnungsvorschrift Multiplikationen der Integrationsschrittweite $h$ mit Modellparametern wie z.B. Ankerwiderstand $R_A$ auf. Bleiben $h$ und $R_A$ zur Laufzeit der Simulation konstant, kann das Produkt $hR_A$ während der Initialisierung vorberechnet werden und konsumiert dann keine Rechenzeit im echtzeitkritischen Teil der Simulation mehr. Besonders effektiv wird diese Optimierung für Modellparameter, die in der Berechnung als Dividenden auftreten: Berechnet man ihre Reziprokwerte vor bzw. spezifiziert man diese von vornherein als Reziprokwerte, lassen sich Divisionen zur Simulationszeit eliminieren.

# 9 Ausblick

Der entwickelte Ansatz bietet an vielen Stellen Potenzial für Verbesserungen und Optimierungen. Als besonders kritisch hat sich die Optimalität des XIL Zwischencodes herausgestellt. Letztlich wirkt sich jede überflüssige arithmetische Operation auf die Ergebnisqualität aus. Gerade bei Hardware als Zielplattform zahlt es sich aus, mehr Aufwand in optimierende Modelica Compiler zu investieren. Wünschenswert wären verbesserte symbolische Verfahren zur Eliminierung unnötiger Gleichungsblöcke, algebraische Optimierungen (z.B. Faktorisierungen) und Konstantenpropagation für arithmetische Terme aus mehreren Parametern. Hiervon würde auch die Code-Generierung für eingebettete Systeme profitieren, der im Umfeld von Modelica wachsende Aufmerksamkeit zuteilwird.

Auch die nachfolgenden Syntheseschritte enthalten Spielraum für Optimierungen. FDS als Scheduling-Algorithmus hat eine hohe Laufzeitkomplexität, was mit steigender Modellgröße spürbar wird. Es wäre interessant, eine andere Reihenfolge der Syntheseschritte zu evaluieren – zuerst Datenpfadarchitektur, dann Scheduling. Dies hätte den Vorteil, dass der Datenpfad gezielt für einen Taktfrequenzbereich optimiert werden kann. Denn meist existieren Anforderungen, die eine bestimmte Taktfrequenz vorschreiben. Die Qualität der Ergebnisse könnte weiter verbessert werden, indem man Kennzahlen synthetisierter Cores und Datenpfade (z.B. größte kombinatorische Verzögerung, Ressourcenverbrauch) in den Prozess rückannotiert, um Schätzmodelle abzuleiten. Mit Hilfe dieser Modelle könnten Kostenparameter präziser vorhergesagt und bessere Entscheidungen getroffen werden. Im Rahmen der Interconnect-Allokation wurden bisher nur Register als Speicherelemente betrachtet. Soll ein Datenpfad für hohen Rechendurchsatz optimiert werden, erscheinen jedoch Schieberegister als bessere Wahl: Ein Schieberegister kann einen ganzen Verbund von Einzelregistern kapseln, sofern die E/A-Zugriffe diese Register in einer passenden Abfolge stattfinden. Auf den meisten FPGAs gibt es effiziente Primitiven zum Bilden von Schieberegistern, die einer Verbundstruktur aus Registern und Multiplexern überlegen sind.

Es wäre wünschenswert, die Qualität der erzielten Ergebnisse mit existierenden HLS-Werkzeugen zu vergleichen. Hierfür kommen nur wenige Werkzeuge in Frage, da neben Festkomma- auch Fließkomma-Arithmetik und transzendente Funktionen unterstützt werden müssen. Im Grundsatz könnte diese Anforderung mit Vivado HLS (Xilinx) erfüllt werden. Mangels Verfügbarkeit und Zeitrahmen war eine Evaluation leider nicht möglich. Ein Alleinstellungsmerkmal des in dieser Arbeit verfolgten Ansatzes liegt in der automatisierten Auslegung von Festkomma-Arithmetik mit nicht-uniformen Wortlängen. Dies wurde zwar bewusst realisiert, doch ergeben sich Nachteile, wenn Datenpfad-Ressourcen gemeinsam genutzt werden sollen. Gleichartige Operationen, die auf verschiedenen Wortlängen operieren, können derzeit nicht auf dieselbe funktionale Einheit abgebildet werden. Durch „etwas uniformere" Wortlängen könnte man günstigere Voraussetzungen für gemeinsame Ressourcennutzung schaffen. Kaum exploriert wurde darüber hinaus der Einsatz von Fließkomma-Arithmetik. Vom Benutzer kann derzeit einfache oder doppelte Genauigkeit (gemäß IEEE 754) gewählt werden, doch grundsätzlich ließen sich auch hier beliebige und nicht-uniforme Wortbreiten realisieren. Möglicherweise könnte das Verfahren zur Auslegung von Festkomma-Arithmetik auf Fließkomma-Arithmetik erweitert werden, wobei auch hybride Implementierungen betrachtet werden könnten.

Praxisübliche Realisierungen von Emulatoren elektrischer Maschinen partitionieren die Simulation oft in einen elektrischen und einen mechanischen Modellteil ("Lastmodell"). Dies liegt einerseits in den stark unterschiedlichen Zeitkonstanten begründet: Die elektrischen Transienten erfordern schnelle Reaktionszeiten und kleine Integrationsschrittweiten, weshalb überhaupt FPGAs eingesetzt werden. Der mechanische Teil hingegen entwickelt sich wegen der im Vergleich zu Induktivitätskonstanten großen Trägheitskonstanten viel langsamer. Kleine Integrationsschritte können sich sogar kontraproduktiv auswirken, da wegen der Akkumulation von Rundungsfehlern eine hohe arithmetische Genauigkeit erforderlich wird. Darüber hinaus können die Berechnungen, z.B. im Zusammenhang mit kinematischen Schleifen, wesentlich komplexer werden. Letztlich ist ein Echtzeitrechner zur Mechaniksimulation die bessere Wahl. Es wäre wünschenswert, eine derartige Partitionierung bereits auf Modellebene explizit einzubeziehen. Während verteilte Simulationen innerhalb der Modelica Gemeinschaft schon immer einen relevanten Aspekt beisteuerten, gelang erst im Jahr 2012 ein bedeutender Durchbruch. Mit Sprachversion 3.3 wurden synchrone Spracherweiterungen eingeführt, mit denen Modellpartitionen auf Sprachebene formalisiert werden können. Wegen der Aktualität der Entwicklung konnten diese Erweiterungen leider nicht mehr in der Arbeit berücksichtigt werden. Es erscheint jedoch sehr aussichtsreich, unter Einbeziehung der synchronen Spracherweiterungen eine bessere Werkzeugunterstützung für verteilte Simulationen zu bieten. Hier sind vor allem Aspekte der Schnittstellensynthese gefragt. Partitionen könnten innerhalb einer Plattform oder über verschiedene Plattformen – HW-HW, SW-SW oder HW-SW – gekoppelt werden.

Mit FEA-basierten Methoden ist es möglich, Modelle elektrischer Maschinen zu bilden, welche die Detailtreue konventioneller Modelle im d/q-Raum übersteigen. Echtzeitsimulationen solcher Modelle auf FPGA-Plattformen werden in der Praxis bereits umgesetzt [Duf08]. Der Motivation dieser Arbeit folgend, ergeben sich interessante Fragestellungen: Wie gut eignet sich Modelica zur Bildung FEA-motivierter Modelle elektrischer Maschinen? Inwieweit lässt sich der vorgestellte Gesamtansatz für diese Klasse anwenden, und welche Erweiterungen wären ggf. notwendig?

Der vorgestellte Ansatz wurde zwar mit besonderem Augenmerk auf die Simulation elektrischer Maschinen entwickelt und evaluiert, doch ist das grundlegende Konzept vollkommen unabhängig von der Einsatzdomäne. Es sind weitere Gebiete denkbar, die von der Technologie profitieren könnten. Beispielsweise gibt es eine wachsende Tendenz, Modelica zum Prototyping von eingebetteten Systemen, insbesondere Reglern, einzusetzen. Durch die Unterstützung von FPGA-Plattformen könnte man mit dem Funktionsumfang etablierter Werkzeugketten, beispielsweise Matlab/Simulink/HDL Coder (Mathworks) oder LabVIEW (National Instruments), gleichziehen. Gleichwohl sollte die Werkzeugkette dann um weitere FPGA-Familien und FPGA-Hersteller ergänzt werden.

System# wurde zwar als domänenspezifisches HLS-Framework für physikalische Simulationen entwickelt, doch kann es letztlich als allgemeingültiges Framework für FPGA-Entwürfe sowie Hardware-/Software-Codesign aufgefasst und weiterentwickelt werden. Im subjektiven Eindruck des Autors führt die Kombination aus der modernen Programmiersprache C# und einer dem Stand der Technik entsprechenden Entwicklungsumgebung zu einer deutlichen Produktivitätssteigerung. Oftmals liegt dies in "weichen" Faktoren begründet, wie z.B. automatischer Quelltextvervollständigung und mächtigen Debugging-Konzepten. Eine konzeptuelle Stärke des System#-Ansatzes liegt in der Durchmischung von Laufzeit- und Meta-Code. Während Laufzeit-Code analog zu einer HDL das Systemverhalten beschreibt, dient Meta-Code der Konstruktion und Elaboration des Systems. Das produktivitätssteigernde Potential von Meta-Code übersteigt die Möglichkeiten von Hardwarebeschreibungssprachen bei weitem: Systeme lassen sich dynamisch per Skript konfigurieren, und bei Bedarf können Zwischensyntheseschritte integriert werden. Diese Stärken lassen System# insbesondere zur Variantenmodellierung aber auch zur Kombination mit modellbasierten Ansätzen interessant erscheinen.

# A Verzeichnisse

## A.1 Eigene Veröffentlichungen (E)

[E/Köl10] KÖLLNER, Christian; DUMMER, Georg; RENTSCHLER, Andreas und MÜLLER-GLASER, K. D.: Designing a Graphical Domain-Specific Modelling Language Targeting a Filter-Based Data Analysis Framework, in: *Proceedings of the ISORC, 13th IEEE International Symposium on Object/Component/Service-Oriented Real-Time Distributed Computing Workshops, 2010*, S. 152–157

[E/Köl11] KÖLLNER, Christian; YAO, Hai und MÜLLER-GLASER, Klaus D.: Entwurfsmethodiken zur Echtzeitsimulation physikalisch motivierter Modelle auf FPGAs: Eine Fallstudie, in: *MBMV, Methoden und Beschreibungssprachen zur Modellierung und Verifikation von Schaltungen und Systemen, 2011*, S. 81–90

[E/Köl12a] KÖLLNER, Christian; ADLER, Nico und MÜLLER-GLASER, Klaus D.: System#: High-level Synthesis of Physical Simulations for FPGA-based Real-Time Execution, in: *Proceedings of the FPL, IEEE International Conference on Field-Programmable Logic and Applications*, S. 731–734

[E/Köl12b] KÖLLNER, Christian; BLOCHWITZ, Torsten und HODRIUS, Thomas: Translating Modelica to HDL: An Automated Design Flow for FPGA-based Real-Time Simulations, in: *Proceedings of the 9th International Modelica Conference, 2012*

[E/Köl12c] KÖLLNER, Christian; MENDOZA, Francisco und MÜLLER-GLASER, Klaus D.: Modeling for Synthesis with System#, in: *Proceedings of the IPDPS, 27th IEEE International Parallel & Distributed Processing Symposium, Reconfigurable Architectures Workshop (RAW)*, S. 470–476

[E/Lut06] LUTZ, Benjamin; DUMMER, Georg; KÖLLNER, Christian und MÜLLER-GLASER, Klaus D.: Design and Hw/Sw Co-Simulation of FPGA-based Gateways, in: *Proceedings of the Embedded World Conference, 2006*

[E/Lut07] LUTZ, Benjamin und KÖLLNER, Christian: An Integrated Design Environment for Embedded Hw/Sw Systems, in: *Proceedings of the Embedded World Conference, 2007*

[E/Lut08] LUTZ, Benjamin; KÖLLNER, Christian und MÜLLER-GLASER, Klaus D.: Eine durchgängige und werkzeuggestützte Entwicklungsumgebung für eingebettete Hardware/Software Systeme, in: *MBMV, Methoden und Beschreibungssprachen zur Modellierung und Verifikation von Schaltungen und Systemen*, 2008, S. 71–80

[E/Men11] MENDOZA, Francisco; KÖLLNER, Christian; BECKER, Jürgen und MÜLLER-GLASER, Klaus D.: An Automated Approach to SystemC/Simulink Co-Simulation, in: *Proceedings of the RSP, International Symposium on Rapid System Prototyping*, 2011, S. 135–141

[E/Sch12] SCHNEIDER, Johannes; KÖLLNER, Christian und HEUER, Stephan: An Approach to Automotive ECG Measurement Validation Using a Car-integrated Test Framework, in: *Proceedings of the IVS, Intelligent Vehicles Symposium*, 2012, S. 950–955

## A.2 Betreute studentische Arbeiten (B)

[B/Fis11] FISCHER, Till: *Entwurf eines FPGA-Cores zur Simulationsbeschleunigung zeitkontinuierlicher Modelle im HiL Kontext*, Diplomarbeit, Karlsruher Institut für Technologie, Institut für Technik der Informationsverarbeitung (2011)

[B/Fu09] FU, Lei: *Integration der elektrodynamischen Lastsimulation eines Gleichstrommotors auf einer FPGA-Plattform*, Diplomarbeit, Universität Karlsruhe (TH), Institut für Technik der Informationsverarbeitung (2009)

[B/Gha11] GHARABLI, Nader: *Konzipierung und Umsetzung eines Konfigurationsmanagements für ein Hardware-in-the-Loop Testsystem*, Diplomarbeit, Karlsruher Institut für Technologie, Institut für Technik der Informationsverarbeitung (2011)

[B/Hla13] HLAVAC, David: *Modellierung, Simulation und Analyse ereignisdiskreter Hardware/Software-Systeme in C# 5.0*, Diplomarbeit, Karlsruher Institut für Technologie, Institut für Technik der Informationsverarbeitung (2013)

[B/Klu11] KLUGE, Christiane: *Eine generische, hochperformante Kommunikationsschnittstelle für Hardware-beschleunigte Simulationen physikalischer Modelle*, Diplomarbeit, Karlsruher Institut für Technologie, Institut für Technik der Informationsverarbeitung (2011)

[B/LF13] LOPES FERREIRA, Mário: *Achieving interoperability between SystemC and System#*, Masterarbeit, Faculdade de Engenharia da Universidade do Porto (2013)

[B/Ren10] RENTSCHLER, Andreas: *Entwurf einer grafischen domänenspezifischen Modellierungssprache für ein filterbasiertes Datenanalyseframework*, Diplomarbeit, Karlsruher Institut für Technologie, Institut für Technik der Informationsverarbeitung (2010)

[B/Sch08] SCHÜLE, Daniel: *Multiphysics Modelling and Simulation with Modelica*, Seminararbeit, Universität Karlsruhe (TH), Institut für Technik der Informationsverarbeitung (2008)

[B/Sch12] SCHNEIDER, Johannes: *Entwurf und Integration eines Systems zur kapazitiven EKG-Messung und simultanen Auswertung von Kontextinformationen in ein Versuchsfahrzeug*, Diplomarbeit, Karlsruher Institut für Technologie, Institut für Technik der Informationsverarbeitung (2012)

[B/Tru07] TRUONG, Anh-Thu: *Modellbasierte Entwicklung der elektrodynamischen Lastsimulation eines Gleichstrommotors*, Studienarbeit, Universität Karlsruhe (TH), Institut für Technik der Informationsverarbeitung (2007)

[B/Yao10] YAO, Hai: *Realisierung von Fließkommaarithmetik auf FPGAs*, Studienarbeit, Karlsruher Institut für Technologie, Institut für Technik der Informationsverarbeitung (2010)

[B/Yao11] YAO, Hai: *Echtzeitsimulation mit No Instruction Set Prozessoren*, Diplomarbeit, Karlsruher Institut für Technologie, Institut für Technik der Informationsverarbeitung (2011)

## A.3 Fremdliteratur

[Abd03]  ABDI, S.; SHIN, D. und GAJSKI, D. D.: Automatic Communication Refinement for System Level Design, in: *Proceedings of the 40th Conference on Design Automation (DAC), 2003*, S. 300–305

[Ach93]  ACHATZ, H.: Extended 0/1 LP Formulation for the Scheduling Problem in High-Level Synthesis, in: *Proceedings of the European Design Automation Conference (EURO-DAC), with EURO-VHDL, 1993*, S. 226–231

[Ahm91]  AHMAD, I. und CHEN, C.Y.R.: Post-Processor for Data Path Synthesis using Multiport Memories, in: *Proceedings of the IEEE International Conference on Computer-Aided Design (ICCAD), Digest of Technical Papers, 1991*, S. 276–279

[Ahm95]  AHMAD, I.; DHODHI, M.K. und CHEN, C.Y.R.: Integrated scheduling, Allocation and Module Selection for Design-Space Exploration in High-Level Synthesis. *IEE Proceedings – Computers and Digital Techniques* (1995), Bd. 142(1): S. 65–71

[Ahm07]  AHMADI, A. und ZWOLINSKI, M.: A Symbolic Noise Analysis Approach to Word-Length Optimization in DSP Hardware, in: *International Symposium on Integrated Circuits (ISIC), 2007*, S. 457–460

[Aho08]  AHO, A. V. (Herausgeber): *Compiler: Prinzipien, Techniken und Werkzeuge*, Pearson Studium (2008)

[Aik88]  AIKEN, A. und NICOLAU, A.: Perfect Pipelining: A New Loop Parallelization Technique, in: *Proceedings of the 2nd European Symposium on Programming, 1988*, S. 221–235

[Ald05]  ALDERIGHI, M.; CANDELORI, A.; CASINI, F.; D'ANGELO, S.; MANCINI, M.; PACCAGNELLA, A.; PASTORE, S. und SECHI, G.R.: SEU Sensitivity of Virtex Configuration Logic. *IEEE Transactions on Nuclear Science* (2005), Bd. 52(6): S. 2462–2467

[Ale74]  ALEFELD, G. und HERZBERGER, J.: *Einführung in die Intervallrechnung*, Wissenschaftsverlag (1974)

[All95]  ALLAN, V. H.; JONES, R. B.; LEE, R. M. und ALLAN, S. J.: Software Pipelining. *ACM Computing Surveys (CSUR)* (1995), Bd. 27(3): S. 367 432

[Ara93]  ARANAKE, S.; RAJ, V.; VASHI, M. und YOUN, H.Y.: Optimal Register Allocation in High Level Synthesis, in: *Proceedings of the 3rd Great Lakes Symposium on VLSI, 'Design Automation of High Performance VLSI Systems', 1993*, S. 71–75

[Aro06]  ARONSSON, P.: *Automatic Parallelization of Equation-Based Simulation Programs*, Dissertation, Linköping University, Department of Computer and Information Science (2006)

[Asc98]  ASCHER, U. M. und PETZOLD, L. R.: *Computer Methods for Ordinary Differential Equations and Differential-Algebraic Equations*, Society for Industrial and Applied Mathematics (1998)

[Ava05]  AVAKIAN, A. und OUAISS, I.: Optimizing Register Binding in FPGAs using Simulated Annealing, in: *Proceedings of the International Conference on Reconfigurable Computing and FPGAs (ReConFig), 2005*, S. 8–16

[Bak77]  BAKER, H. C., Jr. und HEWITT, C.: The Incremental Garbage Collection of Processes, in: *Proceedings of the Symposium on Artificial intelligence and Programming Languages, 1977*, S. 55–59

[Bak10]  BAKKUM, P. und SKADRON, K.: Accelerating SQL Database Operations on a GPU with CUDA, in: *Proceedings of the 3rd Workshop on General-Purpose Computation on Graphics Processing Units, 2010*, S. 94–103

[Bal00]  BALAKRISHNAN, M. und KHANNA, H.: Allocation of FIFO Structures in RTL Data Paths. *ACM Transactions on Design Automation of Electronic Systems (TODAES)* (2000), Bd. 5(3): S. 294–310

[Ban10]  BANKS, J. (Herausgeber): *Discrete-Event System Simulation*, Pearson Prentice Hall (2010)

[Bat08]  BATTEH, J. J. und NEWMAN, C. E.: Detailed Simulation of Turbocharged Engines with Modelica, in: *Proceedings of the 6th International Modelica Conference, 2008*, S. 69–75

[Ber89]  BERNSTEIN, D.; RODEH, M. und GERTNER, I.: On the Complexity of Scheduling Problems for Parallel/Pipelined Machines. *IEEE Transactions on Computers* (1989), Bd. 38(9): S. 1308–1313

[Bie12]  BIERMAN, G.; RUSSO, C.; MAINLAND, G.; MEIJER, E. und TORGERSEN, M.: Pause 'n' Play: Formalizing Asynchronous C#, in: *Proceedings of the 26th European Conference on Object-Oriented Programming, 2012*, S. 233–257

[Bin12]  BINDER, A.: *Elektrische Maschinen und Antriebe*, Springer (2012)

[Bol08]  BOLLAERT, T.: Catapult Synthesis: A Practical Introduction to Interactive C Synthesis High-Level Synthesis, in: Philippe Coussy und Adam Morawiec (Herausgeber) *High-Level Synthesis*, Kap. 3, Springer Netherlands (2008), S. 29–52

[Bol12]  BOLTE, E.: *Elektrische Maschinen: Grundlagen Magnetfelder, Wicklungen, Asynchronmaschinen, Synchronmaschinen, Elektronisch kommutierte Gleichstrommaschinen*, Springer Berlin Heidelberg (2012)

[Bor06]  BORIN, E.; BRETERNITZ, M.; WU, Youfeg und ARAUJO, G.: Clustering-Based Microcode Compression, in: *Proceedings of the International Conference on Computer Design (ICCD), 2006*, S. 189–196

[Bor11]  BORIN, E.; ARAUJO, G.; BRETERNITZ, M. und WU, Youfeng: Structure-Constrained Microcode Compression, in: *Proceedings of the 23rd International Symposium on Computer Architecture and High Performance Computing (SBAC-PAD), 2011*, S. 104–111

[Bra90]  BRAYTON, R.K.; HACHTEL, G.D. und SANGIOVANNI-VINCENTELLI, A.L.: Multilevel Logic Synthesis. *Proceedings of the IEEE* (1990), Bd. 78(2): S. 264–300

[Bun09] BUNDESREGIERUNG: Nationaler Entwicklungsplan Elektromobilität der Bundesregierung, Techn. Ber., Regierung der Bundesrepublik Deutschland (2009)

[Bus27] BUSH, V.; GAGE, F.D. und STEWART, H.R.: A Continuous Integraph. *Journal of the Franklin Institute* (1927), Bd. 203(1): S. 63–84

[Cab02] CABODI, G.; LAZARESCU, M.; LAVAGNO, L.; NOCCO, S.; PASSERONE, C. und QUER, S.: A Symbolic Approach for the Combined Solution of Scheduling and Allocation, in: *Proceedings of the 15th International Symposium on System Synthesis, 2002*, S. 237–242

[Cai03] CAI, L. und GAJSKI, D. D.: Transaction Level Modeling: An Overview, in: *Proceedings of the 1st IEEE/ACM/IFIP International Conference on Hardware/Software Codesign and System Synthesis, 2003*, S. 19–24

[Cam91] CAMPOSANO, R.: Path-based Scheduling for Synthesis. *IEEE Transactions on Computer-Aided Design of Integrated Circuits and Systems* (1991), Bd. 10(1): S. 85–93

[Can11] CANIS, A.; CHOI, J.; ALDHAM, M.; ZHANG, V.; KAMMOONA, A.; ANDERSON, J. H.; BROWN, S. und CZAJKOWSKI, T.: LegUp: High-Level Synthesis for FPGA-based Processor/Accelerator Systems, in: *Proceedings of the 19th ACM/SIGDA International Symposium on Field Programmable Gate Arrays, 2011*, S. 33–36

[Cas99] CASSANDRAS, C.G. und LAFORTUNE, S.: *Introduction to Discrete Event Systems*, Kluwer Academic (1999)

[Cas05] CASELLA, F.: Exploiting Weak Dynamic Interactions in Modelica, in: *Proceedings of the 4th International Modelica Conference, 2005*, S. 97–103

[Cas09] CASSEAU, E. und LE GAL, B.: High-Level Synthesis for the Design of FPGA-based Signal Processing Systems, in: *Proceedings of the International Symposium on Systems, Architectures, Modeling, and Simulation (SAMOS), 2009*, S. 25–32

[Cel93] CELLIER, F. E.; ELMQVIST, H.; OTTER, M. und TAYLOR, J. H.: Guidelines for Modelling and Simulation of Hybrid Systems, in: *Proceedings of the 12th IFAC World Congress, 1993*, S. 391–397

[Cha84] CHAPIRO, D. M.: *Globally-Asynchronous Locally-Synchronous Systems*, Dissertation, Stanford University, CA., USA (1984)

[Cha98] CHATTOPADHYAY, S. und CHAUDHURI, P.P.: Genetic Algorithm Based Approach for Integrated State Assignment and Flipflop Selection in Finite State Machine Synthesis, in: *Proceedings of the 11th International Conference on VLSI Design, 1998*, S. 522–527

[Cha04] CHATTOPADHYAY, S.; CHETRY, A. und BISWAS, S.: State Assignment and Selection of Types and Polarities of Flip-Flops for Finite State Machine Synthesis, in: *Proceedings of the 1st IEEE India Conference (INDICON), 2004*, S. 27–30

[Che03] CHEN, Deming; CONG, J. und FAN, Yiping: Low-Power High-Level Synthesis for FPGA Architectures, in: *Proceedings of the International Symposium on Low Power Electronics and Design (ISLPED), 2003*, S. 134–139

[Che04] CHEN, D. und CONG, J.: Register Binding and Port Assignment for Multiplexer Optimization, in: *Proceedings of the Asia Pacific Design Automation Conference (ASP-DAC), 2004*, S. 68–73

[Che07] CHENG, Lixin; XU, Junbo und GU, Guochang: A New ILP Based Approach to Schedule and Bind Simultaneously, in: *Proceedings of the 10th IEEE International Conference on Computer-Aided Design and Computer Graphics, 2007*, S. 327–331

[Che09] CHEN, Hao; SUN, Song; ALIPRANTIS, D.C. und ZAMBRENO, J.: Dynamic Simulation of Electric Machines on FPGA Boards, in: *IEEE International Conference on Electric Machines and Drives (IENDC), 2009*, S. 1523–1528

[Che10] CHEN, Deming; CONG, J.; FAN, Yiping und WAN, Lu: LOPASS: A Low-Power Architectural Synthesis System for FPGAs With Interconnect Estimation and Optimization. *IEEE Transactions on Very Large Scale Integration (VLSI) Systems* (2010), Bd. 18(4): S. 564–577

[Cho96] CHOI, J.; DEMMEL, J.; DHILLON, I.; DONGARRA, J.; OSTROUCHOV, S.; PETITET, A.; STANLEY, K.; WALKER, D. und WHALEY, R.C.: ScaLAPACK: A Portable Linear Algebra Library for Distributed Memory Computers — Design Issues and Performance. *Computer Physics Communications* (1996), Bd. 97: S. 1–15

[Cla50] CLARKE, E.: *Circuit Analysis of A-C Power Systems*, J. Wiley & Sons, Inc. (1950)

[Coc70] COCKE, J.: Global Common Subexpression Elimination. *ACM SIGPLAN Notices – Proceedings of a symposium on Compiler optimization* (1970), Bd. 5(7): S. 20–24

[Con00] CONSTANTINIDES, G.A.; CHEUNG, P.Y.K. und LUK, W.: Optimal Datapath Allocation for Multiple-Wordlength Systems. *Electronics Letters* (2000), Bd. 36(17): S. 1508–1509

[Con03] CONSTANTINIDES, G.A.: Perturbation Analysis for Word-Length Optimization, in: *Proceedings of the 11th IEEE Symposium on Field-Programmable Custom Computing Machines (FCCM), 2003*, S. 81–90

[Con04] CONG, J.; FAN, Yiping; HAN, Guoling; YANG, Xun und ZHANG, Zhiru: Architecture and Synthesis for On-Chip Multicycle Communication. *IEEE Transactions on Computer-Aided Design of Integrated Circuits and Systems, 2004* (2004), Bd. 23(4): S. 550–564

[Con06a] CONG, J. und ZHANG, Z.: An Efficient and Versatile Scheduling Algorithm based on SDC Formulation, in: *Proceedings of the 43rd annual Design Automation Conference (DAC), 2006*, S. 433–438

[Con06b] CONSTANTINIDES, G. A.: Word-Length Optimization for Differentiable Non-linear Systems. *ACM Transactions on Design Automation of Electronic Systems (TODAES)* (2006), Bd. 11(1): S. 26–43

[Con08] CONG, J. und JIANG, W.: Pattern-based Behavior Synthesis for FPGA Resource Reduction, in: *Proceedings of the 16th International ACM/SIGDA Symposium on Field Programmable Gate Arrays*, S. 107–116

[Con11] CONG, J.; LIU, Bin; NEUENDORFFER, S.; NOGUERA, J.; VISSERS, K. und ZHANG, Zhiru: High-Level Synthesis for FPGAs: From Prototyping to Deployment. *IEEE Transactions on Computer-Aided Design of Integrated Circuits and Systems* (2011), Bd. 30(4): S. 473–491

[Con12] CONG, Hao; CHEN, Song und YOSHIMURA, T.: Port Assignment for Interconnect Reduction in High-Level Synthesis, in: *Proceedings of the International Symposium on VLSI Design, Automation, and Test (VLSI-DAT), 2012*, S. 1–4

[Coo06] COOPER, K-D.; HARVEY, T. J. und KENNEDY, K.: A Simple, Fast Dominance Algorithm (TR-06-33870), Techn. Ber., Department of Computer Science, Rice University, Houston, Texas, USA (2006)

[Cor36] CORIOLIS, G.-G.: Note Sur un Moyen de Tracer des Courbes Données par des Équations Différentielles. *Journal de Mathématiques Pures et Appliquées* (1836), Bd. I 1: S. 5–9

[Cou08a] COUSSY, P.; CHAVET, C.; BOMEL, P.; HELLER, D.; SENN, E. und MARTIN, E.: GAUT: A High-Level Synthesis Tool for DSP Applications, in: Philippe Coussy und Adam Morawiec (Herausgeber) *High-Level Synthesis*, Kap. 9, Springer Netherlands (2008), S. 147–169

[Cou08b] COUSSY, P. und MORAWIEC, A.: *High-Level Synthesis: From Algorithm to Digital Circuit*, Springer Publishing Company, Incorporated (2008)

[Cza00] CZARNECKI, K. und EISENECKER, U.: *Generative programming: Methods, Tools, and Applications*, Addison Wesley (2000)

[DA11] DOMÉNECH-ASENSI, G.; DÍAZ-MADRID, J. A. und RUIZ-MERINO, R.: Synthesis of CMOS Analog Circuit VHDL-AMS Descriptions using Parameterizable Macromodels. *International Journal of Circuit Theory and Applications* (2011), Bd. n/a: S. n/a–n/a

[D'A12] D'AZEVEDO, E. und HILL, J.C.: Parallel LU Factorization on GPU Cluster. *Procedia Computer Science* (2012), Bd. 9: S. 67–75

[Dag04] DAGA, V.; GOVINDU, G.; PRASANNA, V.; GANGADHARPALLI, S. und SRIDHAR, V.: Floating-point Based Block LU Decomposition on FPGAs, in: *Proceedings of the International Conference on Engineering Reconfigurable Systems, 2004*, S. 276–279

[Dav98]  DAVE, B.P. und JHA, N.K.: COHRA: Hardware-Software Cosynthesis of Hierarchical Heterogeneous Distributed Embedded Systems. *IEEE Transactions on Computer-Aided Design of Integrated Circuits and Systems* (1998), Bd. 17(10): S. 900–919

[Dav03]  DAVOODI, A. und SRIVASTAVA, A.: Effective Graph Theoretic Techniques for the Generalized Low Power Binding Problem (IC High Level Synthesis), in: *Proceedings of the International Symposium on Low Power Electronics and Design (ISLPED), 2003*, S. 152–157

[Dev89]  DEVADAS, S. und NEWTON, A.R.: Algorithms for Hardware Allocation in Data Path Synthesis. *IEEE Transactions on Computer-Aided Design of Integrated Circuits and Systems* (1989), Bd. 8(7): S. 768–781

[Dim80]  DIMITROVA, N.: Über die Distributivgesetze der erweiterten Intervallarithmetik. *Computing* (1980), Bd. 24: S. 33–49

[DM86]  DE MAN, H.; RABAEY, J.; SIX, P. und CLAESEN, L.: Cathedral-II: A Silicon Compiler for Digital Signal Processing. *IEEE Design & Test of Computers* (1986), Bd. 3(6): S. 13–25

[dM88]  DE MICHELI, G. und KU, D.C.: HERCULES – A System for High-Level Synthesis, in: *Proceedings of the 25th ACM/IEEE Design Automation Conference, 1988*, S. 483–488

[Dop12]  DOPPELBAUER, M.: Antriebstechnik für die E-Mobilität. *Elektrotechnik und Informationstechnik* (2012), Bd. 129(5): S. 360–361

[Duf08]  DUFOUR, C.; BELANGER, J.; LAPOINTE, V. und ABOURIDA, S.: Real-Time Simulation on FPGA of a Permanent Magnet Synchronous Machine Drive using a Finite-Element based Model, in: *Proceedings of the International Symposium on Power Electronics, Electrical Drives, Automation and Motion (SPEEDAM), 2008*, S. 19–25

[Dum12]  DUMMER, G.: *Modellgetriebene Softwareentwicklung Eingebetteter Systeme: Methodik, Metamodelle, Beispiele*, Dissertation, Karlsruher Institut für Technologie (KIT), Institut für Technik der Informationsverarbeitung (2012)

[Dun93]  DUNCAN, A.A. und HENDRY, D.C.: DSP Datapath Synthesis Eliminating Global Interconnect, in: *Proceedings of the European Design Automation Conference (EURO-DAC), with EURO-VHDL, 1993*, S. 46–51

[Dun95]  DUNCAN, A.A. und HENDRY, D.C.: Area Efficient DSP Datapath Synthesis, in: *Proceedings of the European Design Automation Conference with EURO-VHDL (EURO-DAC), 1995*, S. 130–135

[Edw02]  EDWARDS, S. A.: High-Level Synthesis from the Synchronous Language Esterel, in: *Proceedings of the International Workshop on Logic & Synthesis, 2002*, S. 401–406

[Ein09]   EINWICH, K.; GRIMM, C.; BARNASCONI, M. und VACHOUX, A.: Introduction to the SystemC AMS DRAFT Standard, in: *Proceedings of the IEEE International SOC Conference (SOCC), 2009*, S. 446

[Elm78]   ELMQVIST, H.: *A Structured Model Language for Large Continuous Systems*, Dissertation, Department of Automatic Control, Lund University, Sweden (1978)

[Elm95]   ELMQVIST, H.; OTTER, M. und CELLIER, F. E.: Inline Integration: A New Mixed Symbolic/Numeric Approach For Solving Differential-Algebraic Equation Systems, in: *Proceedings of the European Simulation Multiconference (ESM), 1995*, S. 1–12

[Elm97]   ELMQVIST, H. und DYNASIM AB: Modelica - The Next Generation Modeling Language An International Design Effort, in: *Proceedings of First World Congress of System Simulation, 1997*, S. 1–3

[Elm12a]   ELMQVIST, H.; GAUCHER, F.; MATTSON, S. E. und DUPONT, F.: State Machines in Modelica, in: *Proceedings of the 9th International Modelica Conference, 2012*, S. 37–46

[Elm12b]   ELMQVIST, H.; OTTER, M. und MATTSON, S. E.: Fundamentals of Synchronous Control in Modelica, in: *Proceedings of the International Modelica Conference, 2012*, S. 15–26

[Eri03]   ERIKSSON, L.: VehProLib - Vehicle Propulsion Library. Library Development Issues, in: *Proceedings of the 3rd International Modelica Conference, 2003*, S. 249–256

[Ern96]   ERNST, R.; HENKEL, J.; BENNER, Th.; YE, W.; HOLTMANN, U.; HERRMANN, D. und TRAWNY, M.: The COSYMA Environment for Hardware/Software Co-synthesis of Small Embedded Systems. *Microprocessors and Microsystems* (1996), Bd. 20(3): S. 159–166

[Ern98]   ERNST, R.: Codesign of Embedded Systems: Status and Trends. *IEEE Design and Test of Computers* (1998), Bd. 15(2): S. 45–54

[ETA12]   ETAS GMBH: *ES5340 Elektromotor-Simulationskarte (Multi-I/O) Produktbroschüre*, ETAS GmbH (2012)

[Ezu09]   EZUDHEEN, P.; CHANDRAN, P.; CHANDRA, J.; SIMON, B. P. und RAVI, D.: Parallelizing SystemC Kernel for Fast Hardware Simulation on SMP Machines, in: *Proceedings of the 23rd ACM/IEEE/SCS Workshop on Principles of Advanced and Distributed Simulation, 2009*, S. 80–87

[Fab01]   FABIAN, G.; VAN BEEK, D.A und ROODA, J.E.: Index Reduction and Discontinuity Handling using Substitute Equations. *Mathematical and Computer Modelling of Dynamical Systems* (2001), Bd. 7: S. 173–187

[Fan96]   FANG, Yu und ALBICKI, A.: Joint Scheduling and Allocation for Low Power, in: *Proceedings of the IEEE International Symposium on Circuits and Systems (ISCAS), 1996*, Bd. 4, S. 556–559

[Fer07]  FERRANDI, F.; LANZI, P.L.; PALERMO, G.; PILATO, C.; SCIUTO, D. und TU-
         MEO, A.: An Evolutionary Approach to Area-Time Optimization of FPGA
         Designs, in: *Proceedings of the International Conference on Embedded
         Computer Systems: Architectures, Modeling and Simulation (IC-SAMOS),
         2007*, S. 145–152

[Fin10]  FINGEROFF, M.: *High-Level Synthesis: Blue Book*, Xlibris Corporation; Mentor
         Graphics Corporation (2010)

[Fis81]  FISHER, J.A.: Trace Scheduling: A Technique for Global Microcode Compacti-
         on. *IEEE Transactions on Computers* (1981), Bd. C-30(7): S. 478–490

[Fis09]  FISHER, J.: Very Long Instruction Word Architectures and the ELI-512. *IEEE
         Solid-State Circuits Magazine* (2009), Bd. 1(2): S. 23–33

[Fis12]  FISCHER, T.: Entwurf eines FPGA-Cores zur Simulationsbeschleunigung zeit-
         kontinuierlicher Modelle im HiL Kontext, in: *Herausforderungen durch
         Echtzeitbetrieb, 2012*, S. 75–80

[Gaf04]  GAFFAR, A.A.; MENCER, O. und LUK, W.: Unifying Bit-Width Optimisation
         for Fixed-Point and Floating-Point Designs, in: *Proceedings of the 12th
         IEEE Symposium on Field-Programmable Custom Computing Machines
         (FCCM), 2004*, S. 79–88

[Gaj83]  GAJSKI, D.D. und KUHN, R.H.: Guest Editors' Introduction: New VLSI Tools.
         *Computer* (1983), Bd. 16(12): S. 11–14

[Gaj94]  GAJSKI, D.D.: A VHDL-based System-Design Methodology, in: *Proceedings
         of the VHDL International Users Forum, Spring Conference, 1994*, S. 2–5

[Gaj00]  GAJSKI, D. D.; ZHU, J.; DÖMER, R.; GERSTLAUER, A. und ZHAO, S.: *SpecC:
         Specification Language and Methodology*, Kluwer Academic Publishers
         (2000)

[Gea71]  GEAR, C. W.: *Numerical Initial Value Problems in Ordinary Differential
         Equations*, Prentice Hall PTR (1971)

[Gea88]  GEAR, C. W.: Differential-Algebraic Equations Index Transformations. *SIAM
         Journal on Scientific and Statistical Computing* (1988), Bd. 9(1): S. 39–47

[Gea06]  GEAR, C. W.: Towards Explicit Methods for Differential Algebraic Equations.
         *Bit Numerical Mathematics* (2006), Bd. 46(3): S. 505–514

[Geb12]  GEBREMEDHIN, M.; MOGHADAM, A. H.; FRITZSON, P. und STAVÅKER, K.: A
         Data-Parallel Algorithmic Modelica Extension for Efficient Execution on
         Multi-Core Platforms, in: *Proceedings of the 9th International Modelica
         Conference, 2012*, S. 393–404

[Gla11]  GLAS, B.: *Trusted Computing für Adaptive Automobilsteuergeräte im Umfeld
         der Inter-Fahrzeug-Kommunikation*, Dissertation, Karlsruher Institut für
         Technologie (KIT), Institut für Technik der Informationsverarbeitung
         (2011)

[Gna11] GNANN, T. und PLÖTZ, P.: Status Quo und Perspektiven der Elektromobilität in Deutschland (Working Paper Sustainability and Innovation No. S 14/2011), Techn. Ber., Fraunhofer ISI (2011)

[Gok00] GOKHALE, M.; STONE, J.; ARNOLD, J. und KALINOWSKI, M.: Stream-Oriented FPGA Computing in the Streams-C High Level Language, in: *Proceedings of the IEEE Symposium on Field-Programmable Custom Computing Machines (FCCM), 2000*, S. 49–56

[Gon96] GONG, Jie; GAJSKI, D. D. und BAKSHI, S.: Model Refinement for Hardware-Software Codesign, in: *Proceedings of the European Design and Test Conference, 1996*, S. 270–274

[Gon09] GONZALEZ, J. und NÚÑEZ, R. C.: LAPACKrc: Fast Linear Algebra Kernels/-Solvers for FPGA Accelerators. *Journal of Physics: Conference Series* (2009), Bd. 180(1)

[Gor07] GORJIARA, B. und GAJSKI, D. D.: FPGA-friendly Code Compression for Horizontal Microcoded Custom IPs, in: *Proceedings of the ACM/SIGDA 15th International Symposium on Field programmable Gate Arrays, 2007*, S. 108–115

[Gra90] GRASS, W.: A Branch-and-Bound Method for Optimal Transformation of Data Flow Graphs for Observing Hardware Constraints, in: *Proceedings of the European Design Automation Conference (EDAC), 1990*, S. 73–77

[Gre97] GREWAL, G.W. und WILSON, T.C.: An Enhanced Genetic Solution for Scheduling, Module Allocation, and Binding in VLSI Design, in: *Proceedings of the 10th International Conference on VLSI Design, 1997*, S. 51–56

[Gre03] GREWAL, G.; O'CLEIRIGH, M. und WINEBERG, M.: An Evolutionary Approach to Behavioural-Level Synthesis, in: *Proceedings of the Congress on Evolutionary Computation (CEC), 2003*, Bd. 1, S. 264–272

[Gre10] GREAVES, D. und SINGH, S.: Designing Application Specific Circuits with Concurrent C# Programs, in: *Proceedings of the 8th IEEE/ACM International Conference on Formal Methods and Models for Codesign (MEMOCODE), 2010*, S. 21–30

[Gri00] GRIEWANK, A.: *Evaluating derivatives: Principles and Techniques of Algorithmic Differentiation*, Society for Industrial and Applied Mathematics (SIAM) (2000)

[Gup03] GUPTA, S.; DUTT, N.; GUPTA, R. und NICOLAU, A.: SPARK: A High-Level Synthesis Framework for Applying Parallelizing Compiler Transformations, in: *Proceedings of the 16th International Conference on VLSI Design, 2003*, S. 461–466

[Gut92a] GUTBERLET, P.; MÜLLER, J.; KRAMER, H. und ROSENSTIEL, W.: Automatic Module Allocation in High Level Synthesis, in: *Proceedings of the European Design Automation Conference (EURO-VHDL '92, EURO-DAC '92), 1992*, S. 328–333

[Gut92b] GUTBERLET, P. und ROSENSTIEL, W.: Scheduling between Basic Blocks in the CADDY Synthesis System, in: *Proceedings of the 3rd European Conference on Design Automation (DAC), 1992,* S. 496–500

[Ha08] HA, S.; KIM, S.; LEE, C.; YI, Y.; KWON, S. und JOO, Y.: PeaCE: A Hardware-Software Codesign Environment for Multimedia Embedded Systems. *ACM Transactions on Design Automation of Electronic Systems (TODAES)* (2008), Bd. 12(3): S. 24:1–24:25

[HA12] HARA-AZUMI, Y. und TOMIYAMA, H.: Clock-Constrained Simultaneous Allocation and Binding for Multiplexer Optimization in High-Level Synthesis, in: *Proceedings of the 17th Asia and South Pacific Design Automation Conference (ASP-DAC), 2012,* S. 251–256

[Hab00] HABIB, M.; MCCONNELL, R.; PAUL, C. und VIENNOT, L.: Lex-BFS and Partition Refinement, with Applications to Transitive Orientation, Interval Graph Recognition and Consecutive Ones Testing. *Theoretical Computer Science* (2000), Bd. 234: S. 59–84

[Hai89] HAIRER, E.; LUBICH, C. und ROCHE, M.: *The Numerical Solution of Differential-Algebraic Systems by Runge-Kutta Methods,* Springer (1989)

[Hai10] HAIRER, E.: *Solving Ordinary Differential Equations II: Stiff and Differential-Algebraic Problems,* Springer-Verlag Berlin Heidelberg (2010)

[Hal98] HALLBERG, J. und PENG, Zebo: Estimation and Consideration of Interconnection Delays During High-Level Synthesis, in: *Proceedings of the 24th Euromicro Conference, 1998,* Bd. 1, S. 349–356

[Ham12] HAMMERER, H. und STRAUSS, D.: E-Maschinen-Emulator kontra rotierendem Prüfstand. *ATZ Elektronik* (2012), Bd. 3: S. 193–196

[Han75] HANSEN, E.R.: A Generalized Interval Arithmetic, in: Karl Nickel (Herausgeber) *Interval Mathematics,* Bd. 29 von *Lecture Notes in Computer Science,* Springer Berlin Heidelberg (1975), S. 7–18

[Han96] HANNAH, S.: Building IBM: Shaping an Industry and Its Technology, by Emerson W. Pugh. *JASIS* (1996), Bd. 47(3): S. 256–257

[Har01] HARTMANN, N.: *Automation des Tests eingebetteter Systeme am Beispiel der Kraftfahrzeugelektronik,* Dissertation, Technische Universität Karlsruhe (2001)

[Has88] HASHIMOTO, A. und STEVENS, J.: Wire Routing by Optimizing Channel Assignment within Large Apertures, in: *Papers on Twenty-five years of Electronic Design Automation,* S. 35–49

[Has12] HASHEMI, S.A. und NOWROUZIAN, B.: A Novel Particle Swarm Optimization for High-Level Synthesis of Digital Filters, in: *Proceedings of the IEEE International Symposium on Circuits and Systems (ISCAS), 2012,* S. 580–583

[Hav97] HAVLAK, P.: Nesting of Reducible and Irreducible Loops. *ACM Transactions on Programming Language Systems* (1997), Bd. 19: S. 557–567

[Hay01] HAYNAL, S. und BREWER, F.: Automata-Based Symbolic Scheduling for Looping DFGs. *IEEE Transactions on Computers* (2001), Bd. 50(3): S. 250–267

[Hei95] HEIJLIGERS, M.J.M. und JESS, J.A.G.: High-Level Synthesis Scheduling and Allocation using Genetic Algorithms based on Constructive Topological Scheduling Techniques, in: *Proceedings of the IEEE International Conference on Evolutionary Computation, 1995*, S. 56–61

[Hel02] HELLGREN, J.: Modelling of Hybrid Electric Vehicles in Modelica for Virtual Prototyping, in: *Proceedings of the 2nd International Modelica Conference, 2002*, S. 247–256

[Hen94] HENNESSY, J. L. und PATTERSON, D. A.: *Rechnerarchitektur: Analyse, Entwurf, Implementierung, Bewertung*, Vieweg (1994)

[Hil10] HILLENBRAND, M.; HEINZ, M. und MÜLLER-GLASER, K.D.: Rapid Specification of Hardware-in-the-Loop Test Systems in the Automotive Domain Based on the Electric/Electronic Architecture Description of Vehicles, in: *Proceedings of the 21st IEEE International Symposium on Rapid System Prototyping (RSP), 2010*, S. 1–6

[Hin83] HINDMARSH, A.: *Scientific Computing*, Kap. ODEPACK, a Systematized Collection of ODE Solvers, Elsevier (1983), S. 55–64

[Hin05] HINDMARSH, A. C.; BROWN, P. N.; GRANT, K. E.; LEE, S. L.; SERBAN, R.; SHUMAKER, D. E. und WOODWARD, C. S.: SUNDIALS: Suite of Nonlinear and Differential/Algebraic Equation Solvers. *ACM Transactions on Mathematical Software* (2005), Bd. 31(3): S. 363–396

[Hit83] HITCHCOCK, C. Y., III und THOMAS, D. E.: A Method of Automatic Data Path Synthesis, in: *Proceedings of the 20th Design Automation Conference (DAC), 1983*, S. 484–489

[Hof10] HOFMANN, P.: *Hybridfahrzeuge: Ein alternatives Antriebskonzept für die Zukunft*, Springer (2010)

[Hol81] HOLYER, I.: The NP-Completeness of Edge-Coloring. *SIAM Journal on Computing* (1981), Bd. 10(4): S. 718–720

[Hov08] HOVLAND, R. J.: Latency and Bandwidth Impact on GPU-systems, Techn. Ber., Norwegian University of Science and Technology (2008)

[Hu01] HU, Jiang und SAPATNEKAR, S. S.: A Survey on Multi-Net Global Routing for Integrated Circuits. *Integration, the VLSI Journal* (2001), Bd. 31(1): S. 1 – 49

[Hua90] HUANG, Chu-Yi; CHEN, Yen-Shen; LIN, Yan-Long und HSU, Yu-Chin: Data Path Allocation Based on Bipartite Weighted Matching, in: *Proceedings of the 27th ACM/IEEE Design Automation Conference (DAC), 1990*, S. 499–504

[Hua11]    HUANG, C.; VAHID, F. und GIVARGIS, T.: A Custom FPGA Processor for Physical Model Ordinary Differential Equation Solving. *IEEE Embedded Systems Letters* (2011), Bd. 3(4): S. 113–116

[Jae12]    JAENSCH, M.: *Modulorientiertes Produktlinien Engineering für den modellbasierten Elektrik/Elektronik-Architekturentwurf*, Dissertation, Karlsruher Institut für Technologie (KIT), Institut für Technik der Informationsverarbeitung (2012)

[Jan93]    JANG, Hyuk-Jae und PANGRLE, B.M.: GB: A New Grid-Based Binding Approach for High-Level Synthesis, in: *Proceedings of the 6th International Conference on VLSI Design, 1993*, S. 180–185

[Jau01]    JAULIN, L. (Herausgeber): *Applied Interval Analysis: With Examples in Parameter and State Estimation, Robust Control and Robotics*, Springer (2001)

[Jeo01]    JEON, Jinhwan; KIM, Daehong; SHIN, Dongwan und CHOI, Kiyoung: High-Level Synthesis under Multi-Cycle Interconnect Delay, in: *Proceedings of the Asia and South Pacific Design Automation Conference (ASP-DAC), 2001*, S. 662–667

[Joh67]    JOHNSON, S. C.: Hierarchical Clustering Schemes. *Psychometrika* (1967), Bd. 32: S. 241–254

[Joh08]    JOHNSON, J.; CHAGNON, T.; VACHRANUKUNKIET, P.; NAGVAJARA, P. und NWANKPA, C.: Sparse LU Decomposition using FPGA, in: *Proceedings of the International Workshop on State-of-the-Art in Scientific and Parallel Computing (PARA), 2008*, S. 1–12

[Kap09a]    KAPRE, N. und DE HON, A.: Performance Comparison of Single-Precision SPICE Model-Evaluation on FPGA, GPU, Cell, and Multi-Core Processors, in: *Proceedings of the 19th International Conference on Field Programmable Logic and Applications (FPL), 2009*, S. 65–72

[Kap09b]    KAPRE, N. und DEHON, A.: Accelerating SPICE Model-Evaluation using FPGAs. *IEEE Symposium on Field-Programmable Custom Computing Machines (FCCM), 2009* (2009): S. 37–44

[Kap12]    KAPTANOGLU, S.: Introduction to Flash FPGAs (2012), Vortrag von Microsemi auf der 22nd International Conference on Field Programmable Logic and Applications (FPL), 2012

[Kar72]    KARP, R.: Reducibility among Combinatorial Problems, in: R. Miller und J. Thatcher (Herausgeber) *Complexity of Computer Computations*, Plenum Press (1972), S. 85–103

[Kes07]    KESSLER, C.; FRITZSON, P. und ERIKSSON, M.: NestStepModelica: Mathematical Modeling and Bulk-Synchronous Parallel Simulation, in: *Proceedings of the 8th International Conference on Applied Parallel Computing: State of the Art in Scientific Computing*, S. 1006–1015

[Ket12]  KETCHUM, W.; AMERIO, S.; BASTIERI, D.; BAUCE, M.; CATASTINI, P.; GELAIN, S.; HAHN, K.; KIM, Y.K.; LIU, T.; LUCCHESI, D. und URSO, G.: Performance Study of GPUs in Real-Time Trigger Applications for HEP Experiments. *Physics Procedia* (2012), Bd. 37: S. 1965–1972

[Kim95]  KIM, T. und LIU, C.L.: An Integrated Data Path Synthesis Algorithm Based on Network Flow Method, in: *Proceedings of the IEEE Conference on Custom Integrated Circuits, 1995*, S. 615–618

[Kim07]  KIM, T. und LIU, Xun: Compatibility Path based Binding Algorithm for Interconnect Reduction in High Level Synthesis, in: *IEEE/ACM International Conference on Computer-Aided Design (ICCAD), 2007*, S. 435–441

[Kim10]  KIM, T. und LIU, X.: A Global Interconnect Reduction Technique during High Level Synthesis, in: *15th Asia and South Pacific Design Automation Conference (ASP-DAC), 2010*, S. 69–700

[Kol97]  KOLLIG, P. und AL-HASHIMI, B.M.: Simultaneous Scheduling, Allocation and Binding in High Level Synthesis. *Electronics Letters* (1997), Bd. 33(18): S. 1516–1518

[Kra05]  KRAL, C. und HAUMER, A.: Modelica Libraries for DC Machines, Three Phase and Polyphase Machines, in: *Proceedings of the 4th International Modelica Conference, 2005*, S. 549–558

[Kra11]  KRAL, C. und HAUMER, A.: *Advances in Computer Science and Engineering*, Kap. Object Oriented Modeling of Rotating Electrical Machines, InTech (2011), S. 135–160

[Kri92]  KRISHNAMOORTHY, G. und NESTOR, J.A.: Data Path Allocation using an Extended Binding Model, in: *Proceedings of the 29th ACM/IEEE Design Automation Conference (DAC), 1992*, S. 279–284

[Kul89]  KULISCH, U. (Herausgeber): *Wissenschaftliches Rechnen mit Ergebnisverifikation: eine Einführung*, Vieweg (1989)

[Kum01]  KUM, Ki-Il und SUNG, Wonyong: Combined Word-Length Optimization and High-Level Synthesis of Digital Signal Processing Systems. *IEEE Transactions on Computer-Aided Design of Integrated Circuits and Systems* (2001), Bd. 20(8): S. 921–930

[Kuo08]  KUON, I.; TESSIER, R. und ROSE, J.: FPGA Architecture: Survey and Challenges. *Foundations and Trends in Electronic Design Automation* (2008), Bd. 2(2): S. 135–253

[Kur87]  KURDAHI, F. J. und PARKER, A. C.: REAL: A Program for REgister ALlocation, in: *Proceedings of the 24th ACM/IEEE Design Automation Conference (DAC), 1987*, S. 210–215

[Lag91]  LAGNESE, E.D. und THOMAS, D.E.: Architectural Partitioning for System Level Synthesis of Integrated Circuits. *IEEE Transactions on Computer-Aided Design of Integrated Circuits and Systems* (1991), Bd. 10(7): S. 847–860

[Law80] LAWRENSON, P.J.; STEPHENSON, J.M.; FULTON, N.N.; BLENKINSOP, P.T. und CORDA, J.: Variable-Speed Switched Reluctance Motors. *IEE Proceedings on Electric Power Applications* (1980), Bd. 127(4): S. 253–265

[Law00] LAW, A. M. und KELTON, W. D.: *Simulation Modeling and Analysis*, McGraw-Hill (2000)

[Lee89] LEE, Jiahn-Hung; HSU, Yu-Chin und LIN, Youn-Long: A New Integer Linear Programming Formulation for the Scheduling Problem in Data Path Synthesis, in: *Proceedings of the IEEE International Conference on Computer-Aided Design (ICCAD), Digest of Technical Papers, 1989*, S. 20–23

[Mac06] MACHNÉ, R.; FINNEY, A.; MÜLLER, S.; LU, J.; WIDDER, S. und FLAMM, C.: The SBML ODE Solver Library: A Native API for Symbolic and Fast Numerical Analysis of Reaction Networks. *Bioinformatics* (2006), Bd. 22(11): S. 1406–1407

[Mag09] MAGGIO, M.; STAVÅKER, K.; DONIDA, F.; CASELLA, F. und FRITZSON, P.: Parallel Simulation of Equation-based Object-Oriented Models with Quantized State Systems on a GPU, in: *Proceedings of the 7th Modelica Conference, 2009*, S. 251–260

[Man00] MANDAL, C.; CHAKRABARTI, P.P. und GHOSE, S.: GABIND: A GA Approach to Allocation and Binding for the High-Level Synthesis of Data Paths. *IEEE Transactions on Very Large Scale Integration (VLSI) Systems* (2000), Bd. 8(6): S. 747–750

[Mar86] MARWEDEL, P.: A New Synthesis Algorithm for the MIMOLA Software System, in: *Proceedings of the 23rd Conference on Design Automation (DAC), 1986*, S. 271–277

[Mar09] MARTIN, G. und SMITH, G.: High-Level Synthesis: Past, Present, and Future. *IEEE Design & Test of Computers* (2009), Bd. 26: S. 18–25

[Mat92] MATKO, D.; ZUPANČIČ, B. und KARBA, R.: *Simulation and Modelling of Continuous Systems: A Case Study Approach*, Prentice Hall (1992)

[Mat93] MATTSSON, S. und SÖDERLIND, G.: Index Reduction in Differential-Algebraic Equations Using Dummy Derivatives. *SIAM Journal on Scientific Computing* (1993), Bd. 14(3): S. 677–692

[Mat11] MATAR, M. und IRAVANI, R.: Massively Parallel Implementation of AC Machine Models for FPGA-Based Real-Time Simulation of Electromagnetic Transients. *IEEE Transactions on Power Delivery* (2011), Bd. 26(2): S. 830–840

[McF83] MCFARLAND, M.C.: Computer-Aided Partitioning of Behavioral Hardware Descriptions, in: *20th Conference on Design Automation (DAC), 1983*, S. 472–478

[McF90] McFarland, M.C. und Kowalski, T.J.: Incorporating Bottom-Up Design into Hardware Synthesis. *IEEE Transactions on Computer-Aided Design of Integrated Circuits and Systems* (1990), Bd. 9(9): S. 938–950

[Meh97] Mehra, R.; Guerra, L.M. und Rabaey, J.M.: A Partitioning Scheme for Optimizing Interconnect Power. *IEEE Journal of Solid-State Circuits* (1997), Bd. 32(3): S. 433–443

[Mei99] Meister, A.: *Numerik linearer Gleichungssysteme: eine Einführung in moderne Verfahren*, Vieweg (1999)

[Mem02] Memik, S.O. und Fallah, F.: Accelerated SAT-based Scheduling of Control/-Data Flow Graphs, in: *Proceedings of the IEEE International Conference on Computer Design: VLSI in Computers and Processors, 2002*, S. 395–400

[Men02] Menn, C.; Bringmann, O. und Rosenstiel, W.: Controller Estimation for FPGA Target Architectures during High-Level Synthesis, in: *15th International Symposium on System Synthesis, 2002*, S. 56–61

[Mer08] Meredith, M.: High-Level SystemC Synthesis with Forte's Cynthesizer High-Level Synthesis, in: Philippe Coussy und Adam Morawiec (Herausgeber) *High-Level Synthesis*, Kap. 5, Springer Netherlands (2008), S. 75–97

[Mis07] Mishchenko, A.; Chatterjee, S. und Brayton, R. K.: Improvements to Technology Mapping for LUT-based FPGAs. *IEEE Transactions on Computer-Aided Design of Integrated Circuits and Systems* (2007), Bd. 26(2): S. 240–253

[Moh04] Mohammed, O.A.; Liu, S. und Liu, Z.: A Phase Variable PM Machine Model for Integrated Motor Drive Systems, in: *Proceedings of the IEEE 35th Conference on Power Electronics Specialists (PESC), 2004*, Bd. 6, S. 4825–4831

[Mor11] Morvan, A.; Derrien, S. und Quinton, P.: Efficient Nested Loop Pipelining in High Level Synthesis using Polyhedral Bubble Insertion, in: *International Conference on Field-Programmable Technology (FPT), 2011*, S. 1–10

[Muj94] Mujumdar, A.; Rim, M.; Jain, R. und De Leone, R.: BINET: An Algorithm for Solving the Binding Problem, in: *Proceedings of the 7th International Conference on VLSI Design, 1994*, S. 163–168

[Mun57] Munkres, J.: Algorithms for the Assignment and Transportation Problems. *Journal of the Society of Industrial and Applied Mathematics* (1957), Bd. 5(1): S. 32–38

[Nag73] Nagel, L. W. und Pederson, D.O.: SPICE (Simulation Program with Integrated Circuit Emphasis), Techn. Ber., EECS Department, University of California, Berkeley (1973)

[Nar08] Narayanan, R.; Abbasi, N.; Zaki, M.; Al Sammane, G. und Tahar, S.: On the Simulation Performance of Contemporary AMS Hardware Description Languages, in: *Proceedings of the International Conference on Microelectronics (ICM), 2008*, S. 361–364

[Nau07] NAUNIN, D. (Herausgeber): *Hybrid-, Batterie- und Brennstoffzellen-Elektrofahrzeuge: Technik, Strukturen und Entwicklungen*, Expert (2007)

[New02] NEWMAN, C. E.; BATTEH, J. J. und TILLER, M.: Spark-Ignited-Engine Cycle Simulation in Modelica, in: *Proceedings of the 2nd International Modelica Conference, 2002*, S. 133–142

[Nys05] NYSTRÖM, K.; ARONSSON, P. und FRITZSON, P.: Parallelization in Modelica, in: *Proceedings of the 4th International Modelica Conference, 2005*, S. 169–172

[Nys06] NYSTRÖM, K. und FRITZSON, P.: Parallel Simulation with Transmission Lines in Modelica, in: *Proceedings of the Modelica Conference, 2006*, S. 325–331

[Ö09] ÖSTLUND, P.: Simulation of Modelica Models on the CUDA Architecture, Techn. Ber., Linköpings Universitet (2009)

[Opal2] OPAL-RT TECHNOLOGIES, INC.: eDRIVEsim Produktbroschüre, Techn. Ber., Opal-RT Technologies, Inc. (2012)

[Ott03] OTTER, M.: Hardware-In-the-Loop Simulation of Physically Based Automotive Models with Dymola, Application Note, Techn. Ber., Dynasim AB (2003)

[Ott04] OTTER, M. und SCHWEIGER, C.: Modellierung mechatronischer Systeme mit Modelica, in: *VDI-Berichte: Mechatronischer Systementwurf*, S. 39–50

[Ott10] OTTER, M.; BLOCHWITZ, T.; ELMQVIST, H.; JUNGHANNS, A.; MAUSS, J. und OLSSON, H.: Das Functional Mockup Interface zum Austausch Dynamischer Modelle (Präsentationsfolien), in: *ASIM Workshop, 2010*, S. 1–31

[Pan88a] PANGRLE, B.M.: Splicer: A Heuristic Approach to Connectivity Binding, in: *Proceedings of the 25th ACM/IEEE Design Automation Conference (DAC), 1988*, S. 536–541

[Pan88b] PANTELIDES, C.: The Consistent Initialization of Differential-Algebraic Systems. *SIAM Journal on Scientific and Statistical Computing* (1988), Bd. 9(2): S. 213–231

[Pap90] PAPACHRISTOU, C.A. und KONUK, H.: A Linear Program Driven Scheduling and Allocation Method Followed by an Interconnect Optimization Algorithm, in: *Proceedings of the 27th ACM/IEEE Design Automation Conference (DAC), 1990*, S. 77–83

[Pap00] PAPA, G. und SILC, J.: Multi-Objective Genetic Scheduling Algorithm with Respect to Allocation in High-Level Synthesis, in: *Proceedings of the 26th Euromicro Conference, 2000*, Bd. 1, S. 339–346

[Par29] PARK, R. H.: Two-Reaction Theory of Synchronous Machines Generalized Method of Analysis – Part I. *Transactions of the American Institute of Electrical Engineers* (1929), Bd. 48(3): S. 716–727

[Par86] PARKER, A.C.; PIZARRO, J. und MLINAR, M.: MAHA: A Program for Datapath Synthesis, in: *Proceedings of the 23rd Conference on Design Automation (DAC), 1986*, S. 461–466

[Par88]   PARK, N. und PARKER, A.C.: Sehwa: A Software Package for Synthesis of Pipelines from Behavioral Specifications. *IEEE Transactions on Computer-Aided Design of Integrated Circuits and Systems* (1988), Bd. 7(3): S. 356–370

[Par06]   PARAKH, P.; MULLASSERY, D.; CHANDRASHEKAR, A.; KOC, H.; DAL, D. und MANSOURI, N.: Interconnect-Centric High Level Synthesis for Enhanced Layouts with Reduced Wire Length, in: *Proceedings of the 49th IEEE International Midwest Symposium on Circuits and Systems (MWSCAS)*, *2006*, Bd. 2, S. 595–600

[Pas98]   PASSERONE, R.; ROWSON, J. A. und SANGIOVANNI-VINCENTELLI, A.: Automatic Synthesis of Interfaces between Incompatible Protocols, in: *Proceedings of the 35th Conference on Design Automation (DAC), 1998*, S. 8–13

[Pas02]   PASSERONE, R.; DE ALFARO, L.; HENZINGER, T. A. und SANGIOVANNI-VINCENTELLI, A. L.: Convertibility Verification and Converter Synthesis: Two Faces of the Same Coin, in: *Proceedings of the International Conference on Computer Aided Design, 2002*, S. 132–139

[Pau87]   PAULIN, P. G. und KNIGHT, J. P.: Force-Directed Scheduling in Automatic Data Path Synthesis, in: *Proceedings of the 24th ACM/IEEE Design Automation Conference (DAC), 1987*, S. 195–202

[Pau88]   PAULIN, P. G.; KNIGHT, J. P. und GIRCZYC, E. F.: HAL: A Multi-Paradigm Approach to Automatic Data Path Synthesis, in: *Papers on Twenty-five Years of Electronic Design Automation*, S. 587–594

[Pau89]   PAULIN, P.G. und KNIGHT, J.P.: Force-Directed Scheduling for the Behavioral Synthesis of ASICs. *IEEE Transactions on Computer-Aided Design of Integrated Circuits and Systems* (1989), Bd. 8(6): S. 661–679

[Pet83]   PETZOLD, L. R.: A Description of DASSL: A Differential/Algebraic System Solver, in: *Scientific Computing*, IMACS (1983), S. 65–68

[Pop04]   POPOV, A. und FILIPOVA, K.: Genetic Algorithms – Synthesis of Finite State Machines, in: *Proceedings of the 27th International Spring Seminar on Electronics Technology: Meeting the Challenges of Electronics Technology Progress, 2004*, Bd. 3, S. 388–392

[Pot90]   POTASMAN, R.; LIS, J.; NICOLAU, A. und GAJSKI, D. D.: Percolation based Synthesis, in: *Proceedings of the 27th ACM/IEEE Design Automation Conference*, S. 444–449

[Pow98]   POWELL, B.K.; BAILEY, K.E. und CIKANEK, S.R.: Dynamic Modeling and Control of Hybrid Electric Vehicle Powertrain Systems. *IEEE Control Systems* (1998), Bd. 18(5): S. 17–33

[Pra98]   PRABHAKARAN, P. und BANERJEE, P.: Simultaneous Scheduling, Binding and Floorplanning in High-Level Synthesis, in: *Proceedings of the 11th International Conference on VLSI Design, 1998*, S. 428–434

[Raj85]   RAJAN, J. V. und THOMAS, D. E.: Synthesis by Delayed Binding of Decisions, in: *Proceedings of the 22nd ACM/IEEE Conference on Design Automation (DAC), 1985*, S. 367–373

[Ran06]   RANGANATHAN, N.; NAMBALLA, R. und HANCHATE, N.: CHESS: A Comprehensive Tool for CDFG Extraction and Synthesis of Low Power Designs from VHDL, in: *IEEE Symposium on Emerging VLSI Technologies and Architectures, 2006*, S. 329–334

[Rao93]   RAO, M.V.; BALAKRISHNAN, M. und KUMAR, A.: DESSERT: Design Space Exploration of RT Level Components, in: *Proceedings of the Sixth International Conference on VLSI Design, 1993*, S. 299–304

[Rau95]   RAUBER, T. und RUNGER, G.: Iterated Runge-Kutta Methods on Distributed Memory Multiprocessors, in: *Proceedings of the Euromicro Workshop on Parallel and Distributed Processing, 1995*, S. 12–19

[Res07]   RESHADI, M.: *No-Instruction-Set-Computer (NISC) Technology Modeling and Compilation*, University of California, Irvine (2007)

[Rhi93]   RHINEHART, M.R. und NESTOR, J.: SALSA II: A Fast Transformational Scheduler for High-Level Synthesis, in: *Proceedings of the IEEE International Symposium on Circuits and Systems (ISCAS), 1993*, S. 1678–1681

[Rie90]   RIETSCHE, G. und NEHER, M.: CASTOR: State Assignment in a Finite State Machine Synthesis System, in: *Proceedings of the Euro ASIC '90*, S. 130–134

[Rim92]   RIM, M.; JAIN, R. und DE LEONE, R.: Optimal Allocation and Binding in High-Level Synthesis, in: *Proceedings of the 29th ACM/IEEE Conference on Design Automation (DAC), 1992*, S. 120–123

[Rob05]   ROBINSON, T.: The Meccano Set Computers: A History of Differential Analyzers Made from Children's Toys. *IEEE Control Systems* (2005), Bd. 25(3): S. 74–83

[San08]   SANKARAN, H. und KATKOORI, S.: Simultaneous Scheduling, Allocation, Binding, Re-ordering, and Encoding for Crosstalk Pattern Minimization during High Level Synthesis, in: *Proceedings of the IEEE International Symposium on VLSI (ISVLSI), 2008*, S. 423–428

[San11]   SANZ, V.: *Hybrid System Modeling: Using the Parallel DEVS Formalism and the Modelica Language*, LAP LAMBERT Academic Publishing (2011)

[Sar12]   SARBISHEI, O.; RADECKA, K. und ZILIC, Z.: Analytical Optimization of Bit-Widths in Fixed-Point LTI Systems. *IEEE Transactions on Computer-Aided Design of Integrated Circuits and Systems* (2012), Bd. 31(3): S. 343–355

[Sas10]   SASS, R. und SCHMIDT, A.G.: *Embedded Systems Design with Platform FPGAs: Principles and Practices*, Elsevier Science (2010)

[Sch96]   SCHUTTEN, J.M.J.: List Scheduling Revisited. *Operations Research Letters* (1996), Bd. 18(4): S. 167–170

[Sch98]   SCHMERLER, S. H.: *Prädiktive Methoden für optimistische Synchronisations-protokolle in der verteilten Simulation*, Dissertation, Technische Universität Karlsruhe (1998)

[Sch00a]   SCHIELA, A. und OLSSON, H.: Mixed-mode Integration for Real-time Simulation, in: *Proceedings of the Modelica Workshop, 2000*, S. 69–75

[Sch00b]   SCHRIJVER, A.: *Theory of Linear and Integer Programming*, Wiley (2000)

[Sch06]   SCHYR, C.: *Modellbasierte Methoden für die Validierungsphase im Produkt-entwicklungsprozess mechatronischer Systeme am Beispiel der Antriebss-trangentwicklung*, Dissertation, Universität Karlsruhe (TH), IPEK Institut für Produktentwicklung (2006)

[Sch09a]   SCHRÖDER, D.: *Elektrische Antriebe – Regelung von Antriebssystemen*, Kap. 21 Objektorientierte Modellierung und Simulation von Antriebssystemen, Springer (2009), S. 1049–1165

[Sch09b]   SCHRÖDER, D.: *Elektrische Antriebe – Regelung von Antriebssystemen*, Sprin-ger (2009)

[Sel09]   SELZLE, G. und HAMMERER, H.: High-Voltage — E-Motor-HiL mit komplet-ter Leistungselektronik, Techn. Ber., InNovation Kundenzeitschrift der MicroNova AG (2009)

[Sel10]   SELZLE, G.: Mikrosekundengenau ins nächste Zeitalter — Simulation mit der NovaSim-E-Motorkarte. *InNovation Kundenzeitschrift der MicroNova AG* (2010): S. 10–12

[Sen11]   SENGUPTA, A.; SEDAGHAT, R.; SARKAR, P. und SEHGAL, S.: Integrated Schedu-ling, Allocation and Binding in High Level Synthesis for Performance-Area Tradeoff of Digital Media Applications, in: *24th Canadian Conference on Electrical and Computer Engineering (CCECE), 2011*, S. 533–537

[Sep95]   SEPTIEN, J.; MOZOS, D.; TIRADO, J.F.; HERMIDA, R.; FERNANDEZ, M. und MECHA, H.: FIDIAS: An Integral Approach to High-Level Synthesis. *Proceedings of the IEEE Conference on Circuits, Devices and Systems, 1995* (1995), Bd. 142(4): S. 227 –235

[SET13]   SET POWER SYSTEMS GMBH: Virtual E-Motor Solutions (Produktbroschüre), Techn. Ber., SET Power Systems GmbH (2013)

[Sha91]   SHAHOOKAR, K. und MAZUMDER, P.: VLSI Cell Placement Techniques. *ACM Computing Surveys (CSUR)* (1991), Bd. 23(2): S. 143–220

[Shi06]   SHIN, Dongwan; GERSTLAUER, A.; PENG, Junyu; DÖMER, R. und GAJSKI, D.D.: Automatic Generation of Transaction Level Models for Rapid Design Space Exploration, in: *Proceedings of the 4th International Conference on Hardware/Software Codesign and System Synthesis (CODES+ISSS), 2006*, S. 64–69

[Sil01]   SILVERLIND, D.: *Mean Value Engine Modeling with Modelica*, Diplomarbeit, Dept. of Electrical Engineering at Linköpings Universitet (2001)

[Sim08]   SIMIC, D. und BÄUML, T.: Implementation of Hybrid Electric Vehicles using the VehicleInterfaces and SmartElectricDrives Libraries, in: *Proceedings of the 6th International Modelica Conference, 2008*, S. 557–563

[Sin08]   SINGH, S. und GREAVES, D. J.: Kiwi: Synthesis of FPGA Circuits from Parallel Programs, in: *Proceedings of the 2008 16th International Symposium on Field-Programmable Custom Computing Machines (FCCM), 2008*, S. 3–12

[Sin11]   SINHA, S.; DHAWAN, U.; LAM, Siew Kei und SRIKANTHAN, T.: A Novel Binding Algorithm to Reduce Critical Path Delay During High Level Synthesis, in: *Proceedings of the IEEE Computer Society Annual Symposium on VLSI (ISVLSI), 2011*, S. 278–283

[Sjö10]   SJÖLUND, M.; BRAUN, R.; FRITZSON, P. und KRUS, P.: Towards Efficient Distributed Simulation in Modelica using Transmission Line Modeling, in: *Proceedings of the International Workshop on Equation-based Object-Oriented Modeling Languages and Tools (EOOLT), 2010*, S. 71–80

[Spa95]   SPANIOL, O. und HOFF, S.: *Ereignisorientierte Simulation: Konzepte und Systemrealisierung*, Thomson Publishing (1995)

[Spr09]   SPRING, E.: *Elektrische Maschinen: Eine Einführung*, Springer (2009)

[Sta03]   STAMMERMANN, A.; HELMS, D.; SCHULTE, M.; SCHULZ, A. und NEBEL, W.: Binding Allocation and Floorplanning in Low Power High-Level Synthesis, in: *Proceedings of the International Conference on Computer Aided Design (ICCAD), 2003*, S. 544–550

[Sta11]   STAVÅKER, K.: Contributions to Parallel Simulation of Equation-Based Models on Graphics Processing Units, Techn. Ber., Linköpings Universitet (2011)

[Ste09]   STEINBERG, D.; BUDINSKY, F.; PATERNOSTRO, M. und MERKS, Ed: *EMF: Eclipse Modeling Framework*, Addison-Wesley (2009)

[Sto90]   STOK, L.: Interconnect Optimisation during Data Path Allocation, in: *Proceedings of the European Design Automation Conference (EDAC), 1990*, S. 141–145

[Sun06]   SUNDARESAN, V. und VEMURI, R.: A Novel Approach to Performance-Oriented Datapath Allocation and Floorplanning, in: *Proceedings of the IEEE Computer Society Annual Symposium on Emerging VLSI Technologies and Architectures, 2006*, S. 323–328

[SV93]    SANGIOVANNI-VINCENTELLI, A.; EL GAMAL, A. und ROSE, J.: Synthesis Method for Field Programmable Gate Arrays. *Proceedings of the IEEE* (1993), Bd. 81(7): S. 1057–1083

[SV01]    SANGIOVANNI-VINCENTELLI, A. und MARTIN, G.: Platform-Based Design and Software Design Methodology for Embedded Systems. *IEEE Desing & Test* (2001), Bd. 18(6): S. 23–33

[Tan09]   TANENBAUM, A. S.: *Modern Operating Systems*, Pearson Prentice-Hall (2009)

[Tob07]  TOBOLÁŘ, J.; OTTER, M. und BÜNTE, T.: Modelling of Vehicle Powertrains with the Modelica PowerTrain Library, in: *Dynamisches Gesamtsystemverhalten von Fahrzeugantrieben*, S. 1–13

[Tog98]  TOGAWA, N.; HISAKI, T.; YANAGISAWA, M. und OHTSUKI, T.: A High-Level Synthesis System for Digital Signal Processing based on Enumerating Data-Flow Graphs, in: *Proceedings of the Asia and South Pacific Design Automation Conference (ASP-DAC), 1998*, S. 265–274

[Tor98]  TORBEY, E. und KNIGHT, J.: High-Level Synthesis of Digital Circuits using Genetic Algorithms, in: *Proceedings of the IEEE International Conference on Evolutionary Computation Proceedings, IEEE World Congress on Computational Intelligence, 1998*, S. 224–229

[Tri87]  TRICKEY, H.: Flamel: A High-Level Hardware Compiler. *IEEE Transactions on Computer-Aided Design of Integrated Circuits and Systems* (1987), Bd. 6(2): S. 259–269

[Tri05]  TRIPP, J. L.; PETERSON, K. D.; AHRENS, C.; POZNANOVIC, J. D. und GOKHALE, M.: Trident: An FPGA Compiler Framework for Floating-Point Algorithms, in: *Proceedings of the 2005 International Conference on Field Programmable Logic and Applications (FPL), 2005*, S. 317–322

[Tse86]  TSENG, Chia-Jeng und SIEWIOREK, D.P.: Automated Synthesis of Data Paths in Digital Systems. *IEEE Transactions on Computer-Aided Design of Integrated Circuits and Systems* (1986), Bd. 5(3): S. 379–395

[Tse88]  TSENG, C.-J.; WEI, R.-S.; ROTHWEILER, S. G.; TONG, M. M. und BOSE, A. K.: Bridge: A Versatile Behavioral Synthesis System, in: *Proceedings of the 25th ACM/IEEE Design Automation Conference (DAC), 1988*, S. 415–420

[Um02]  UM, Junhyung; HOON KIM, Jae und KIM, Taewhan: Layout-Driven Resource Sharing in High-Level Synthesis, in: *Proceedings of the IEEE/ACM International Conference on Computer Aided Design (ICCAD), 2002*, S. 614–618

[Vil10]  VILLARREAL, J.; PARK, A.; NAJJAR, W. und HALSTEAD, R.: Designing Modular Hardware Accelerators in C with ROCCC 2.0, in: *Proceedings of the 18th IEEE Annual International Symposium on Field-Programmable Custom Computing Machines (FCCM), 2010*, S. 127–134

[Wag07]  WAGENER, A.; SCHULTE, T.; WÄLTERMANN, P. und SCHÜTTE, H.: Hardware-in-the-Loop Test Systems for Electric Motors in Advanced Powertrain Applications, in: *Proceedings of the SAE World Congress & Exhibition, 2007*

[Wak08]  WAKABAYASHI, K. und SCHAFER, B. C.: All-in-CBehavioral Synthesis and Verification with CyberWorkBench High-Level Synthesis, in: Philippe Coussy und Adam Morawiec (Herausgeber) *High-Level Synthesis*, Kap. 7, Springer Netherlands (2008), S. 113–127

[Wal04] WALLÉN, J.: *Modelling of Components for Conventional Car and Hybrid Electric Vehicle in Modelica*, Diplomarbeit, Vehicular Systems, Dept. of Electrical Engineering at Linköpings Universitet (2004)

[Wan92] WANG, C.-Y. und PARHI, K.K.: High Level DSP Synthesis using the MARS Design System, in: *Proceedings of the IEEE International Symposium on Circuits and Systems (ISCAS), 1992*, Bd. 1, S. 164–167

[Wan95] WANG, Ching-Yi und PARHI, K.K.: High-Level DSP Synthesis using Concurrent Transformations, Scheduling, and Allocation. *IEEE Transactions on Computer-Aided Design of Integrated Circuits and Systems* (1995), Bd. 14(3): S. 274–295

[Wan04] WANG, X. und ZIAVRAS, S. G.: Parallel LU Factorization of Sparse Matrices on FPGA-based Configurable Computing Engines: Research Articles. *Concurrency and Computation: Practice & Experience* (2004), Bd. 16(4): S. 319–343

[Wan07] WANG, Gang; GONG, Wenrui; DERENZI, B. und KASTNER, R.: Ant Colony Optimizations for Resource- and Timing-Constrained Operation Scheduling. *IEEE Transactions on Computer-Aided Design of Integrated Circuits and Systems* (2007), Bd. 26(6): S. 1010 –1029

[Wan08] WANG, Gang; GONG, Wenrui und KASTNER, Ryan: *High-Level Synthesis from Algorithm to Digital Circuit*, Kap. Operation Scheduling: Algorithms and Applications, Springer (2008), S. 231–255

[Wei88] WEI, R.-S.; ROTHWEILER, S. und JOU, J.-Y.: BECOME: Behavior Level Circuit Synthesis Based on Structure Mapping, in: *Proceedings of the 25th ACM/IEEE Design Automation Conference (DAC), 1988*, S. 409–414

[Wei07] WEISS, D.: *Allgemeine lineare Verfahren für Differential-Algebraische Gleichungen mit Index 2*, Universität zu Köln (2007)

[Wen91] WENG, J.-P. und PARKER, A.C.: 3D Scheduling: High-Level Synthesis with Floorplanning, in: *28th ACM/IEEE Design Automation Conference, 1991*, S. 668–673

[Wil85] WILDES, K. L. und LINDGREN, N. A.: *A Century of Electrical Engineering and Computer Science at MIT, 1882–1982*, The MIT Press (1985)

[Wil94] WILSON, T.C.; GREWAL, G.W. und BANERJI, D.K.: An ILP Solution for Simultaneous Scheduling, Allocation, and Binding in Multiple Block Synthesis, in: *Proceedings of the IEEE International Conference on Computer Design: VLSI in Computers and Processors (ICCD), 1994*, S. 581–586

[Win06] WINKLER, D. und GÜHMANN, C.: Hardware-in-the-Loop Simulation of a Hybrid Electric Vehicle using Modelica/Dymola, in: *Proceedings of the 22nd International Battery, Hybrid and Fuel Cell Electric Vehicle Symposium & Exposition, 2006*, S. 1054–1063

[Wol04] WOLF, W.: *FPGA-based System Design*, Prentice Hall PTR (2004)

[Xu96]     XU, Min und KURDAHI, F.J.: Layout-Driven RTL Binding Techniques for High-Level Synthesis, in: *Proceedings of the 9th International Symposium on System Synthesis, 1996*, S. 33–38

[Yeh12]    YEH, H.-H.; HUANG, S.-H. und CHENG, C.-H.: A Formal Approach to Slack-Driven High-Level Synthesis, in: *IEEE International Symposium on Circuits and Systems (ISCAS), 2012*, S. 584–587

[Zha97]    ZHANG, Xue-Jie; NG, Kam-Wing und YOUNG, G.H.: High-Level Synthesis using Genetic Algorithms for Dynamically Reconfigurable FPGAs, in: *Proceedings of the 23rd Euromicro Conference 'New Frontiers of Information Technology', Short Contributions, 1997*, S. 234–243

[Zha08]    ZHANG, Z.; FAN, Y.; JIANG, W.; HAN, G.; YANG, C. und CONG, J.: AutoPilot: A Platform-Based ESL Synthesis System, in: Philippe Coussy und Adam Morawiec (Herausgeber) *High-Level Synthesis*, Springer Netherlands (2008), S. 99–112

[Zho05]    ZHOU, Y. J. und MEI, T. X.: FPGA based Real Time Simulation for Electrical Machines, in: *Proceedings of the 16th IFAC World Congress, 2005*, S. 1770–1770

[Zho06]    ZHOU, Wenqin; CARETTE, J.; JEFFREY, D. J. und MONAGAN, M. B.: Hierarchical Representations with Signatures for Large Expression Management, in: *Proceedings of Artificial Intelligence and Symbolic Computation, Lecture Notes in Computer Science 4120, 2006*, S. 254–268

[Zus90]    ZUSE, K.: *Der Computer - Mein Lebenswerk (2. Aufl.)*, Springer (1990)

## A.4 Standards und Normen (Std)

[Std/Acc09]  ACCELERA SYSTEMS INITIATIVE: *Verilog-AMS Language Reference Manual Version 2.3.1* (2009)

[Std/Acc12]  ACCELERA SYSTEMS INITIATIVE: *Draft Standard SystemC©AMS extensions 2.0 Language Reference Manual* (2012)

[Std/ECM10]  ECMA: *Std. ECMA 335: Common Language Infrastructure (CLI)*, Ecma International (2010), URL http://www.ecma-international.org/publications/files/ECMA-ST/ECMA-335.pdf

[Std/IEC06]  IEC: *Norm IEC 60050-351:2006 Internationales Elektrotechnisches Wörterbuch - Teil 351: Leittechnik*, International Electrotechnical Commission (IEC) (2006)

[Std/IEE93]  IEEE: *IEEE Std 1164-1993 Multivalue Logic System for VHDL Model Interoperability (Stdlogic1164)*, IEEE (1993)

[Std/IEE99]  IEEE: *IEEE Std 1076.1-1999: IEEE Standard VHDL Analog and Mixed-Signal Extensions*, IEEE (1999)

[Std/IEE05]  IEEE: *IEEE Std. 1800-2005, IEEE Standard for SystemVerilog— Unified Hardware Design, Specification, and Verification Language*, IEEE (2005)

[Std/IEE06]  IEEE: *IEEE Std 1666-2005 IEEE Standard SystemC Language Reference Manual*, IEEE (2006)

[Std/ISO10]  ISO/IEC/IEEE: *ISO/IEC/IEEE 24765:2010(E) Systems and software engineering – Vocabulary*, ISO/IEC/IEEE (2010)

[Std/VDI10]  VDI-FACHBEREICH FABRIKPLANUNG UND -BETRIEB: *VDI-Richtlinie 3633: Simulation von Logistik-, Materialfluß- und Produktionssystemen*, VDI-Gesellschaft Produktion und Logistik (2010)

## A.5 Webquellen (WWW)

[WWW/Don11] DONNER, Thomas: Reduzierung von Reaktionszeiten bei Software-Fehlern, elektroniknet.de (2011), URL `http://www.elektroniknet.de/automotive/sonstiges/artikel/84513/1/`, 02.04.2013

[WWW/dSP12a] DSPACE GMBH: *dSPACE Katalog*, dSPACE GmbH (2012), URL `http://www.dspace.com/shared/data/pdf/2012/Simulator_Extensions.pdf`, s. 449, 02.04.2013

[WWW/dSP12b] DSPACE GMBH: *EMH Solution Electric motor simulation, dSPACE Katalog*, dSPACE GmbH (2012), URL `http://www.dspace.com/shared/data/pdf/2012/EMH_Solution1.pdf`, s. 405, 02.04.2013

[WWW/Foc10] FOCUS ONLINE: Der Antriebsstrang des Audi Q5 Hybrid (2010), URL `http://www.focus.de/fotos/der-antriebsstrang-des-audi-q5-hybrid_mid_780870.html`, 02.04.2013

[WWW/ITI] ITI GMBH: Firmenwebseite von SimulationX, URL `http://www.iti.de/`

[WWW/Lyg08] LYGEROS, J.; TOMLIN, C. und SASTRY, S.: Hybrid Systems: Modeling, Analysis and Control (2008), URL `http://www-inst.cs.berkeley.edu/~ee291e/sp09/handouts/book.pdf`, 25.9.2012

[WWW/Men11] MENTOR GRAPHICS CORP.: Mentor Graphics Forges TLM Synthesis Link Between Hardware Implementation and Virtual Prototyping, Pressemitteilung (2011), URL `http://tinyurl.com/kfrhsvu`, 02.04.2013

[WWW/Mod12] Modelica Association: *Modelica® - A Unified Object-Oriented Language for Systems Modeling, Language Specification Version 3.3* (2012), URL `https://modelica.org/documents/ModelicaSpec33.pdf`, 02.04.2013

[WWW/Nat12] NATIONAL INSTRUMENTS: Benchmarking Single-Point Performance on National Instruments Real-Time Hardware (2012), URL `http://www.ni.com/white-paper/5423/en`

[WWW/Off11] OFFNER, Carl D.: Notes on Graph Algorithms Used in Optimizing Compilers (2011), URL `http://www.cs.umb.edu/~offner/files/flow_graph.pdf`, University of Massachusetts Boston, 02.04.2013

[WWW/Unb30] UNBEKANNTER FOTOGRAF: Vannevar Bush am Differential Analyser (ca. 1930), URL `http://archive.computerhistory.org/resources/still-image/Bush-Vannevar/`, standort: Computer History Museum, 1401 N Shoreline Blvd., Mountain View, CA 94043, USA. 21.7.2012

[WWW/VDA07] VDA: *Automotive SPICE*, Verband der Automobilindustrie (VDA) (2007), URL `http://www.vda-qmc.de/`, 02.04.2013

[WWW/Vil08] VILSBECK, Christian: Test: Intel Core i7 mit Nehalem-Quad-Core, TECCHANNEL (2008), URL `http://www.tecchannel.de/pc_mobile/prozessoren/1775602/core_i7_test_intel_nehalem_quad_hyper_threading_speicher_benchmarks/index11.html`

[WWW/Xil10] Xilinx Inc.: *LogiCORE IP Block Memory Generator v4.3*, Xilinx Inc. (2010), URL `http://www.xilinx.com/support/documentation/ip_documentation/blk_mem_gen_ds512.pdf`, 02.04.2013

[WWW/Xil11a] Xilinx Inc.: *Command Line Tools User Guide UG628*, Xilinx Inc. (2011), URL `http://www.xilinx.com/support/documentation/sw_manuals/xilinx13_1/devref.pdf`, 02.04.2013

[WWW/Xil11b] Xilinx Inc.: *LogiCORE IP Adder/Subtracter v11.0 Product Specification*, Xilinx Inc. (2011), URL `http://www.xilinx.com/support/documentation/ip_documentation/addsub_ds214.pdf`, 02.04.2013

[WWW/Xil11c] Xilinx Inc.: *LogiCORE IP CORDIC v4.0 Product Specification*, Xilinx Inc. (2011), URL `http://www.xilinx.com/support/documentation/ip_documentation/cordic_ds249.pdf`, 02.04.2013

[WWW/Xil11d] Xilinx Inc.: *LogiCORE IP Divider Generator v3.0*, Xilinx Inc. (2011), URL `http://www.xilinx.com/support/documentation/ip_documentation/div_gen_ds530.pdf`, 02.04.2013

[WWW/Xil11e] Xilinx Inc.: *LogiCORE IP Floating-Point Operator v5.0*, Xilinx Inc. (2011), URL `http://www.xilinx.com/support/documentation/ip_documentation/floating_point_ds335.pdf`, 02.04.2013

[WWW/Xil11f] Xilinx Inc.: *LogiCORE IP Multiplier v11.2*, Xilinx Inc. (2011), URL `http://www.xilinx.com/support/documentation/ip_documentation/mult_gen_ds255.pdf`, 02.04.2013

[WWW/Xil11g] Xilinx Inc.: *Produktbroschüre der Firma Xilinx: Space-grade Rad-hard Virtex-5QV FPGA*, Xilinx Inc. (2011), URL `http://www.xilinx.com/publications/prod_mktg/virtex5qv-product-brief.pdf`, 02.04.2013

[WWW/Xil11h] Xilinx Inc.: *Virtex-6 FPGA DSP48E1 Slice User Guide UG369*, Xilinx Inc. (2011), URL `http://www.xilinx.com/support/documentation/user_guides/ug369.pdf`, 02.04.2013

[WWW/Xil11i] Xilinx Inc.: *Virtex-6 FPGA GTH Transceivers User Guide UG371*, Xilinx Inc. (2011), URL `http://www.xilinx.com/support/documentation/user_guides/ug371.pdf`, 02.04.2013

[WWW/Xil11j] Xilinx Inc.: *Virtex-6 FPGA Memory Resources User Guide UG363*, Xilinx Inc. (2011), URL `http://www.xilinx.com/support/documentation/user_guides/ug363.pdf`, 02.04.2013

[WWW/Xil12a] Xilinx Inc.: *Constraints Guide UG625*, Xilinx Inc. (2012), URL `http://www.xilinx.com/support/documentation/sw_manuals/xilinx14_2/cgd.pdf`, 02.04.2013

[WWW/Xil12b] Xilinx Inc.: *Partial Reconfiguration User Guide UG702*, Xilinx Inc. (2012), URL `http://www.xilinx.com/support/documentation/sw_manuals/xilinx14_2/ug702.pdf`, 02.04.2013

[WWW/Xil12c] XILINX INC.: *Synthesis and Simulation Design Guide UG626*, Xilinx Inc. (2012), URL `http://www.xilinx.com/support/documentation/sw_manuals/xilinx14_1/sim.pdf`, 02.04.2013

[WWW/Xil12d] XILINX INC.: *Virtex-6 FPGA Clocking Resources User Guide UG362*, Xilinx Inc. (2012), URL `http://www.xilinx.com/support/documentation/user_guides/ug362.pdf`, 02.04.2013

[WWW/Xil12e] XILINX INC.: *Virtex-6 FPGA Configurable Logic Block User Guide UG364*, Xilinx Inc. (2012), URL `http://www.xilinx.com/support/documentation/user_guides/ug364.pdf`, 02.04.2013

[WWW/Xil12f] XILINX INC.: *Virtex-6 FPGA Memory Interface Solutions User Guide UG406*, Xilinx Inc. (2012), URL `http://www.xilinx.com/support/documentation/ip_documentation/mig/v3_92/ug406.pdf`, 02.04.2013

[WWW/Xil12g] XILINX INC.: *Vivado Design Suite User Guide High-Level Synthesis UG902*, Xilinx Inc. (2012), URL `http://www.xilinx.com/support/documentation/sw_manuals/xilinx2012_2/ug902-vivado-high-level-synthesis.pdf`, 02.04.2013

## A.6 Abbildungsverzeichnis

## A.7 Tabellenverzeichnis